天麻块茎的生长

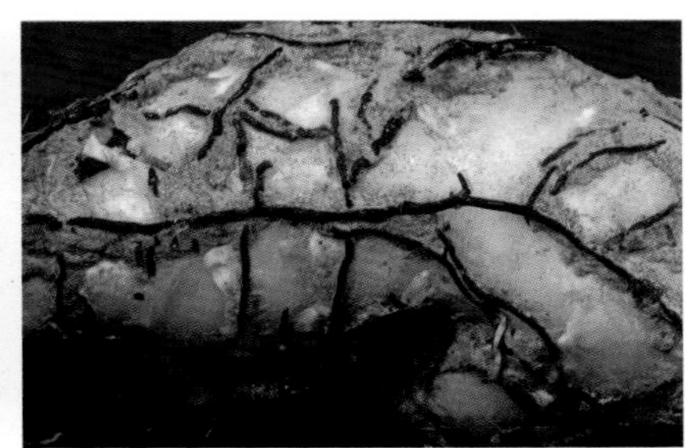
天麻块茎上的蜜环菌菌索

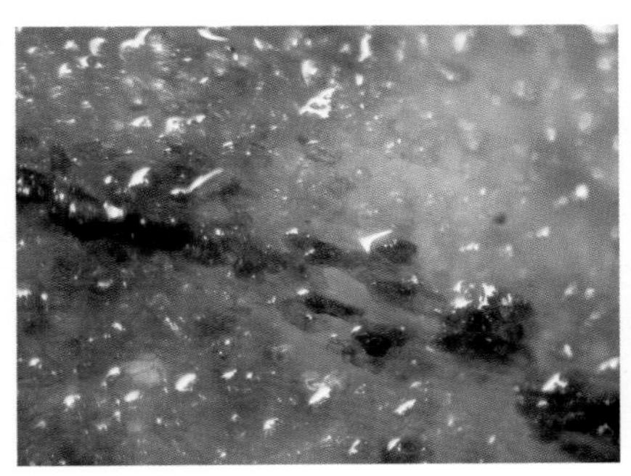
天麻块茎上消融的蜜环菌菌索

天麻块茎上消融的蜜环菌菌索

天麻花

U0246469

天麻花序

天麻开花（整枝）

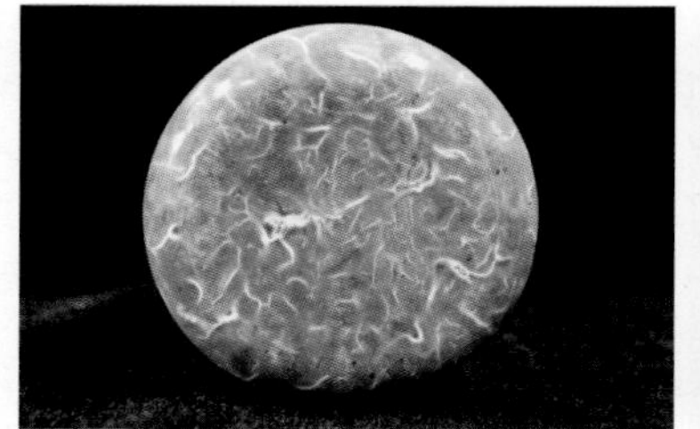

蜜环菌底部的菌索

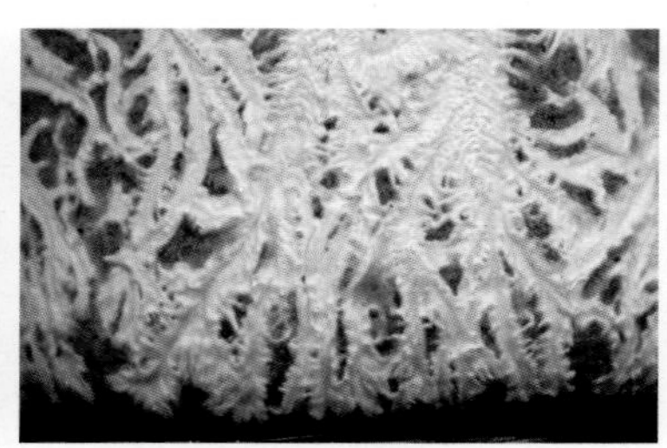

蜜环菌菌种的菌索

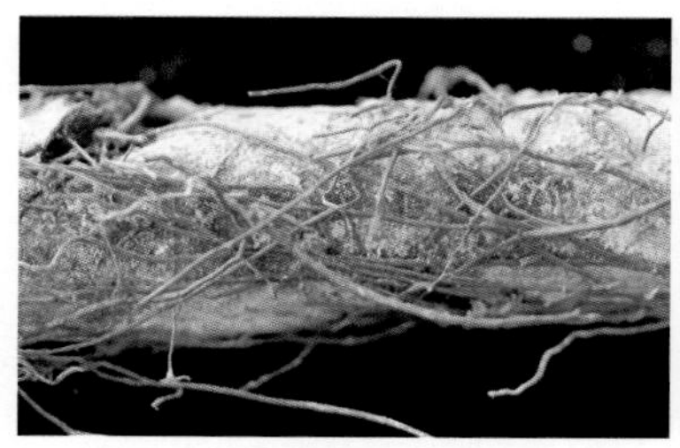

蜜环菌菌索

天麻块茎

天麻果实（整株）

天麻生长过程1

天麻生长过程2

天麻生长过程3

天麻生长原位图

米麻－白麻

采挖出来的天麻

段木表面的蜜环菌菌索

段木切面的蜜环菌菌索

分叉的天麻块茎

箭麻上的小麻

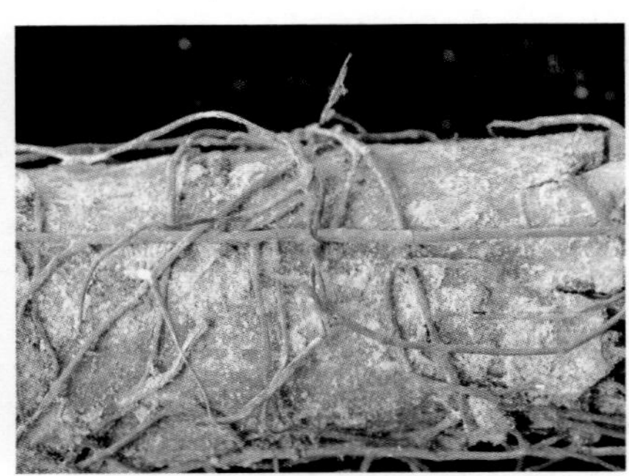
菌棒上的蜜环菌菌索

露地栽培

天麻种子

萌发菌菌种

天麻

设施化栽培新技术

贺新生　王正前　陈波　杜春雪　赵秋月
著

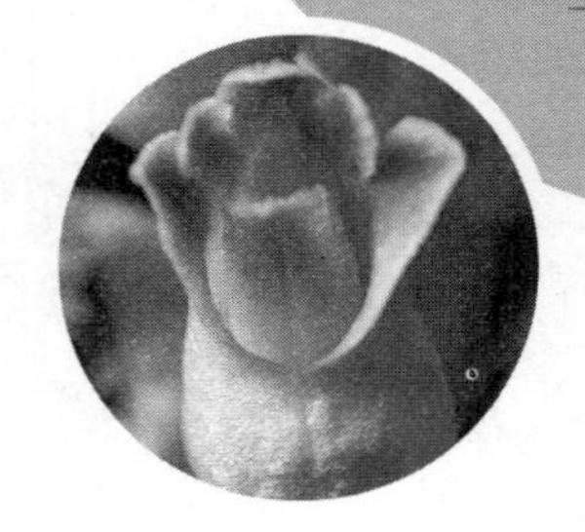

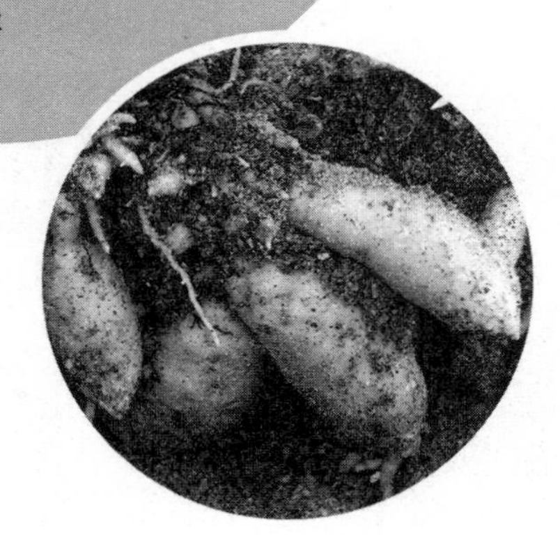

中国农业出版社
北　京

CONTENTS

目 录

概述

第一章　天麻生物学基础

第二章 蜜环菌生物学基础

第七章 天麻"0"代麻种的生产技术

第八章　天麻设施化栽培技术

第九章　天麻病虫害防治技术

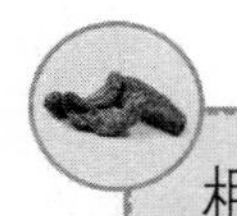

概　述

天麻是兰科（Orchidaceae）天麻属（*Gastrodia*）物种的统称，为多年生草本共生植物，是国家规定的食药两用植物，著名的传统中药材。天麻又名：赤箭、离母（《本经》），神草（《吴普本草》），独摇芝（《抱朴子》），定风草（《药性论》），合离（《酉阳杂俎》），合离草、独摇（《本草图经》），白龙皮、赤箭芝（《本草纲目》），自动草（《湖南药物志》）。

天麻属在兰科中隶属树兰亚科天麻族天麻亚族。植株本身是无叶、无根、陆生、真菌营养的草本植物，自身不能够进行光合作用，也没有汲取营养物质的发达的根和根系，完全靠真菌蜜环菌帮助吸收水分和营养物质，其块茎才能够生长膨大。天麻具有肉质的地下根茎和地面上直立的能够开花的茎，具有单色到多色的、轮生的花朵。花的萼片和花瓣融合形成钟形或不规则的管状花序。花瓣通常比萼片小得多，唇瓣有 3 个裂片，完全被管包围。自然状态下天麻无法自花授粉，需要特殊的昆虫进行授粉才能够结实，野外自然结实率一般低于 1%。栽培条件下需要人工授粉才能够结实，获得有性繁殖的种子。与所有的兰科植物一样，天麻的种子结构简单，一粒种子不到 100 个细胞，只有胚、没有胚乳，种子中储存的营养物质数量很少，无法萌发成小的原球茎，需要土壤中的共生真菌——萌发菌提供营养物质才能够正常萌发。没有授粉的种子只有透明的细胞，没有观察到颜色深的胚。

天麻是生长在高海拔条件下的植物，野生天麻多分布在海拔较高的山区。其生长地的气候环境特点为：夏季凉爽多湿，冬季积雪较厚，森林树木繁茂，枯枝落叶层厚、地面覆盖度大，表层土壤疏松且保水沥水。

天麻属最早由 Robert Brown 于 1810 年正式描述，发表在 *Prodromus Florae Novae Hollandiae et Insulae Van Diemen* 上。模式种是 *Gastrodia sesamoides*。天麻属的拉丁文单词 *Gastrodia* 是古希腊词，意为“pot-bellied，锅腹，大肚子，大腹便便”。全球天麻属植物已经被描述的物种有 80 多个，其中中国已经报道了 20 多个种和亚种或变型的分类单元。我国商业化栽培和药用的天麻是：*Gastrodia elata* Blume。

天麻分布于热带、亚热带以至南温带、寒温带山地，原产于亚洲、大洋洲、非洲。其中亚洲的中国、俄罗斯远东、日本、朝鲜、韩国、越南、泰国、印度、尼泊尔、不丹、斯里兰卡、印度尼西亚、马来西亚、菲律宾，印度洋的各个岛屿，如日本的琉球群岛、小笠原群岛，马来西亚的加里曼丹岛，马来西亚的马来半岛，俄罗斯远东的阿穆尔州、沿海边疆区、千岛群岛等地区；大洋洲的澳大利亚、新西兰、新几内亚、新喀里多尼亚岛；非洲的中非、马达加斯加均有天麻的分布。非洲大陆、欧洲与美洲尚未发现本属植物的分布。

天麻在我国分布的地区包括四川、重庆、云南、贵州、西藏自治区、新疆维吾尔自治区、甘肃、青海、河南、河北、江西、湖北、湖南、安徽、浙江、江西、福建、陕西、山西、辽宁、吉林、黑龙江、内蒙古自治区、台湾、海南、广西等省份，产于海拔 400～3 200m 山区地带的林隙或林边。

在四川省分布于盆地周边山区、青藏高原的山区和河谷地带，平原、丘陵地区自然分布较少。

中细天麻、南天麻主要分布在台湾省，疣天麻生长在云南省中部地区，原天麻分布于云南省丽江、石屏及四川省峨眉山的高山区。

《中国药典》（2015 年版）规定，天麻药材干燥品的水分不得超过15%，总灰分不得超过4.5%，二氧化硫残留量不得超过400mg/kg，浸出物不得少于15.0%，含天麻素（$C_{13}H_{18}O_7$）和对羟基苯甲醇（$C_7H_8O_2$）的总量不得少于0.25%。

第一节　中医古籍的记载

天麻为传统名贵中药材，味甘，性平，具有息风止痉、平抑肝阳、祛风通络的功效，用于治疗小儿惊风、癫痫抽搐、破伤风、头痛眩晕、手足不遂、肢体麻木和风湿痹痛。

2 000多年前，人们就把天麻列为治病的神药。我国最早的中药学著作《神农本草经》(又名《神农本草》）记载了天麻的功效，天麻具有主杀鬼，精物蛊毒恶气。久服益气力，长阴，肥健”等功效，即指天麻可治疗脑神经疼痛，具有镇静安眠等作用。唐代《新修本草》和宋代苏颂《本草图经》中亦有天麻神奇功效的记述。明代杰出的医药学家李时珍在《本草纲目》中对历代书籍中关于天麻功效的论述作了总结归纳；“久服益气力，长明，肥健，增年，消臃肿、下肿满，寒疝下血；主治风湿，四肢拘挛，瘫痪不遂；小儿风痫，惊气，助阳气，补五劳七伤；风虚眩晕头痛，通血脉，开窍，服食无忌等。”“上品五芝之外，补益上药，赤箭为第一，世人惑于天麻之说，止用于治风，良可惜哉。”天麻无毒、辛温，被广泛运用于头痛、头晕、风湿、瘫痪等病症的治疗中，并取得了显著疗效。

作为常用中药，天麻性甘，味平。《神农本草经》：味辛，温。《本草纲目》：入肝经气分。《雷公炮制药性解》：入肝、膀胱二经。《本草新编》：入脾、肾、肝、胆、心经。

天麻的功能是息风，定惊，治眩晕眼黑，头风头痛，肢体麻木，半身不遂，语言蹇涩，小儿惊痫动风。很多中医药学古籍中都做了记载。《神农本草经》：主杀鬼，精物蛊毒恶气，久服益气力，长阴肥健。《别录》：消痈肿，下支满，疝，下血。《药性论》：治冷顽痹，瘫痪不遂，语多恍惚，多惊失志。《日华子本草》：助阳气，补五劳七伤，通血脉，开窍。

第二节　现代医药学的研究

现代相关医药学文献所记述的天麻的药用功效非常广泛：天麻能益气、定惊、养肝、止晕、祛风湿、强筋骨。近年来有关研究报告显示，天麻具有镇静、镇痛及抗惊厥、催眠、抗焦虑、抗眩晕、降血压、保护神经细胞、抗自由基损伤及抗氧化、抗炎及增强免疫、改善记忆、抗衰老等诸多功能。主治风湿腰痛、眼歪斜、四肢痉挛、肢体麻木、眩晕头痛、小儿惊厥等。临床证明，天麻素注射液有扩张血管、增强血管弹性的作用，对治疗晕眩和脑基底动脉供血不足而引起的神经症状和心血管系统疾病有显著疗效。还有的将天麻用作高空飞行员的脑保健药物，认为可以增强视神经的分辨能力。

天麻的药用部分是地下块茎。天麻的主要化学成分为植物固醇、酚类、有机酸等。经现代药物分析，主要药用成分为天麻苷(Gastrodin，天麻素)、天麻苷元、香草醇、香草醛、葡萄吡喃苷、天麻醚苷、对羟基苯甲醛、对羟基苯甲醇琥珀酸、β-谷甾醇、胡萝卜苷、柠檬酸、甲酯、棕榈酸、蔗糖等。天麻中含量最高的活性成分为天麻素，约占0.33%～0.67%，天麻素无毒性，用药后能够迅速被肠道吸收，最终以尿液的形式排出体外，主要具有镇静、催眠、抗惊厥等作用。

天麻素是天麻的有效成分之一，分子式为：$C_{13}H_{18}O_7$，分子量：283.22，化学名称4-羟甲基苯-β-D吡喃葡萄糖苷。为白色针状结晶，熔点154～155℃。易溶于水、甲醇、乙醇，不溶于氯仿和醚。其主要代谢产物为天麻苷元（gastrodigenin，phydroxybenzyl alcohol，缩写为HBA）。

天麻具有多种药理作用，大量研究表明，天麻对治疗中枢神经系统疾病、心血管系统疾病、增强人体免疫力、抗氧化、保护神经细胞、治疗耳聋和耳鸣等有良好的药理作用。

邓士贤，莫云强（1979）急性毒性实验发现：小白鼠尾静脉注射天麻素，剂量用到500mg/kg（折合生药20kg），观察3d，未见中毒及死亡。小白鼠口服天麻苷元，剂量用到5 000mg/kg时，未见中毒及死亡。表明天麻素及天麻苷元的毒性很低，证实了《本草纲目》关于天麻无毒的记载。于滨等（2014）报道了天麻细粉片在实验动物中的毒性和安全性。急性毒性试验采用昆明种小鼠和SD大鼠各20只，雌雄各半，天麻细粉片剂量为15.0g/kg体重，观察14d，记录中毒表现。Ames试验采用了菌株TA97、TA98、TA100和TA102，在加S9与不加S9的条件下加入天麻细粉片，剂量分别为8、40、200、1 000、5 000μg/皿。小鼠骨髓细胞微核试验和精子畸变试验均采用昆明种小鼠，天麻细粉片剂量为1.25、2.50、5.00g/kg体重，用环磷酰胺40mg/kg体重作为阳性对照。30d喂养试验采用SD大鼠，雌、雄各40只，天麻细粉片剂量为2.81、5.62、11.25g/kg体重，连续喂食30d，观察动物一般状况和体重，测定血液学及血液生化学指标、脏器系数，并进行组织病理学检查。急性毒性试验结果显示天麻细粉片在小鼠和大鼠中的最大耐受剂量（MTD）均大于15.0g/kg体重，属无毒级。天麻细粉片的Ames试验、小鼠骨髓细胞微核试验和精子畸变试验结果均为阴性。30d喂养试验显示动物一般状况良好，各剂量天麻细粉片对动物的体重、进食量、食物利用率以及脏器重量和脏器系数均无明显影响，对动物的血常规和血清生化指标也无明显影响。病理检查显示，高剂量天麻细粉片对动物的肝、肾、胃肠、脾、卵巢（睾丸）等组织无明显毒性。在实验条件下天麻细粉片未见明显毒性以及致畸和致突变作用。

田好亮等（2014）报道了天麻微粉作为保健品开发利用的安全性。依据食品安全性毒理学评价程序和方法进行大、小鼠急性毒性试验和小鼠骨髓细胞微核试验、小鼠精子畸形试验、Ames试验及大鼠30d喂养试验。结果大、小鼠经服MTD15g/kg·bw，属无毒级；骨髓细胞微核试验、精子畸形试验和Ames试验，结果均为阴性；大鼠30d喂养试验对大鼠体重、增重、进食量、食物利用率、脏器系数及血常规、血生化等各项指标均未见不良影响。并对其进行病理组织学观察，肝、脾、肾、胃、十二指肠、睾丸、卵巢均未见明显与摄入样品有关的组织学病理改变。在该试验条件下，天麻微粉符合食品安全性毒理学评价标准对保健食品的要求，作为保健食品有进一步开发利用的价值。

一、天麻对中枢神经系统的作用

（一）催眠和镇静作用

沈道修，张效文（1963）报道了天麻浸膏无明显镇痛作用。但邓士贤，莫云强（1979）用天麻素、天麻苷元对小白鼠、猴、鸽和人体临床试验，发现天麻素是一种安全的镇静药，可恢复大脑皮质兴奋与抑制过程间的平衡失调。用于治疗神经衰弱、精神紧张、焦虑不安、烦躁、神经性失眠及小儿高热所引起的惊厥等症状。临床经验所报告的疗效与药理研究提供的结果相吻合。游金辉等（1994）报道，天麻素可以透过血脑屏障进入脑内，在脑、血及肝中迅速分解为天麻苷元（Gastrodigenin），以天麻苷元的形式存留在脑组织内，发挥中枢镇静作用。天麻苷元和天麻素都主要经肾脏排泄，天麻素在小鼠体内可能存在肠肝循环。天麻素发挥镇静的药理作用的机制为：能够顺利通过血脑屏障，在脑组织中被迅速降解成脑细胞膜苯并二氮（Bz）受体的配基—天麻苷元，从而作用在γ氨基丁酸/Bz受体上。邹宁等（2011）报道，用天麻素灌喂小鼠，观察对比用药前后小鼠的活动时间、入眠时间、入眠数量，结果发现，灌喂天麻素后，小鼠入睡时间延长，入睡的数量增加，天麻素具有催眠和镇静的药理作用，能抑制小鼠自主活动。

刘国卿等（1974）用天麻成分之一香荚兰醇进行了神经药理研究。小鼠腹腔注射香荚兰醇 200mg/kg，能显著减少小鼠自发活动，延长环己烯巴比妥钠的睡眠时间；腹腔注射 300mg/kg，具有明显的对抗戊四氮的惊厥作用；对抗硝酸士的宁的惊厥作用不显著。香荚兰醇及对照药物香荚兰素在 15～30min，自发活动减少最为明显，呈现镇静峰值。

（二）抗惊厥作用

张素玲等（2012）以小鼠为实验对象，在对小鼠腹腔注射不同剂量天麻素或天麻素和地西泮合用，10min 后，腹腔注射致惊厥剂量的利多卡因，观察小鼠惊厥潜伏期、持续时间和惊厥只数。结果发现，天麻素 100mg/kg、200mg/kg、400mg/kg 能延长惊厥潜伏期（$P<0.05$，$P<0.05$，$P<0.01$）；单独使用天麻素 50mg/kg 可延长惊厥潜伏期（$P<0.05$），对惊厥持续时间和惊厥只数则无明显影响；单独使用地西泮 1.5mg/kg 对惊厥潜伏期、持续时间和惊厥只数均无明显影响；二者合用则能明显延长惊厥潜伏期（$P<0.01$），缩短惊厥持续时间（$P<0.01$），减少惊厥只数（$P<0.01$）。试验结果表明，单用天麻素可拮抗利多卡因的致惊厥作用，小剂量天麻素与地西泮合用能协同拮抗利多卡因所致惊厥作用。天麻素为一类脂溶性物质，能够通过血脑屏障抑制谷氨酸（Glu，兴奋性氨基酸）的产生和释放，导致 N 甲基-D-天冬氨酸 NMDA 受体活性降低，引起 Ca^{2+} 浓度下降，阻断了天冬氨酸 NMDA-Ca^{2+}－NO 的通路，达到抗惊厥效果。

黄俊华，王桂莲（1989）研究了天麻注射液、去天麻苷部分和天麻苷对小鼠自主活动的影响，用量为天麻注射液（天麻原料经水提醇沉后，上清液浓缩至 2.5g/mL）10g/kg，去天麻苷部分（天麻注射液经葡聚糖凝胶方法制备而得）20g/kg，天麻苷 25、50、100mg/kg，结果天麻注射液 10g/kg 和去天麻苷部分

20g/kg可减少小鼠的自主活动，天麻苷3种剂量均无作用。

（三）抗眩晕作用

齐学军，刘金敏（2010）探讨了穴位注射天麻素注射液治疗后循环缺血性眩晕的临床疗效。将眩晕、躯体平衡障碍为主要症状的后循环缺血患者352例随机分为治疗组（172例）与对照组（180例）。治疗组采用天麻素注射液0.2g、地塞米松2mg、利多卡因20mg针管内混匀，取天牖穴注射，隔日1次，5次为1个疗程。对照组采用天麻素注射液0.6g加入生理盐水250mL中静脉输注，1次/日，治疗10d。结果治疗组总有效率95.35%，对照组总有效率为93.89%，两组比较无统计学意义（$P>0.05$）。两组治疗前后椎基底动脉血流速度明显增快（$P<0.05$），治疗后两组间无统计学意义（$P>0.05$）。实验表明天麻素注射液能够明显缓解后循环缺血患者的眩晕、恶心、呕吐、头痛、平衡障碍等症状和体征；天麻素注射液具有较好的扩张血管作用，防止脑血管痉挛，改善椎—基底动脉供血，增加脑血流量，且其镇静作用能使患者的焦虑症状得到缓解，从而解除因精神因素所致的血管痉挛。天麻素还具有改善营养细胞和血流动力学的作用，在用药后便立即发挥消除椎—基底动脉系统循环不良、梅尼埃病、前庭神经元炎等引发的眩晕、呕吐等症状。

（四）镇痛作用

郑卫红等（2005）报道了乌红天麻种麻对小鼠的镇痛作用及其与剂量之间的关系。发现乌红天麻种麻有明显镇痛作用。通过扭体法和热板法测定小鼠的痛阈，发现天麻除了能显著提高小鼠的痛阈值外，还能延长扭体反应的潜伏期，并且该药理作用具有剂量依赖性增强特征。为了进一步探讨天麻素在提高慢性疼痛痛阈中的效果，在模拟疼痛模型选用大鼠，观察该模型中大鼠的皮肤温度、踝关节肿胀程度、痛阈以及疼痛级别变化情况，结果显示，在模型下，大鼠的基础痛阈提高，而皮肤温度下降，大鼠踝关节肿胀有所缓解，疼痛级别下降。天麻发挥镇痛药理作用的机制可能为：天麻能够减少神经冲动的传入，阻断疼痛物质传递，促进镇痛系统释放镇痛物质等。天麻素能通过抑制星形胶质细胞的激活进而产生镇痛作用。

（五）治疗头痛作用

大量研究表明，天麻素在治疗多种原发性、继发性头痛和偏头痛等方面疗效显著，且不良反应少，有广泛的临床应用前景。郭学廷，聂永霞（2011）采用随机对照的方法，选取偏头痛患者90例，随机分为天麻素治疗组和对照组，每组45例，对照组应用氟桂利嗪5mg，每晚睡前服1次，治疗组应用天麻素2粒/次，3次/d；同时，天麻素治疗组与对照组均常规应用神经营养剂。治疗6周后，观察天麻素治疗组与对照组治疗后偏头痛的疼痛强度、头痛发作频率、持续时间、治疗显效率及总有效率。结果发现天麻素治疗组与对照组患者治疗后偏头痛均有改善，天麻素治疗组疼痛强度减轻较对照组明显，显效率及总有效率较对照组均显著提高，天麻素治疗组与对照组比较差异有统计学意义（$P<0.05$）。结论：天麻素治疗偏头痛，可以缩短病程，改善头痛症状，近期效果满意，无明显不良反应。天麻素对治疗糖尿病、冠心病等引起的各种病理性疼痛也有一定的效果。

（六）抗癫痫作用

柴慧霞等（1982）在合成天麻素对抗马桑内酯所致家兔癫痫的初步观察中发现，天麻素各剂量组均有延长癫痫发生的潜伏期、减少癫痫大发作的程度、缩短癫痫大发作的时程、加快其恢复过程和降低死亡率的趋势。吴慧平等（1990）报道，用截肢术、机械刺激综合法造成豚鼠实验性癫痫，分组观察天麻对该模型治疗前后中枢各脑区儿茶酚胺含量的变化，结果表明，豚鼠癫痫发作时间脑、脑干内去甲肾上腺素和尾状核中多巴胺含量下降。治疗后能使上述部位的去甲肾上腺素和多巴胺含量升高。提示天麻对豚鼠实验性癫痫的治疗机理与调整中枢不同部位儿茶酚胺的代谢有关。王加强等（2005）了观察人工合成的天麻素对慢性顽固性癫痫的辅助治疗作用：选择正在服用抗癫痫西药但仍不能控制癫痫发作的患者 15 例，在不增加原服用药物剂量的基础上加用天麻素 300mg/d，结果，15 例患者中有 6 例发作次数减少或减轻，占总数的 40%；7 例患者自评部分有效，6 例无效。天麻素作为治疗癫痫的一种辅助用药，在一定程度上可以减轻发作程度，改善临床症状。曹亚芹等（2008）发现天麻素能够降低致癫大鼠惊厥的易感性及抑制大鼠颞叶和海马区 Cx43 表达，抑制异常缝隙连接的形成，达到抗癫痫形成。

二、天麻对心血管系统的作用

（一）保护心肌细胞作用

黄秀凤，唐红（1990）应用 MMC 中毒性心肌损伤的细胞病理模型，从细胞水平观察到合成天麻素可使 MMC 所致心肌细胞变性减轻及坏死减少，SDH、LDH 活性明显增强。这可能与天麻素促进心肌细胞能量代谢，增强细胞抗损伤的作用有密切关系。任世兰，于龙顺（1992）报道，天麻 1g/kg 静脉注射可降低家兔后肢和头部的血管阻力；离体兔耳灌流可明显增加灌流量和对抗肾上腺素引起之流量减少；并可增加脑血流量和离体豚鼠心脏的冠脉流量。大鼠十二指肠给药 10g/kg 或腹腔注射 5g/kg 给药均显示降压和减慢心率作用。2g/kg 静脉注射可明显防止大鼠垂体后叶素所致的心肌缺血；面对小鼠在常压或常压加异丙基肾上腺素时的缺氧，天麻 5g/kg 腹腔注射均可明显延长死亡时间，并降低小鼠在低压缺氧时的死亡率。结果表明天麻可能对心脏有较好的保护作用。

周岩等（2011）研究了天麻对病毒性心肌炎（VMC）小鼠心肌细胞的保护作用：将Balb/c小鼠分为正常对照组，VMC对照组，天麻低、中、高干预组，共5组，分析各组的小鼠生存率、心肌病理积分以及脑钠肽（BNP）、超声主动脉血流峰值流速（Vp）、主动脉流速积分（Vi）等心功能指标。结果，高剂量天麻干预组与VMC对照组相比，小鼠死亡率明显降低，病理积分、BNP、Vp、Vi等指标的差异均有统计学意义（$P<0.05$）；中、低剂量组与VMC对照组相比，上述指标差异均无统计学意义（$P>0.05$）。结果表明，天麻对VMC小鼠心肌细胞有保护作用。

郝帅林等（2017）研究了天麻素在大鼠心肌细胞氧化应激损伤时是否通过线粒体机制发挥心脏保护作用。使用过氧化氢（H_2O_2）650μmol/L处理大鼠心脏组织来源的H9c2心肌细胞，复制氧化应激损伤模型。分别使用50.0μmol/L、10.0μmol/L、1.0μmol/L、0.1μmol/L天麻素预处理，利用共聚焦显微镜成像技术，检测线粒体膜电位的变化，四甲基偶氮唑盐比色法检测天麻素对细胞存活率的影响，Western blot检测天麻素对糖原合成酶激酶-3β（GSK-3β）、蛋白激酶-B（Akt）活性的影响。试验结果表明，不同浓度的天麻素预处理均能减弱H_2O_2引起的四甲基罗丹明乙酯荧光强度降低程度，且与模型组（0.30±0.25）比较，10.0μmol/L天麻素预处理组（0.79±0.08）作用最为明显。天麻素（10.0μmol/L）预处理能提高H9c2细胞的存活率，使p-GSK-3β（Ser^{9}）、p-Akt（Ser^{473}）蛋白水平升高，而磷脂酰肌醇-3激酶（PI3K）抑制剂渥曼青霉素可以阻断其发挥作用。天麻素能够减轻由H_2O_2引发的H9c2心肌细胞氧化应激损伤，可能是通过PI3K/Akt途径使GSK-3β失活，抑制mPTP开放以发挥心脏保护作用。宋阳等（2012）采取心脏灌流的形式给离体的蟾蜍心脏应用天麻素，发现离体蟾蜍心率有所下降，并且当天麻素的剂量为40～100μg/mL时，降低离体蟾蜍心率的效果明显，并且存在剂量依赖性；另外，当天麻素达到一定浓度时，心脏的收缩幅度明显增加，心肌收缩力增大，因此当天麻素达到一定浓度时，便具有降低心率和增加心脏收缩幅度的药理作用。

（二）降血压作用

陈云云等（2002）研究了天麻降压胶囊治疗原发性高血压的效果，将182例原发性高血压患者随机分为2组，治疗组81例，采用天麻降压胶囊治疗。对照组81例，采用复方罗布麻片治疗；均4周为1疗程，治疗前后定时测量血压。结果显示，治疗组显效率和有效率均显著高于对照组（$P<0.05$），对头痛、眩晕等症状的改善作用也优于对照组，治疗过程中未发现明显不良反应。说明天麻降压胶囊治疗原发性高血压安全有效。天麻素或可改善内皮素和血管紧张素II，从而达到降低血压的目的。天麻素和天麻苷元作为天麻主要化学成分，二者均能够作用于中枢神经系统，减小血管阻力，扩张小动脉和微血管，降压效果持续时间长达3h之久，并且降压不会引起交感神经被激活。

桑希生（2004）研究了天麻降压胶囊对原发性高血压大鼠的降压作用及其机制。以原发性高血压大鼠（SHR）为研究对象，通过对SHR大鼠的血压、心肌及血管重构、肾素-血管紧张素系统、血清内皮素和一氧化氮水平的影响，来探讨该方的作用机理。实验结果显示：（1）天麻降压胶囊的降压作用优于牛黄降压片；（2）天麻降压胶囊对SHR大鼠心肌组织及血管重构有明显作用；（3）天麻降压胶囊可提高SHR大鼠血清中一氧化氮浓度；（4）天麻降压胶囊可降低SHR大鼠血清中血管紧张素Ⅱ含量；（5）天麻降压胶囊调低SHR大鼠肾上腺血管紧张素原mRNA表达；（6）该实验未发现对血清内皮素的影响。

陈陆（2008）选择正常小鼠、应激性高血压小鼠以及肝阳上亢高血压小鼠作为实验对象，分别给3组小鼠灌喂天麻复方降压胶囊溶液，实验结果显示：正常和应激性高血压的小鼠血压无显著变化，但是肝阳上亢高血压小鼠的血压显著下降，说明天麻具有降压药理作用。

（三）抗血小板聚集、抗血栓作用

林青等（2006）分别开展了家兔体外、小鼠半离体、小鼠体内实验，采用比浊法测定小鼠血小板聚集率，结果显示，天麻提取物 G2 具有抑制由 ADP（二磷酸腺苷）诱导的血小板聚集的作用；在家兔的体外实验中，该提取物还具有抑制由血小板活化因子（PAF）诱导的血小板聚集，证实天麻提取物 G2 抗血小板聚集作用显著。

淤泽溥等（2007）研究发现，天麻醋酸乙酯萃取部分（主要成分为以 4，4'-二苯酚甲烷、三聚对羟基苯甲醇等为主的酚性化合物）具有较强的抗血小板聚集作用。

李秀芳等（2013）探讨了天麻成分对羟基苯甲醛的抗血小板聚集作用。以二磷酸腺苷（ADP）、花生四烯酸（AA）、血小板活化因子（PAF）为诱导剂，探讨了对羟基苯甲醛的体外抗血小板聚集活性；采用 ADP 静脉注射致小鼠肺栓塞方法以及下腔静脉结扎致大鼠静脉血栓的方法，考察了对羟基苯甲醛的体内抗血小板聚集活性；并对经口给药的对羟基苯甲醛的急性毒性进行了检测。结果表明，天麻成分对羟基苯甲醛对 ADP 诱导的家兔体外血小板聚集具有明显的对抗作用，其半数抑制率（50% inhibitory concentration，IC_{50}）为 2mmol/L，对 PAF 诱导的家兔体外血小板聚集无明显影响；天麻成分对羟基苯甲醛能明显降低小鼠肺栓塞死亡率，并显著对抗大鼠下腔静脉血栓的形成。说明天麻成分对羟基苯甲醛在体外、体内均具有显著的抗血小板聚集活性。急性毒性研究结果表明，天麻成分对羟基苯甲醛经口给药的小鼠半数致死量（lethal dose 50，LD_{50}）为 1.23g/kg。

郭营营等（2014）研究了天麻中的对羟基苯甲醇抗血小板聚

集作用及机制。实验以二磷酸腺苷（ADP）、花生四烯酸（AA）为诱导剂，探讨对羟基苯甲醇的体外抗血小板聚集活性；采用下腔静脉结扎致大鼠静脉血栓方法，考察对羟基苯甲醇的体内抗血小板聚集活性；并利用双波长荧光分光光度法测定对羟基苯甲醇对 AA 诱导的家兔血小板聚集胞浆钙离子浓度的影响。结果对羟基苯甲醇对 AA 诱导的家兔体外血小板聚集有明显的对抗作用，其 IC_{50}）为 0.107g/L，对 ADP 诱导的家兔体外血小板聚集有抑制作用，IC_{50} 为 0.3g/L；天麻成分对羟基苯甲醇能显著对抗大鼠下腔静脉血栓的形成；对羟基苯甲醇对 AA 诱导的家兔血小板细胞外钙内流与内钙释放和对照组相比差异均有非常显著性意义（$P>0.05$）。结果表明，天麻成分对羟基苯甲醇在体外、体内均具有显著的抗血小板聚集活性；其作用机制可能是通过抑制外钙内流和内钙释放达到抑制血小板聚集的作用。

申婷等（2017）研究了天麻成分对羟基苯甲醛抗血小板聚集的作用机制。实验采用酶联免疫吸附法，检测不同浓度（320μmol/L、80μmol/L、20μmol/L）对羟基苯甲醛对二磷酸腺苷（ADP）诱导后大鼠体外富血小板血浆中环磷酸腺苷（cAMP）水平的影响；采用双波长 Fura－2 荧光分光光度法，测定对羟基苯甲醛对 ADP 诱导后家兔体外血小板胞浆钙离子浓度的影响；采用 western blot，检测不同剂量（20mg/kg、15mg/kg、10mg/kg）对羟基苯甲醛大鼠在连续灌胃 5d 后，对 ADP 诱导的血小板 P2Y12 受体表达的影响。实验结果表明，对羟基苯甲醛高、中浓度（320μmol/L、80μmol/L）均能显著提高大鼠富血小板血浆 cAMP 水平，与模型组比较，差异有统计学意义（$P<0.01$ 或 $P<0.05$）；不同浓度（320μmol/L、80μmol/L、20μmol/L）对羟基苯甲醛对 ADP 诱导的家兔体外血小板细胞内钙释放与外钙内流均无明显影响，与阴性对照组相比，差异均无统计学意义（$P>0.05$）；高剂量（20mg/kg）对羟基苯甲醛能显著抑制 ADP 诱导的血小板 P2Y12 受体的表达。结论：天麻成分对羟基苯甲醛抗血小板聚集的作用是通过提高血小板 cAMP 水平、抑制血小板 P2Y12 受体的表达而发挥的。

三、增强免疫力作用

王曙光等（1997）研究了鲜天麻蜜膏对小鼠免疫功能的影响。鲜天麻蜜膏能激活小鼠腹腔巨噬细胞的吞噬功能；高剂量组能增加小鼠胸腺重量，并具有量效趋势；各剂量组对小鼠血清溶血素抗体生成无明显影响。实验显示，鲜天麻蜜膏在一定程度上可提高机体细胞免疫功能。宓伟（2010）从免疫学方面探讨中药天麻增强免疫功能的作用。实验取小鼠 24 只，随机分为对照组和实验组，分别用生理盐水和 100%浓度天麻浸出液定期给小鼠灌胃，然后检测抗体的产生、特异玫瑰花环结形成细胞检测（SRFC）、血清 IgG 检测及小鼠骨髓细胞增殖。结果用药组小鼠抗体产生能力有显著增强，特异玫瑰花环结形成细胞及血清 IgG 产生明显增多，均与对照组相比有极显著差异（$P<0.01$），而骨髓细胞增殖也有极显著差异（$P<0.01$），未见有副作用。试验结果表明，口服天麻可明显提高机体免疫功能，增强抗感染能力。

汪植等（2007）为了探讨天麻中的多糖对免疫功能的影响，对小鼠灌喂天麻多糖和天麻水提取物，一段时间后测定小鼠血清中免疫球蛋白含量，并称量小鼠胸腺和脾脏的重量，计算小鼠胸腺指数和脾脏指数，结果证实天麻中的多糖以及水提取物二者均具有促进小鼠免疫球蛋白水平增加的作用，提高胸腺指数和脾脏指数。天麻注射液还能够提高小鼠吞噬细胞功能和血清溶菌酶活力的作用，增强小鼠 T 细胞免疫应答和非特异性作用，形成特异性抗体，这表明天麻具有增强免疫力的作用。

鲁艳娇等（2015）研究了天麻苷对小白鼠免疫功能的影响。通过在小白鼠日常饮水中加入不同剂量的天麻苷（低、高剂量分别是 10g/L、40g/L），采用脾脏重量和生长指数测定、腹腔巨噬细胞吞噬功能检测和体外抗体形成细胞检查法，检测天麻苷对小白鼠外周免疫器官脾脏、抗体生成及巨噬细胞功能的影响。结果显示，天麻苷喂饲各组均未观察到任何中毒表现；与阴性对照组比较，高剂量组能够提高小白鼠脾脏的重量、生长指数、抗体生成及巨噬细胞功能（$P<0.05$）。天麻苷可明显提高小鼠的免疫功能，增强小鼠的抗感染能力。

李峰等（2015）研究了天麻多糖（PDG）对卡介苗（BCG）加脂多糖（LPS）导致的小鼠免疫性肝损伤的修复作用。建立卡介苗加脂多糖导致小鼠免疫性肝损伤模型，方法：以联苯双酯（bifendate，BF）为阳性对照，测定血清中天门冬氨酸氨基转移酶（AST）、丙氨酸氨基转移酶（ALT）与一氧化氮（NO），测定肝脏中超氧化物歧化酶（SOD）与丙二醛（MDA），用酶联免疫法来测定血清中和肿瘤坏死因子 α（Tumor necrosis factor-α，TNF-α）与白细胞介素-1（Interleukin-1，IL-1）的含量，噻唑蓝（MTT）法来测定脾 T、B 淋巴细胞增殖能力，称量并分别计算各组小鼠的肝脏、胸腺与脾脏指数。结果显示：天麻多糖组（25、50、100mg/kg）能显著降低小鼠血清中 ALT、AST、NO 活性及 TNF-α 与 IL-1 的含量，抑制肝脏中的 MDA 水平，提高 SOD 活性，显著提升脾 T、B 淋巴细胞增殖能力，且提高了小鼠的脾脏、胸腺指数，降低了肝脏指数。结果表明，天麻多糖对卡介苗加脂多糖导致小鼠免疫性肝损伤有良好的保护作用。

四、抗炎、抗氧化作用

已经有大量的实验表明天麻具有抗氧化和延缓衰老的功效，但发生作用的活性成分依然不明确。孔小卫等（2005）研究了天麻多糖对衰老小鼠自由基代谢的影响。给衰老小鼠喂食 32d 多糖后，结果发现小鼠的肝、脑、血清、心组织中的 CAT 和 SOD

的活性均明显提高，天麻多糖抑制小鼠肝、脑、血清、心组织中过氧化脂质（MDA）形成，增强了衰老小鼠血清 GSH-Px 的活性。这说明天麻多糖具有较好的清除自由基，降低 MDA 的含量，延缓细胞衰老的作用。

陶文娟等（2005）通过开展天麻糖复合物抗衰老相关实验，结果发现只有天麻糖复合物具有增强小鼠血清中 T-SOD 活性和降低小鼠血清中 MDA 的含量的作用，天麻糖复合物能够延长果蝇最高寿命和平均寿命，具有明显的抗衰老作用。谢学渊等（2010）研究了天麻多糖对 D-半乳糖致衰老小鼠生理机能的影响。对 D-半乳糖引起的衰老小鼠喂食天麻多糖，结果发现不仅可以改善小鼠的学习记忆能力，恢复期脑组织中神经阻滞，提高小鼠血液中 GSH-Px 和大脑中 SOD 的活性，还能降低脑组织中 MAO 活性并降低 MDA 水平，有助于脑神经组织的恢复，并且天麻多糖发挥抗氧化和延缓衰老的作用与剂量有关。研究发现，天麻多糖可改善 D-半乳糖致衰老小鼠的学习记忆能力，促进脑神经的恢复；显著改善机体氧化代谢相关酶的活性，具有一定的抗氧化活性。初步确定天麻多糖为天麻抗氧化、延缓衰老的活性成分。

天麻注射液有抗炎和抗氧化的作用。天麻注射液能抑制醋酸所致的小鼠腹腔毛细血管通透性的增加，抑制二甲苯所致的小鼠耳部肿胀及通透性增加，并能抑制 5-HT、PGE2 所致的大鼠皮肤毛细血管通透性增加。谢云峰等（1999）用比色法和化学发光法测定了天麻注射液对大鼠肝匀浆过氧化脂质（LPO）的影响及对 H_2O_2-鲁米诺发光体系中 H_2O_2 的消除作用，研究结果表明天麻注射液可抑制大鼠肝匀浆在 37℃震荡温浴条件下导致丙二醛升高；对 H_2O_2 有不同程度的消除作用。这说明天麻注射液有抗氧化作用，其抗炎作用可能与抗氧化作用有关。天麻注射液除去天麻苷部分 20g/kg 能对抗巴豆油引起的鼠耳炎症，说明天麻素不是抗炎的有效成分。

五、保护神经细胞作用

杜贵友，朱新成（1998）观察了天麻促智冲剂（TMC）治疗老年血管性痴呆（VaD，肝阳上亢型）的临床疗效。方法：将30例VaD患者采用TMC口服治疗，每次1包（5.0g/包），每日3次口服，1个月为1个疗程，连续2个疗程。结果显示，给药后可以显著增高不同痴呆量表成绩；显著改善中医临床症状、神经功能缺损和生活能力，对脑地形图有显著的改善作用；对异常血黏度患者可以降低其不同切变率下全血黏度，且降低血浆黏度，对红细胞变形和聚集指数异常均有显著改善作用。观察表明，TMC对肝阳上亢型老年血管性痴呆有一定的疗效。

韩春妮等（2014）研究了天麻提取物对东莨菪碱所致记忆获得障碍模型小鼠胆碱能系统的影响。采用复制东莨菪碱致小鼠记忆获得障碍模型，通过Morris水迷宫试验测定其学习记忆成绩及乙酰胆碱含量。结果，天麻总提物和乙酸乙酯提取物均能明显缩短东莨菪碱所致记忆获得障碍模型小鼠的逃避潜伏期及搜索距离（$P<0.05$），显著增加原平台象限时间百分比和距离百分比（$P<0.01$），提高小鼠脑组织中的乙酰胆碱含量（$P<0.01$）。结论：天麻提取物能明显改善模型小鼠的记忆获得能力，其作用与增强胆碱能神经系统功能有关。

吴霜等（2012）研究了天麻乙酸乙酯（EtOAc）提取物对缺糖缺氧/复糖复氧（oxygen glucose deprivation/reoxygenation，OGD/Rep）PC_{12}细胞存活率和细胞内游离钙浓度（$[Ca^{2+}]i$）的影响。采用含$Na_2S_2O_4$的无糖Earle’s液造成缺糖缺氧，然后换正常培养基复糖复氧的方法造模；MTT法测定细胞存活率、化学比色法检测LDH-L漏出率、采用Fura-2/AM荧光探针检测细胞内游离钙浓度（$[Ca^{2+}]i$）及观察细胞形态变化。结果与模型组比较，天麻EtOAc部分细胞存活率明显升高、

LDH－L 漏出率降低、细胞内钙荧光强度也明显减弱（$P<0.05$）；且细胞大部分仍贴壁、折光度强和细胞密度大。结论天麻 EtOAc 部分能够保护 OGD/Rep 损伤后 PC_{12} 细胞的完整性，提高细胞的存活率，并能降低细胞内游离钙浓度，减轻钙超载。

李秀芳等（2011）探讨天麻酯溶性酚性成分对大鼠脑缺血/再灌注的保护作用。采用线栓法复制了大鼠局灶性脑缺血再灌注损伤模型，以神经学评分、脑梗死体积、脑组织内水分含量、脑组织内钙调蛋白依赖性蛋白激酶（CaMKⅡ）表达作为评价指标，考察天麻酯溶性酚性成分的作用，结果表明天麻酯溶性酚性成分能够明显改善模型动物的神经病学症状，缩小脑梗塞体积，减轻脑水肿，调节 CaMKⅡ的表达水平。说明天麻酯溶性酚性成分在防治大鼠脑缺血/再灌注损伤方面具有明显作用。段小花等（2011）选择血管性痴呆大鼠作为实验对象，对其注射天麻提取物，结果发现其改善小鼠学习记忆能力效果显著，主要作用机制可能跟减轻海马区的氧化损伤、清除自由基等有关。周宁娜等（2014）研究了天麻对缺血再灌注损伤模型血脑屏障保护作用及机制。

韩春妮等（2013）研究了云南昭通 3 种天麻对小鼠脑缺血再灌注损伤的保护作用。采用双侧颈动脉总结扎法复制小鼠脑缺血再灌注损伤模型，观察 3 种天麻对小鼠脑梗死率以及 SOD 活性和 MDA 含量的影响。结果与模型组比较，3 种天麻均能减少小鼠的脑梗死率，提高 SOD 活性和降低 MDA 含量，但各天麻组间比较，无统计学意义结果表明，3 种天麻均能明显改善缺血再灌注后小鼠的脑损伤程度，但 3 种天麻间的作用无统计学意义。

韩春妮等（2014）研究了天麻总提物对小鼠学习记忆能力的获得、巩固、再现功能的影响。选用昆明种雄性小鼠随机分为正常组、模型组、对照组、天麻总提物组，各给药组给予相应药物灌胃，灌胃容积为 10g 0.2mL，正常组与模型组给予等容积蒸馏水灌胃，连续 16d。给药 11d 后复制东莨菪碱、氯霉素、乙醇致小鼠记忆获得、巩固、再现功能障碍模型，采用Morris水迷宫进行定位航行实验及空间探索实验，测定小鼠逃避潜伏期和空间搜索距离，以及原平台象限时间百分比和距离百分比。结果天麻总提物能明显缩短模型小鼠逃避潜伏期及搜索距离（$P<0.05$，$P<0.01$），显著增加原平台象限时间和距离百分比（$P<0.01$）。表明天麻总提物能具有改善模型小鼠记忆获得、巩固记忆及记忆再现的作用。

吴洁（2012）研究发现，天麻素能够明显减小短暂大脑中动脉闭塞的大鼠脑梗死体积和水肿体积，改善患者神经功能效果显著，发现天麻及其制剂对神经起一定的保护作用。天麻素还具有抑制谷氨酸和缺氧缺血糖引起的神经细胞凋亡，降低胞外谷氨酸的氧化亚氮和钙离子水平。王昭君等（2007）分析了天麻素对快速衰老小鼠大脑组织衰老相关基因表达的影响，结果发现，天麻素所发挥的抗衰老作用主要是通过调节部分衰老相关基因表达水平。作为天麻中一类有效的酚性成分，具有减少全脑和皮质中梗死的面积，改善小鼠海马区和皮层神经元的分布，降低caspase-3的活性，增强Bcl-2表达作用，证实天麻素发挥神经保护作用主要跟其具有减弱凋亡通路的机制有关。

中医认为，老年痴呆是由于脏腑亏损（尤其是肾虚），气血不足，痰阻血瘀，毒物内生，化毒为害而导致。曹春雨（1999）研究发现，天麻促智冲剂（TMC）具有平肝潜阳、补益肝肾，清热活血，益智安神等功效，适用于肝肾阴虚，肝阳上亢的老年血管性痴呆症。老年血管性痴呆发病机理中，兴奋性氨基酸毒性、胆碱能神经功能下降以及氧应激等有着重要的作用。口服天麻制剂4.8g/kg能显著恢复D-半乳糖衰老小鼠被动回避反射跳台法的跳台错误次数，这说明天麻能改善衰老小鼠的短时记忆。用小鼠跳台实验观察天麻醇提物对东莨菪碱、亚硝酸钠、乙醇所致小鼠记忆损伤病理模型的影响，结果显示天麻醇提物对小鼠学习记忆能力具有明显的改善作用。

六、治疗耳聋、耳鸣

天麻能够通过降低外周血管阻力和血压来提高脑血管的顺应性，增加脑和椎-基底动脉血流量，从而改善迷路动脉，增加耳内血液供应，缓解患者耳聋、耳鸣的症状。

汤凌浩等（2007）观察了天麻素治疗突发性耳聋的临床效果。对 63 例突聋患者随机分为天麻素治疗组（33 例）和对照组（30 例），在常规治疗（包括激素、能量制剂和高压氧）的基础上，治疗组用天麻素治疗，对照组用丹参治疗。治疗 15d 后，治疗组和对照组听力分别提高（31.35±16.45）dB 和（20.38±14.41）dB（$P<0.05$），两组总有效率分别为 84.85% 和 63.33%（$P<0.05$）。结果表明，天麻素治疗突聋有显著疗效。天麻素联合耳聋胶囊、血塞通、洛斯宝口服液等药物治疗突发性耳聋的效果也非常好。封玉东等（2007）选择 144 例耳聋患者作为研究对象，将患者随机分成 72 例治疗组和 72 例对照组，对照组患者采取常规治疗方法，即静脉滴注低分子右旋糖酐注射液 500mL＋丹参注射液 16mL＋胞磷胆碱注射液 0.75g＋ATP 注射液 40mg＋辅酶 Q 注射液 200U，每日 1 次；而治疗组则是在对照组基础上，联合天麻素注射液治疗。两组患者均连续治疗 15d，15d 后统计总有效率。治疗组总有效率（82.1%），明显高于对照组总有效率（65.3%），表明天麻素具有改善微循环的作用，治疗突发性耳聋效果显著。

张宏杰（2008）用天麻素联合和甲钴胺治疗 58 例顽固性耳鸣患者。把 2003 年 3 月至 2007 年 3 月收治的顽固性耳鸣患者 116 例（144 耳）随机分为 2 组。治疗组 58 例，用天麻素 0.6g 加入 5%葡萄糖 500mL 静滴，每日 1 次，同时口服甲钴胺 1.0g，每日 3 次；对照组 58 例，予罂粟碱 60mg 加入 5%葡萄糖 500mL 静点，每日 1 次。2 组均 7～12d 为 1 个疗程。观察 2 组疗效。

结果，治疗组有效率92%，对照组有效率79%，2组疗效比较有显著性差异（$P<0.05$）。表明利用天麻素联合甲钴胺治疗顽固性耳鸣具有显著的临床效果和经济效益。

第三节　我国天麻生产概况

天麻作为药用在我国已有2000多年历史，在过去是紧缺的名贵中药材。这是因为，过去人们主要依靠采挖野生天麻入药，而野生天麻多分布在海拔较高的山区，需要独特的气候条件和地理环境，生长区域和产量受到很大限制。为了寻求天麻的栽培途径，扩大天麻的生产，多年来科学工作者及药农根据药用植物栽培学和培养药用真菌的一些基本原理，对天麻人工栽培的几个主要方面进行了大胆的探讨和尝试，取得了成功并使这一技术得以推广，使天麻栽培由野生发展转向人工栽培。山坡、室内、庭院、林地、地道等处都可进行天麻栽培，在设施的利用上扩展到塑料筐、泡沫框、砖池、木箱、竹箩、瓦盆等多种代用设备；在栽培用材上由单一的麻栗树到多种阔叶材的树干、树枝、薪柴等，在培养料上也发展到沙质土、阔叶树叶片、稻壳、秸秆、锯木屑等多种原料。

实践证明，人工栽培天麻，病虫害少，产量稳定，规模可控，投资小，收入大，管理方便，取材容易，是农村致富的好门路。

全国传统的天麻生产区域主要集中在4大区域：

长江三峡神农架天麻原产地：包括湖北宜昌三峡、恩施、神农架林区、十堰，陕西南部汉中，重庆东部。是全国最大的红天麻与乌红杂交天麻产区。

云贵高原天麻产区：也叫云贵川天麻产区。包括云南北部昭通，四川南部南充，贵州西北的毕节大方等地。是全国最大的乌天麻产区。

大别山天麻产区：大别山天麻产区主要包括湖北黄冈的罗田，安徽六安的金寨，河南南部部分地区。

长白山天麻原产地：主要包括吉林抚松、临近朝鲜的部分地区。

其他零星天麻产区：包括浙江磐安部分山区，江西樟树部分地区，西藏林芝的波密，有少量天麻种植，天麻面积和产量都不大。

具体的有：安徽的霍山、英山、金寨、罗田、岳西；湖北的麻城、宜昌、当阳、恩施；陕西的略阳、城固、西乡、勉县、洋县、宁强、镇安、商州；云南昭通的镇雄、彝良；浙江的磐安、仙居；四川的通江、南江、青川、旺苍、平武、北川；贵州的毕节市大方县和纳雍、铜仁市德江；河南伏牛山区西峡、南召、卢氏。此外，甘肃、东北部分地区也有种植。

20 世纪以来，随着人们对天麻药理作用的深入研究和了解，天麻需求量在不断增加。20 世纪 50 年代中期天麻年需求量约 110t，60 年代中期年需求量增加到 150t 左右，70 年代中期需求 250～350t，80 年代天麻年需求 600～900t，90 年代天麻年需求在 1 000t 以上。目前我国天麻年产量为 4 500～5 000t，库存1 500～2 000t，市场规模在 4 亿～5 亿元。2015 年的产量约 7 000t，2014—2016 年天麻行业的市场规模为 4.4 亿～4.6 亿元/年。

随着天麻在保健品、中药提取方面的广泛应用，需求量也在逐年增长，全国有 200 多个厂家生产天麻制剂，中成药以天麻为主要原料的品种有 100 多个，国内药用医用原料约 3 500t。在《中华人民共和国药典》（2015 年）收载的 1493 成方制剂和单味制剂中，以天麻为主要成分的有 14 个品种，如天丹通络片、天丹通络胶囊、天菊脑安胶囊、天麻丸、天麻头痛片、天麻钩藤颗粒、天麻首乌片、天麻祛风补片、天麻醒脑胶囊、天麻丸、天舒片、天舒胶囊、半夏天麻丸及全天麻胶囊等。

天麻不仅具有较高的药用价值，还具有较高的药膳、保健、滋补价值。经过千百年的实践，民间以天麻为佐料加工制作出了各类佳肴，如：天麻猪脑羹，用于调节顽固性头痛、老年痴呆症等征；天麻什锦饭，用于调节头晕眼花、失眠多梦和健忘等征；天麻炖乌鸡，用于调节气血两虚或产后体虚所引起的头晕、贫血以及低血压等征；天麻陈皮粥，用于调节癫痫病等。此外纯天麻干粉还可作为糖果、饼干、糕点、面食等品种的主辅加剂，可制成天麻面条、天麻奶粉、天麻蜜饯等。不过，天麻膳食虽好，并非人人适用，天麻可缓解因高血压、心脏不适等引起的眩晕，但对低血压引起的眩晕，如服用天麻或天麻药膳，血压会进一步降低，导致病情加重。同时因为天麻苷遇热极易挥发，失去镇静镇痛的效果，故不宜久煮。近年来，人们的保健意识增强，天麻消费市场也随之扩大，随着国家有关部门将天麻列为食药两用植物，新鲜天麻将会在市场周年化供应和销售，每年鲜天麻食用量将不断扩大，很容易达到 1 万 t 以上的销售量。

第四节　天麻的市场需求状况

随着开发技术的发展和人民生活水平的提高，人们对天麻的需求量越来越大。为天麻已从单纯的药用行列走进了保健品和食品行列，而保健食品的开发应用市场巨大，潜力无限，天麻茶、天麻饮品的市场热销，开拓了天麻的深加工途径，消化了大量的商品麻。同时，由于国家科学技术的不断发展和对天麻应用研究的深入，我国加入世贸组织后，随着关税及非关税壁垒的消失，国内出口天麻更加方便。目前市场需求十分紧俏。干天麻的价格为 200～500 元/kg，新鲜天麻的价格为 30～50 元/kg，每亩* 投入 10 万元，产值 15 万元以上，1 亩天麻纯经济效益在 50 000 元

* 亩为非法定计量单位，1 亩≈666.7m^2。——编者注。

以上。

随着我国国民经济的快速发展，居民的收入水平越来越高，对健康保健食品的需求日益提高。人们对低糖、低脂肪、高蛋白的食品和保健食品消费需求日益旺盛。天麻既可以作食品也是名贵中药材，是营养丰富、味道鲜美、强身健体的理想食品，发展天麻产业既可变废为宝，又可综合开发利用，具有十分显著的经济效益和社会效益。

天麻有很好的发展前景。近年来，我国对天麻药理作用的研究发现，天麻不仅对增加冠状动脉和脑动脉血流量有明显效果，而且对脑神经疾病及高血压等症，也有较好疗效。随着天麻应用领域的扩大，需求量也将不断增加。

近年来，国内外开发天麻食品、天麻饮品、天麻保健品和天麻药膳品及天麻药剂的厂家日渐增多，需要大量货源。全世界大多数国家不产天麻，只有从中国进口，因而为天麻栽培带来了巨大商机，预计未来10年天麻不愁销路，其售价将稳中有升。

自1990年至今，天麻的市场行情经历了4次价格高峰和低谷，有过单价二十几元的低迷衰败期，也有过“破百冲二”的兴盛时期。4次高峰行情分别是1992年、2000年、2010年和2014年；4次低价位行情分别是1996年、2003年、2011年和2015年。

我国天麻的主要销售渠道是通过安徽亳州中药材市场、昆明菊花园中药材专业市场、成都市荷花池药材专业市场等全国17家中药材专业市场进行销售。特别是2012年以来，全国17家中药材专业市场的天麻销售量大都在3 000t以上。经全国17家中药材专业市场出口的天麻，2014年、2015年分别为143.20t、185.40t。

目前，我国人工种植天麻的技术已日趋成熟。近年来，天麻出口量大增，国内药品、保健品也大量使用天麻，而天麻总产量还不达市场需求量的50%，可见市场需求量大，价值升值。因此，天麻栽培利润可观，前景广阔。

第五节　栽培天麻的经济效益分析

天麻植株不需要光照条件，只需要适宜的温度、湿度等环境，同时又不与农业争土地和劳力，利用荒坡、庭院、室内以及人防工程等均可种植。人工搭建生产设施，对温度、光照、水分和湿度、空气、杂草、有害动物、杂菌等严格控制，栽培效益更高。

种源：种植1平方米所需的天麻种300～500g，50～80元/kg，或天麻蒴果2～5个，3～4元；蜜环菌种2～3瓶，萌发菌菌种2～3瓶/袋，20元。小计60～70元/m^2。

菌材：栎类树干和树枝，按照直径10cm、长度100cm计算，需要10根，重量100～130kg，其中直径4～8cm的粗木棒，90～115kg，直径2～3cm的细树枝10～15kg。小计60～80元。

人工费：30～50元。

土地费：500元/亩，实际种植面积500m^2。计1元/m^2。

总投入：共需投资160～240元/m^2。

产出：1m^2的天麻产量为10kg/m^2，小麻2～5kg/m^2。新鲜天麻收购价30～50元/kg，产值300～500元/m^2。如果将鲜天麻制成干品［折干率（4.0～4.5）：1，可收获干天麻2.0～2.5kg］，目前干天麻市场价200～250元/kg，产值在480～600元/m^2。

效益：每平方产值300～600元，除去成本200元，每平方米的净收入在100元以上。

种植1亩地的天麻，除开排水沟和人行走道，实际种植面积400～500m^2，可净收益50 000余元。

天麻种植的特点是：第一年成本投入较大，其效益的最大化从第二年开始显现。第二年继续生产，天麻种不需再买，部分蜜环菌菌棒可用旧菌材代替，因而成本大大降低，效益可以10倍以上增长。

如果自己进行天麻有性繁殖，采集天麻箭麻作种麻，室内培育开花后进行人工授粉，繁殖出有性繁殖的种子。购买萌发菌菌种和蜜环菌栽培种，自己将种子播入萌发菌菌种中，再接种蜜环菌菌种，在菌床上栽培，第一年春夏季开始生产，第二年冬季收获，栽培周期为1.5～1.8年，每平方米可以节约30～50元的麻种成本，生产栽培效益更高。

第一章　天麻生物学基础

天麻的生物学特性是天麻栽培技术的理论依据，在天麻研究工作中有着极其重要的意义。天麻的一切生理活动与外界环境条件的关系都十分密切，外界条件的变化和栽培技术的优劣都能影响到天麻生理机能的盛衰，并可从天麻块茎的外部形态特征上得到反映。也可以根据天麻生长的形态来判断其内部机能的变化，从而检验栽培技术是否得当，采取相应的技术措施，以满足天麻生长的需要，达到高产、稳产、优质的目的。

第一节　天麻的种类与分布

天麻属（*Gastrodia*）的分类学地位是：植物界（Plantae），被子植物门（Angiospermae），单子叶植物纲（Monocotyledoneae），百合亚纲（Liliidae），兰目（Asparagales），兰科（Orchidaceae），树兰亚科（Epidendroideae），天麻族（Gastrodieae），天麻亚族（S Gastrodiinae Lindl）。全世界天麻属约有 80 多个种，主要分布于亚洲的热带、亚热带以至南温带、寒温带山地。西到马达加斯加，经斯里兰卡、印度、喜马拉雅山以南各国及东南亚各国，东到新几内亚、澳大利亚、新西兰、新喀里多尼亚、日本、朝鲜、中国以及俄罗斯远东地区（见附录一）。非洲大陆、欧洲及美洲尚未发现本属植物的分布。

我国天麻属植物已发现有 23 个分类单元，有 16 种 7 变型。分类单元名称如下：

原天麻 *Gastrodia angusta* S. Chow & S. C. Chen in Acta

Bot. Yunnan. 5（4）：363. fig. 1. 1983；中国植物志 18：31. 1999. 产于云南东南部石屏。

无喙天麻 *G. appendiculata* C. S. Leou & N. J. Chung in Quart. J. Expt. For. Nat. Taiwan Univ. 5（4）：138. fig. 2. 1991；中国植物志 18：39. 1999. 特产台湾。

秋天麻 *G. autumnalis* T. P. Lin，Nat. Orch. Taiwan 3：122～123. 1987；中国植物志 18：36. 1999. 特产台湾北部。

八代天麻 *G. confusa* Honda & Tuyama in J. Jap. Bot. 15：659. 1939；中国植物志 18：38～39. 1999. 产台湾中部。

天麻 *G. ealata* BI.，Mus. Bot. Ludg. Bat. 2：174. 1856；中国植物志 18：31，图版 5：7～9. 1999. 全国大部分地区均有分布。块茎入药，可平肝息风止痉。

松天麻（变型）*G. elata* BI. f. *alba*S. Chow in Act Bot. Yunnan. 5（4）：366. 1983；中国植物志 18：33. 1999. 产云南西北部。

天麻（原变型）*G. elata* BI. f. *elata* 中国植物志 18：32. 1999. 产黄河流域与长江流域诸省份。

黄天麻（变型）*G. ealat* BI. f. *favida* S. Chow in Acta Bot. Yunnan. 5（4）：366. 1983；中国植物志 18：33. 1999. 产河南、湖北、贵州西部和云南东北部。

乌天麻（变型）*G. elata* BI. f. *glauca* S. Chow in Act Bot. Yunnan. 5（4）：365. 1983；中国植物志 18：32－33. 1999. 产四川西北部、贵州西部、云南东北部至西北部。

卵果天麻（变种）*G. elata* var. *obovate* Y. J. Zhang。

毛天麻（变型）*G. elata* BI. f. *pilifera* Tuyama。

绿天麻（变型）*G. elata* BI. f. *viridis*（Makino）Makino in Illustr. Fl. Nippon 692. 1940；中国植物志 18：32. 1999. 产东北地区至西南诸省份。

夏天麻 *G. flabilabella* S. S. Ying in Quart. J. Chin. For. 17

(4)：83. fig. 1～3. 1984；中国植物志 18：35. 1999. 特产台湾中部。

春天麻 *G. fontinalis* T. P. Lin，Nat. Orch. Taiwan 3：129～130. 1987；中国植物志 18：36，38. 1999. 特产台湾。

细天麻 *G. gracilis* BI.，Mus. Bot. Lugd. Bat. 2：174. 1856；中国植物志 18：34. 1999. 产台湾北部。

南天麻 *G. javanica*（BI.）Lindl.，Gen. Sp. Orch. PI. 384. 1840；中国植物志 18：34. 1999. 产台湾南部。

冬天麻 *G. hiemalis* T. P. Lin，Nat. Orch. Taiwan 3：131～133. 1987；中国植物志 18：38. 1999. 产台湾。

长筒天麻（新种）*G. longitubularis* Q. W. Meng，X. Q. Song &. Y. B. Luo. Nordic J. of Bot.，2007，25（1～2）：23～26。仅见于海南省霸王岭自然保护区内。本种植株数量极少，属极度濒危物种。

勐海天麻 *G. menghaiensis* Z. H. Tsi & S. C. Chen in Acta Phytotax. Sin. 32（6）：559. fig. 1（1～4）. 1994；中国植物志 18：36. 1999. 产于云南南部勐海。

北插天大麻 *G. peichatieniana* S. S. Ying，Col. IIIustr FI. Taiwan 2：690. fig. 404. 1987；中国植物志 18：35. 1999. 产台湾北部。

武夷山天麻 *G. wuyishanensis* D. M. Li & C. D. Liu in Novon 17：354-356. 2006. 产福建武夷山。

清水氏赤箭 *G. shmiuzuana* Tuyama in AcatPhytotax. Geobot. 33. 380～382. 1982；S. W. Chung & T. C. Hsu in Taiwania. 51（1）：50～52. 2006. 产台湾北部。

疣天麻 *G. tubercualata* F. Y. Liu & S. C. Chen in Acta Bot. Yunnan. 5（1）：75. 1983；中国植物志 18：33. 1999. 产云南中部。

狭义的天麻是指 *Gastrodia elata* Blume 这个物种，其同物异名有：*Gastrodia viridis* Makino（1902）；*Gastrodia mairei* Schltr.（1913）；*Gastrodia elata* var. *gracilis* Pamp.（1915）；*Gastrodia elata* f. *pilifera* Tuyama（1941）。

目前，天麻（*G. elata*）在我国栽培普遍，分布较广，种内产生了许多变异，经常可以看到花的颜色、花茎的颜色、块茎的形状、块茎含水量不同的天麻。周铉，陈心启（1983）曾根据以上特点，将天麻划分为 6 个变型，即原变型——松天麻（*G. elata* Bl. f. *alba* S. Chow）、红天麻（*G. elata* BI. f. *elata*）、乌天麻（*G. elata* BI. f. *glauca* S. Chow）、黄天麻（*G. elata* BI. f. *flavida* S. Chow）、毛天麻（*G. elata* BI. f. *pilifera* Tuyama）、绿天麻（*G. elata* BI. f. *viridls* Makino）。在实际生产中栽培的主要是红天麻和乌天麻。

红天麻也称红秆天麻，我国长江流域诸省份和东北地区、西南地区及日本、朝鲜、俄罗斯远东地区都有分布。我国陕西省汉中地区各县以及陕南、豫西、川北等地主要野生和栽培的是红秆天麻，多分布在海拔 800～1 500m 的山区。红秆天麻花茎橙红色、幼时微带淡绿色，花序橙红色，植株高 1.5m 左右，成体球茎长呈椭圆形、长哑铃形、长条形。大者长达 20cm，粗 5～6cm，含水量在 85%左右，最大单重可达 1kg；商品麻节数多，纵皱纹多且明显。一般 4.5～5.5kg 鲜天麻可加工 1kg 干商品。在红秆天麻分布地区常混生少数绿秆天麻。

乌天麻也称乌秆天麻、铁天麻。我国东北长白山区有乌天麻生长，在南方主要分布于海拔 1 400～2 800m 的高山区。生长在林下阴湿、腐殖质较厚、蜜环菌丰富的地方，喜凉爽湿润气候，以土质疏松、排水良好及肥沃并微酸性（pH 4.0～6.5）的沙质壤土或腐殖质土。乌天麻的植株高大，最高可达 200cm，花茎灰褐色，带有明显的白色纵条斑。花黄绿色，间隔淡黄绿色与褐色条纹，为上粗下细的倒圆锥形，花期 6—7 月。果实有菱形、倒楔形。块茎短柱形，前端有明显的肩，淡黄色。块茎大的可达

800g。根状茎椭圆形至卵状椭圆形，节较密，最长可达15cm以上，单个最大重量达1kg，含水量常在70%以内，有时仅为60%。在高山区栽培的主要是乌秆天麻。最大的可达1kg。一般3.5～4.5kg，可加工干天麻1kg。商品天麻坚实，外观品质佳，节数少，皱纹少且不明显。

绿天麻，花及花茎呈淡蓝绿色，植株高1.0～1.5m，成体块茎为长椭圆形或倒圆锥形，节较密，鳞片发达，含水量在70%左右。绿秆天麻花茎黄绿色至蓝绿色，花黄色，果卵圆形绿色，块茎圆锥形。一般4～5kg鲜麻可制1kg干天麻，种子发芽率及繁殖率均高，是较稀有的栽培天麻。

松天麻，花白及微黄色，花茎黄白色；植株高1m左右。成体球茎梭形或圆柱，含水量在90%左右。折干率太低，未进行驯化栽培。主产于云南西北部，常生于松树和栎树下。

黄天麻，花及花茎淡黄色，幼时淡黄绿色。植株高1.2m左右，成体球茎卵状长椭圆形，含水量在80%左右，是驯化后在我国西南地区的一个栽培品种，单个球茎最大者重达500g。主产云南东北部，生于疏林下。

天麻的品种及特征在不同地区有较大差别，各个地方对品种的划分也有所不同。南川天麻种分为4个类型：水红秆天麻（即红天麻）、乌天麻、绿天麻、黄天麻。水红秆天麻植株较瘦弱，出土时芽苞鳞片橙红色，花茎亦呈橙红色，块茎肥大成品率高，但分生能力较差，繁殖系数较低。乌天麻植株高大肥壮，出土时芽苞鳞片呈黑褐色，花茎亦呈灰棕色和绿褐色，花冠蓝绿色；块茎肥大，但分生能力较差，出苗开花均晚，为川、渝地区主要栽培品种。绿天麻植株高大肥壮，出土时芽苞鳞片呈蓝绿色，花茎亦呈蓝绿色或淡绿色，花冠青绿色，块茎肥大，分生能力较强，分布广，但数量不多，适宜作为种用。黄天麻又称草天麻，植株矮小瘦弱，出土早；出土时芽苞鳞片橙红色，花茎橙黄色或褐色，花冠米黄色；多分布在土地贫瘠的荒草坡上，块茎细小，分生能力较差；多单个生长，不适合栽培。

陕西汉中地区有绿秆天麻、铁秆天麻、红秆天麻、白花天麻4种。绿秆和铁秆天麻花茎内含有少量的叶绿素。红秆天麻是当地的主要栽培品种。特点是分生能力强，繁殖系数和增重能力均较高。白花天麻茎矮而细，花数少，花冠为白色，块茎较小，分生能力差。

东北地区的吉林、辽宁等地有水红秆天麻、乌天麻、绿秆天麻、黄天麻、白花天麻等分布。这些地区的主要栽培品种为水红秆天麻和乌天麻。水红秆天麻虽在南方生长不好，但在东北地区生长却很好。植株高40～60cm，茎粗1.3cm，重200～250g，橙红色，茎上有稀疏的白色条斑，出土时芽苞鳞片橙红色，花冠淡红色。出土开花较早，块茎肥大，分生能力强，繁殖系数高。

我国是世界上野生天麻分布的主要国家之一，南起滇中山区，北至黑龙江省的尚志、林口等县；东起台湾省的兰屿岛及黑龙江的东宁县，西至西藏自治区的错那等地，长江中游两岸的山区野生天麻生长较多。野生天麻主要分布于重庆、云南、陕西、安徽、河南、辽宁、吉林、湖北、湖南、贵州、甘肃、西藏及台湾等省份。

第二节 天麻的形态特征

一、天麻植株一般形态

天麻在植物分类学上属兰科天麻属多年生草本植物。天麻植株由地上花茎和地下块茎组成，无根、无绿色叶片，高30～150cm，高者可达200cm（图1-1）。

天麻的花茎单生，圆柱形，直径0.5～2.5cm，高30～

图 1-1　白麻与箭麻

150cm。一般有 7 节或更多，多有白色条纹，没有绿色叶片，只有退化了的小鳞片。鳞片膜质，互生，浅褐色，上部展开分裂为二，下部鞘状抱茎。

块茎生地下，肉质肥大，呈长椭圆形、长扁形，皱缩而弯曲，大小不一，单个鲜重 1～1 000g，或者更大（图 1-2）。一般两端钝圆，上端有时带有枯干残茎，下端有凹陷呈圆盘状的根痕，带数枚膜质鞘。外表呈黄白色、黄棕色或黄褐色，全身多纵沟，有油点状的须根痕组成横向环纹（图 1-3）。质坚而紧密，不易折断。切面为白色、牙白色或棕黄色，为半透明体，味略甜带辛。

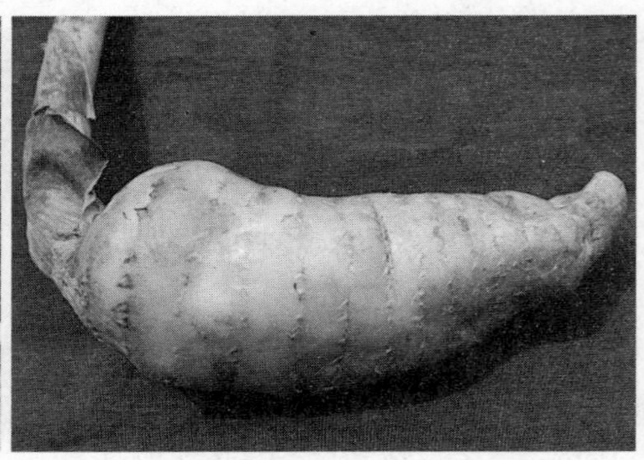

图 1-2　天麻的茎和块茎

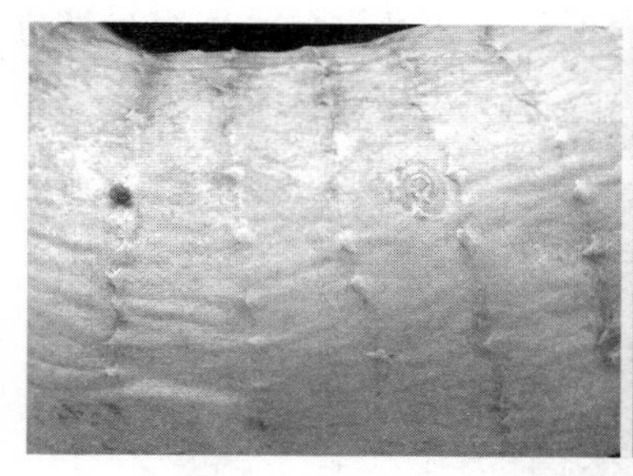
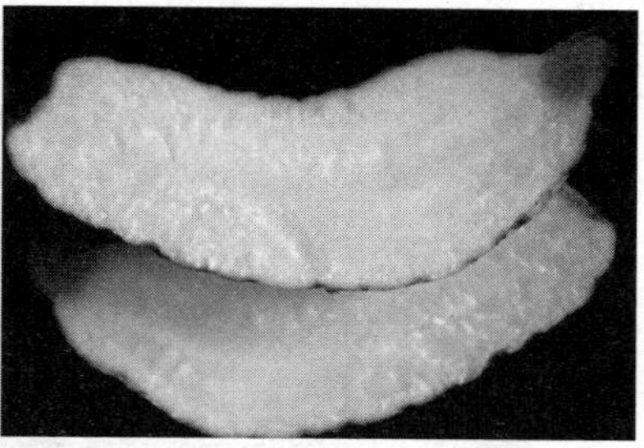

图 1-3　天麻块茎表面的环纹与纵切面

天麻块茎按照发育的阶段分为：

原球茎：由天麻种子发育而来的最小的球茎，与种胚的形态相似，呈球状尖圆形，长度 0.4～0.7mm，直径 0.3～0.5mm，纵切面器官分化不明显，但有组织分化。

米麻：小的块茎，似豆粒大小，生产上用作种麻。

白麻：不具花茎芽的较大块茎，生产上用作种麻，大个头的用作商品麻。

箭麻：具顶生花茎芽的块茎，因其形似箭而得名。箭麻可加工入药作商品麻或经过培育抽茎开花结果，进行有性繁殖。

花：顶生总状花序，苞片膜质，花序长 5～50cm，有 30～60 朵花。花淡黄绿色或黄色，合生成歪状花筒（图 1-4），花苞片长圆状披针形，长 1.0～1.5mm，膜质；花梗和子房长 7～12mm，略短于花苞片；花扭转，橙黄、淡黄、蓝绿或黄白色，近直立；萼片和花瓣合生的花被筒长约 1cm，直径 5～7mm，近斜卵状圆筒形，顶端具 5 枚裂片，两枚侧萼片合生处的裂口深达 5mm，筒的基部向前方凸出；外轮裂片（萼片离生部分）卵状三角形，先端钝；内轮裂片（花瓣离生部分）近长圆形，较小；唇瓣长圆状卵圆形，长 6～7mm，宽 3～4mm，3 裂，基部贴生于蕊柱足末端与花被筒内壁上并有一对肉质胼胝体，上部离生，上面具乳突，边缘有不规则短流苏；蕊柱长 5～7mm，有短的蕊柱足。花药（即花粉）呈块状，为黄色，幼嫩时黏滑、容易被挑起，老后粉状不容易被挑起（图 1-4）。

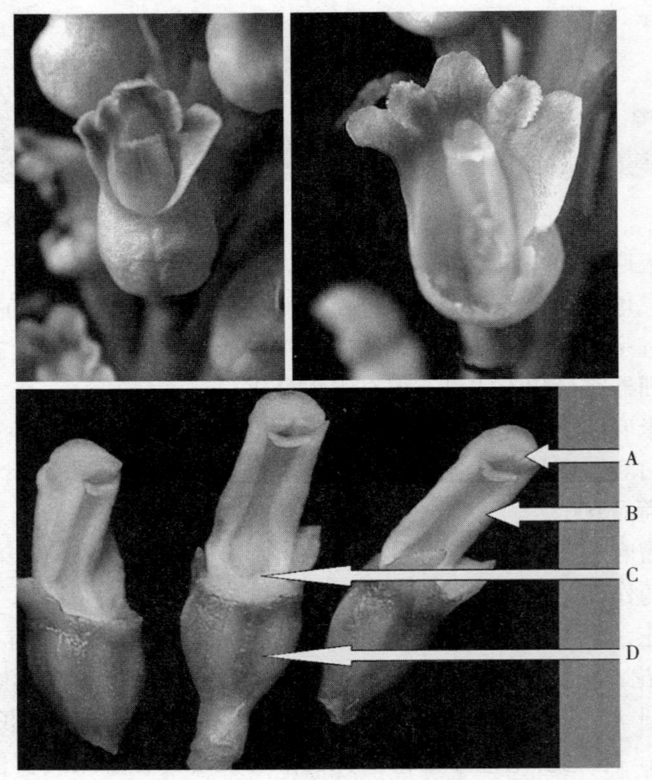

图 1-4　天麻花的结构

A. 花粉块　B. 合蕊柱　C. 柱头　D. 子房

蒴果：天麻蒴果长圆形至长倒卵形，有短梗。长 1.4～1.8cm，宽 8～9mm。花果期 5—7 月，表面棕色或淡褐色，具有棕色的斑点和 6 条纵缝线，顶端常留有花被残基，每个蒴果内有种子 20 000～30 000 粒（图 1-5、图 1-6）。

图 1-5　花序和蒴果

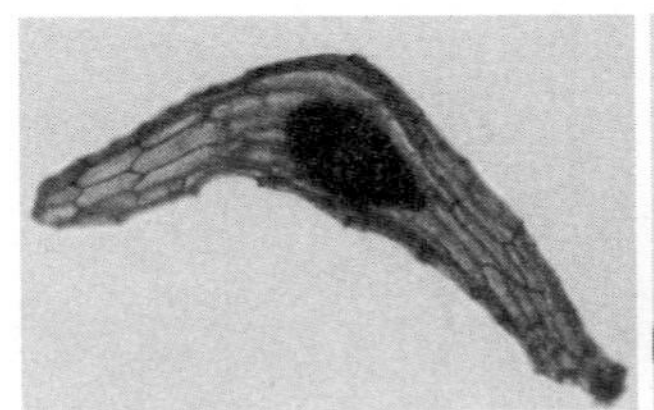
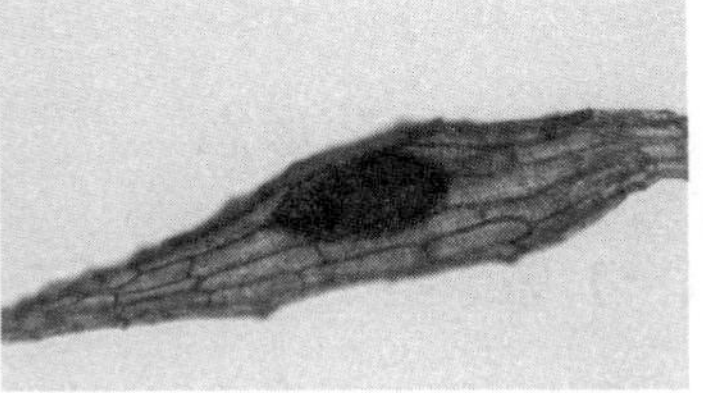

图 1-6　天麻的种子

种子：天麻的种子细小，长纺锤形粉尘状，表面浅灰黄色，由几十个细胞组成（图 1-6）。种子平均长 670μm，中部最宽处直径 12μm，种子由胚及单层细胞的种皮两部分构成，无胚乳。种皮膜质、薄而透明，由一层无色透明的长方形薄壁木化细胞组合而成，常延伸成翅状。尖端孔裂，种胚位于种子中部。胚椭圆形，未分化，胚柄色较深，明显，着生于种皮上。天麻种子成熟后胚仍处于原胚阶段，形状是椭圆形，近珠孔端有一突出的喙状柄。胚平均长 180μm，直径 100μm，是由数十个原胚体细胞和分生细胞组成，大略可分 5～7 层。胚前端分生细胞小，体积大约为其他原胚细胞的 1/4，细胞中原生质较浓，细胞核较大，多糖颗粒较小，分生细胞后端为原胚细胞，多糖颗粒较大较多，有细胞质和细胞核。千粒重 0.001 4g。

未成功授粉的种子（图 1-7），无胚，只有透明的种皮细胞。

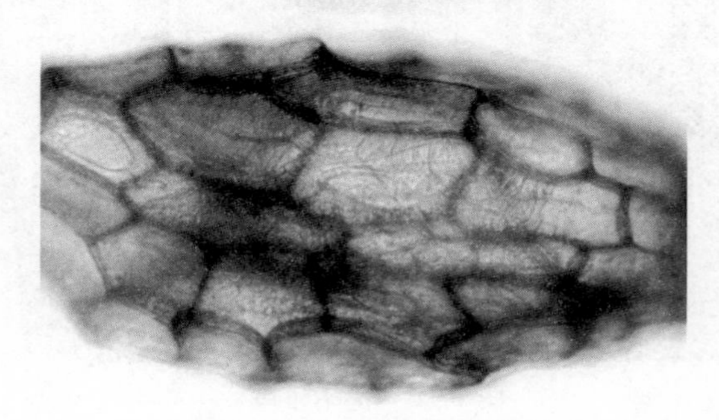

图 1-7　未受精的天麻种子

二、天麻块茎形态

（一）原球茎

天麻种子萌发后形成卵圆形的不分化组织叫原球茎，也叫圆球茎、圆球体。天麻的原球茎呈气球状尖圆形。长 0.4～0.7mm，直径 0.3～0.5mm，可分为原球体与原球柄两部分（图 1-8）。

图 1-8　天麻块茎的生长过程

（二）米麻

在适宜的气温下，蜜环菌为圆球茎细胞分裂和组织分化提供营养，顶端生长出一根细长的顶芽，有的顶芽还产生分枝，顶芽及分枝顶端的分生组织又迅速生长膨大，形成数颗米粒般大小的幼嫩块茎即米麻。米麻体长 2cm 以下，重 2.5g 以下。入冬停止生长，进入休眠（图 1－9）。

图 1－9　白麻-米麻

（三）白麻

在天麻种子播种后的翌年春天，随着气温不断升高，米麻的顶芽首先萌发，侧芽随后也萌发，迅速进行细胞分裂和组织分化，继续膨大生长形成新的天麻地下块茎，即白麻（图 1－10），抽芽出土；白麻通常有 5～11 个明显的环节，节上有薄膜质鳞片，鳞片腋内有潜伏芽；顶端具有雪白的尖圆形生长锥，但不具有混合芽，不能抽芽出土；基部可见与营养繁殖茎分离时留下的脐形脱落痕迹。体长 2～10cm，重 2.5～100.0g。一般据其重量大小分为大白麻（＞20g）、中白麻（10～20g）、小白麻（2.5～10.0g）。入冬后，白麻停止生长，进行休眠。

图 1-10　白　麻

（四）箭麻

箭麻又叫商品麻。在天麻种子播种后第 2 年秋天、第 3 年春天，白麻的顶芽开始萌发生长，先端膨大形成箭麻，侧芽先端膨大形成白麻或米麻（图 1－11），在冬季停止生长进行休眠。其特征是，块茎肉质肥厚，长圆形，体长 8～20cm，重 100～150g（最重的可达 0.9kg）。外皮黄白色，有马尿腥味，麻体有 7～30 个较为明显的环节，节处有薄膜鳞片状叶，鳞片腋内有突出的潜伏芽。块茎尾端有腐烂脐形脱落痕迹，前端有红褐色或青白色或暗红色的混合芽，俗称“鹦哥嘴”，尖长而突出，芽被 7～8 个鳞片，剥去鳞片可见到穗原体和叶原基。箭麻能抽芽出土，长出地上茎，并能开花结果。抽茎早期花茎如箭杆，花穗如箭头，故名箭麻（图 1－12）。

图 1－11　米麻-白麻-箭麻

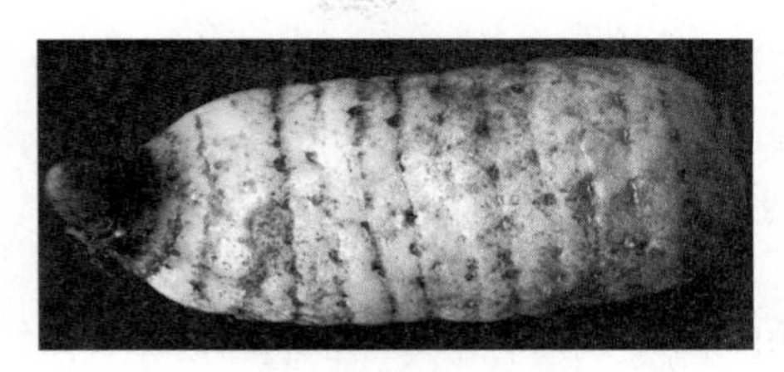

图 1－12　箭　麻

（五）禾麻

在天麻播种后的第四年春天，经过越冬后的箭麻混合芽开始萌发，破土而出，地上生长的植株叫禾麻，它经过开花结果后又形成下一代种子，箭麻块茎开花结实后枯老中空，俗称“老母麻”，其上缠缚着许多老化的蜜环菌菌索（图 1－13）。禾麻及老母麻天麻含量极低，均不能做商品麻。

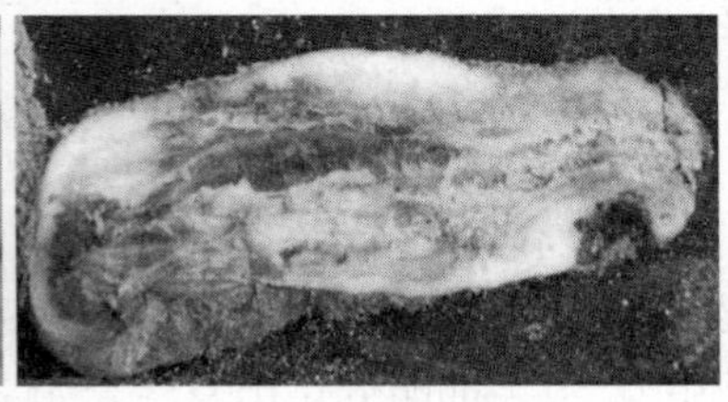

图 1－13　禾　麻

（六）母麻

天麻块茎在长出新生块茎后，原来的麻体衰老，表皮变为黑褐色，内部变空或腐烂，其上附着很多老化的黑色蜜环菌菌索，这种老化的天麻块茎叫母麻。母麻一般也不能入药。

第三节　天麻的生长和发育

天麻从种子萌发至当代种子成熟所经历的过程，叫做天麻的生长史或生长周期。

一、种子萌发

天麻种胚由胚柄细胞、原胚细胞和分生细胞组成。在授粉15d后至果实干裂期间（在授粉后20～21d）的种子，大部分均可在适宜的水分条件下萌发。与其共生萌发菌接菌播种，可提高种子的萌发率。6月中上旬种子播种后，共生萌发菌以菌丝形态从胚柄细胞侵入原胚细胞。当共生萌发菌侵入种胚后，分生细胞即开始大量分裂，种胚体积也迅速增大，直径显著增加，10d左右，渐与种皮等宽。种胚继续膨大，20d左右种子成为两头尖、中间粗的枣核形，胚逐渐突破种皮而发芽，播后25～30d就能观察到长约0.8mm、直径约0.49mm的发芽原球茎。7月天麻种子发芽最多。

二、地下块茎的形成与生长

发芽后的原球茎，靠原共生萌发菌提供营养，不管其能否接上蜜环菌，当年都能分化出营养繁殖茎，开始第一次无性繁殖并形成原生小球茎。天麻种子发芽形成的原生小球茎，只有与蜜环菌建立了营养关系后才能正常生长、发育，形成健壮的新生麻，否则自行消亡。在种子播种后30～40d，7月中下旬原球茎明显看到乳突状苞被片突起，营养繁殖茎突出苞被片生长；如未接上蜜环菌，新生的营养繁殖茎纫长如豆芽状，在其顶端生1个小米麻后消亡，此时只有极少的原生球茎能在8月前后与蜜环菌建立起营养关系。这样的原生球茎，便称为接菌的原生球茎。这些球茎所分生出的营养繁殖茎短而粗，长0.5cm左右，其顶端一节迅速膨大，11月就能观察到长约2.6cm、宽约1.4cm的小米麻，最大的如小指大（图1-14）。

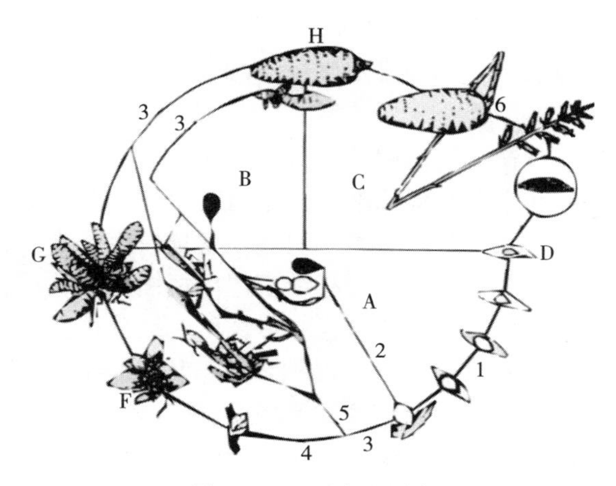

图 1－14　天麻生活史

A. 播种当年　B. 第二年　C. 第三年　D. 种子　E. 原球茎　F. 米麻　G. 白麻　H. 箭麻　I. 死亡的原球茎；1. 种子接紫萁小菇萌发　2. 未能接蜜环菌　3. 接蜜环菌　4. 早期接菌　5. 晚期接菌　6. 箭麻抽茎、开花、结种

蜜环菌以菌索形态侵入营养繁殖茎，也有少数侵入原球茎，当年与共生萌发菌同时存在于营养繁殖茎与原球茎的不同细胞内。原球茎在形成健壮的白头麻后逐渐消失，共生萌发菌也随之消失（图 1－15）。与此同时，营养繁殖茎可长出 7～8

图 1－15　天麻块茎溶解蜜环菌菌索

个侧芽，芽互生，为数节组成。侧芽顶端一节膨大的小白麻，随着温度的降低而进入休眠期，此时天麻就完成了第一年的生长期。

第二年4月初，气温回升（月均气温12～15℃），由种子形成的小白头麻和米麻结束休眠，开始萌动生长，进行有性繁殖后的第二次无性繁殖。天麻的大小块茎，其顶端生长锥可分化形成子麻，其余节位上的侧芽亦可相继萌生出短缩的枝状茎、其茎的顶端同样膨大形成新的块茎。这些分枝称一级分枝。在一级分枝上，再进行二级分枝和三级分枝（图1-16）。第二年是天麻商品生产的最关键时期，直接关系到能否获得较高的产量。5月，天麻开始进入旺盛的生长时期，在保持营养充足的条件下，部分小白麻迅速膨胀壮大，成为商品箭麻，其余块茎通过分枝分芽，为第二年提供种源。到11月，天麻开始休眠，此时为天麻的收获期。

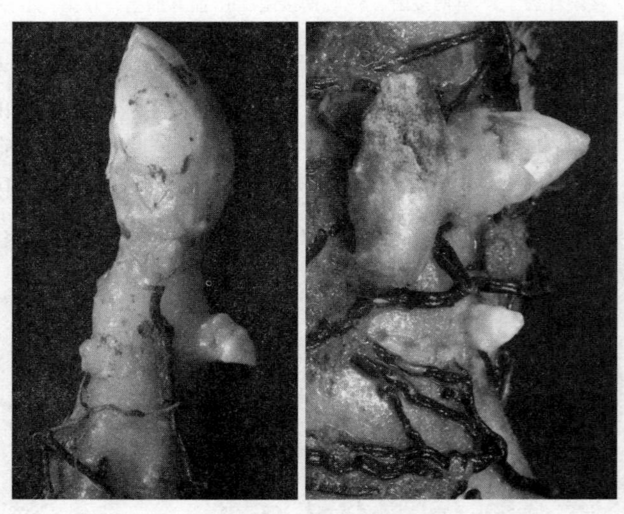

图1-16　天麻块茎的顶芽生长与侧芽发生

在野生条件下，天麻块茎多分布于10cm左右厚的土层中，并且不同生育形态的块茎在这10cm左右的土层中分布也有层次之分。小白麻居最底层，距地表8～10cm；大白麻居中间层，距地表5～8cm；箭麻居最上层，距地表约1～5cm，许多箭麻的混合芽在地表1cm的土过深，在天麻生长过程中，由于块茎的负向地性，块茎总是直立向上伸长，从而使块茎的直径和长度之比小于常态指标，使天麻块茎变成长条形。因此，为减轻天麻生长的负向地性和瘦长形天麻的形成，应采取浅窖或浅覆盖培养料的栽培方法。

三、天麻花序的发生及开花结果

从播种后到第三年开春，当春季气温、地温升高时，具有顶芽的天麻块茎（箭麻），顶芽很快处于直立状态。头年冬季发育形成的花原基开始萌动伸长，并开始一系列的发育活动，形成花茎。

天麻花茎伸长的时间和速度，随产地类型和海拔高度的不同而有差异。一般情况下，当5月下旬平均气温15℃时，天麻地上茎开始出土；6月平均气温20℃时，茎秆迅速伸长，每天可伸长5～10cm；7月中旬气温升高到25℃时，茎秆的伸长停止，7月下旬大部分倒苗。天麻从出土到倒苗只有50～70d。

天麻为两性花。花药在合蕊柱的顶端，雄蕊柱头在合蕊柱下部，花粉粒之间有胞间联丝相连，花粉呈块状不易分开。在自然界天麻是靠滑胸泥蜂来授粉，自花和异花均可授粉结实。而在野外花朵结实率仅有20％。人工栽培时，要获得更多更好的种子，必须进行人工授粉，这样结实率可在98％以上，并且天麻果实饱满，种子优质，收量大增。1天内开花的时间由于气候不同而有一定的差异。在湖北利川，夏季温度较低，湿度大，在中午12时气温升高到25℃、相对湿度约50％时，花开最多。而北京夏季温度高，湿度小，在上午10—12时、夜间2—4时，相对湿度较高、温度在20～30℃时开花比较集中，出现两个开花高峰。一般在开花前1天和开花后3天内人工授粉，结实率均可达到满意的效果，超过花后第四天授粉结实率较低。天麻授粉后，花逐渐凋谢，果实逐渐膨大。经15～20d后果实内种子就可完全成熟。果实将要开裂时是最佳采种时期。种子的成熟可分为3个阶段，各阶段均可发芽，但发芽率大不相同。

（一）嫩果种子

果实表面有光泽，纵沟凹陷不明显，手捏果实较软，剥开果皮部分种子呈粉末散落，有的种子呈团状，不易抖出。种子白色。其最终发芽率虽可达70%，但前期发芽率低，发芽势不整齐。

（二）将裂果种子

果实表面团色较暗，失去光泽，有明显凹陷的纵沟，但果实未开型，手捏果实质软，剥开果皮种子易散落（图1－17）。种子呈浅黄色。发芽率可达65%。此时是收获的最佳时期。

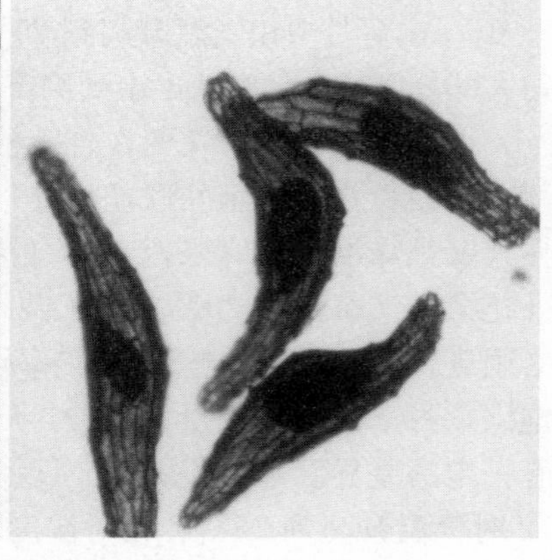

图1－17　天麻的果实与散落的种子

（三）裂果种子

果实纵沟已裂开，稍有摇动种子就会飞散。种子呈蜜黄色。发芽率降到10%左右。

种子收获以后应该立即与萌发菌菌丝体培养物混合均匀，进行培养，使天麻种子萌发成为原球茎。收获的天麻种子不要晒干保存，也不要放入冰箱内保存，否则种子的萌发率会直线下降、甚至不萌发。

天麻从种子播种到再结种子，要经历3个年头（2个整年）的时间，才完成整个生命活动的1个周期。

第四节　天麻生长的环境条件

天麻作为一个特殊的物种，在长期的自然选择中，形成了适应生态环境的特性。人工栽培天麻，必须了解天麻生长对环境条件的具体要求。因地制宜地选择或创造适宜天麻生长的小气候环境，运用农业措施充分满足天麻生长的需要，才能获得较好的收成。

一、地势及地形

天麻自然分布的海拔高度与气候条件有密切关系。东北地区纬度高，气温低，天麻分布在海拔300～700m的低山或丘陵地区。盛产天麻的西南地区，纬度低，气温高，天麻多生长在海拔1 300～1 900m的高山区。如果海拔太低，夏季炎热，对天麻及蜜环菌的生长都有明显的抑制作用，并且海拔越低，天麻病虫害的发生率也会越高。地势过高，温度偏低，湿度较大，天麻生长发育缓慢。在人工栽培过程中，如果能根据天麻和蜜环菌生长所需要的条件控制夏季的高温及冬季的低温，安排适宜栽种时间，就可以不受海拔高度及地势的限制，无论平原、高山、南方炎热地区或东北低温地区都可种植天麻。在自然条件下，山的阴坡和阳坡都有天麻分布。人工栽培时就应根据当地的气候条件选择山向。气温在阴、阳坡的差异规律是：阳坡高于阴坡，山脚差异大于山腰；待到山顶，差异消失。利用阴、阳坡的温度差异，在栽种天麻时，同一地区，高山区（如南方海拔 1 500m 以上地区）温度低，生长季短，应选择阳坡栽种天麻；中山区（如南方海拔 1 000～1 500m 地区）就应根据当地小气候条件，选用无荫蔽的向阳山坡或者稀疏林间种植天麻；低山区（如南方海拔 1 000m 以下地区）夏季温度高，雨水少，就应选择温度较低、湿度较大的阴坡栽种天麻。

在山脊及大森林的深处天麻分布较少。而在坡度为 5°～10° 的缓被地或沟谷地野生天麻分布较多，这些地方的小气候条件及肥沃深厚的腐殖质层有利于天麻的生长。较厚的枯枝落叶层和湿润的土壤更有利于蜜环菌孢子和天麻种子停留和萌发。人工栽培时，也应选有一定坡度的地方，尤其是雨水多的地区，更应考虑到排水不良所造成的危害。在土壤排水性能好、渗透性强的情况下，可选缓坡地种植天麻，在土壤渗透性不好的地方，则应选择坡度较大的地方种植天麻。一般情况下，平坦场地不适宜种植天麻。

二、气候条件

（一）温度

温度是影响天麻生长的首要因素。温度除了受季节的影响，也受纬度和海拔高度的影响。天麻喜欢生长在夏季凉爽、冬季又不十分严寒的环境中，对温度的反应较敏感，温度的高低会直接影响天麻的生长、产量和质量。天麻生长发育对温度的要求与产区自然温度的季节变化相适应。当春季温度开始回升、地温 10～

12℃时，经过冬季休眠的天麻就开始萌动生长。地温15℃以上时，生长渐趋旺盛，天麻顶端分生组织细胞迅速分裂、伸长和增大，形成大小不同的新生块茎。一般5月下旬至9月上旬，地温在20～25℃时，为天麻生长的旺盛时期。但当夏季地温持续超过30℃时，蜜环菌和天麻的生长将受到抑制，产生“乌头状”的箭麻。因此，高温季节应防暑降温。当秋末冬初，气温低于15℃时，新生天麻（块茎）的生长速度减慢，逐渐停滞，进入越冬休眠期。

天麻较耐寒冷。在自然条件下，随着冬季的到来，温度逐渐下降，新生天麻组织逐渐老化，天麻块茎细胞中水分减少，细胞液浓度增加，这样可以降低植物冰点，增加天麻的抗寒能力。在严寒东北地区生长的天麻对低温有较强的抵抗能力，如吉林容抚松县在海拔774.2m地区，1月份平均温度为－15.7℃，最低温度可达－34.7℃，仍有天麻分布。但在这些冰冻的环境条件下，必须长期有较厚的积雪覆盖，且雪层下天麻分布层的土壤温度不低于－5℃，天麻才能正常越冬。如除去积雪，天麻就会遭受冻害从而腐烂。天麻耐寒能力的强弱，还与土层内低温的稳定程度有关。若地温变化幅度大，久暖骤寒或久寒忽热，都会影响天麻块茎的越冬安全从而发生天麻腐烂现象。

天麻具有休眠越冬的生理特性。天麻块茎进入休眠期后，如果没有满足一定的低温强度和时间，即使条件适宜，块茎也不会萌发；但若只满足低温要求而无适宜的温度条件，块茎也不会萌发。也就是说，必须既要满足低温的要求，又要满足适宜的萌发条件，天麻块茎才能正常萌发。研究表明，白麻和米麻需要1～10℃的低温经过30～60d时间才能通过休眠期，并且大小不同的种麻对低温休眠所需的低温强度和时间是不同的。大、中白麻打破休眠进入营养生长阶段，需要1～5℃低温50～60d，小白麻和米麻打破休眠进入营养生长则需要6～10℃的低温30～40d。天麻块茎越小，打破休眠进入营养生长所需的低温强度就越小，所需的时间也就越短。天麻解除休眠后萌发的快慢，亦与休眠中接受的低温条件有关。块茎在低温下处理时间越长，萌发速度越快；低温处理时间越短，萌发速度则越慢。因此，种用的天麻块茎，冬季都应保存在2～5℃的低温条件下，使其度过低温休眠期，方能转入萌发阶段。

春化作用是箭麻能正常开花结实的必要条件。所谓春化作用，是指成熟植株必须经过一定强度和时间的低温处理才能正常开花结实的现象。试验表明，箭麻一般应在3～5℃的低温条件下，贮藏2.5个月才能完成春化作用，顺利抽薹开花结种子。如果不满足箭麻对低温的要求，箭麻栽种后不能抽薹，即使偶有抽薹出苗，植株生长也不正常，更不能开花结实。

一般情况下，春季地温稳定到12℃以上后，箭麻的混合芽才开始萌动。地温稳定到15℃以上时箭麻开始出苗。气温稳定在18～20℃后天麻开始开花结实。不同温度对天麻种子发芽有较大影响（表1-1）。天麻种子萌发的最适温度为25℃，30℃以上的高温影响种子发芽。但在自然情况下，天麻在5—6月种子成熟并播种，播种后正值高温季节，不利于天麻种子的萌发。因此，在天麻有性繁殖中利用温室提前育种、提前播种的方法，既可提高种子萌发率，又可延长天麻的生长期，这样可以提高秋后白麻的产量。

表1-1 不同温度对天麻种子发芽率的影响

温度（℃）	发芽率（%）				
	30d	60d	90d	120d	150d
22～23	0	0.5	7	25	25
25	0	1	32	36	30
30	0	0	0	0	0

天麻耐高温的基点比较高。在低海拔丘陵地区。每日最高气

温 32～34℃的天气持续 10d（240h）对天麻的产量影响不大，而持续 15d（360h）则天麻产量会受严重影响。可见天麻越夏不仅与绝对高温的数值有关，而且与高温的持续时间有关。但在高温天气下，若遇到高湿环境条件或土中透气不良，往往导致天麻病虫害的大量发生，从而造成天麻严重减产，甚至绝收。所以，在人工栽培天麻中，在夏季气温达 30℃时，必须切实做好防暑降温和病虫害防治工作。

（二）湿度

多雨潮湿的气候条件最适宜天麻生长。尤其在 6—8 月天麻生长旺季，需要较多的水分。天麻产区的土壤含水量，因土壤类型和质地而有较大的差异。一般说来，天麻栽培基质中相对含水量在生长期保持 55%为宜，而在越冬期以保持 30%～40%为宜。若基质中含水量过小，蜜环菌生长会受到严重抑制，天麻生长也会因为缺乏营养来源而受限制；基质中若含水量过高，过高的湿度会使基质透气不良，天麻的呼吸受到抑制，长期处于无氧呼吸状态，从而使天麻的生命活动减弱、生长减慢，生命力降低，甚至发生腐烂现象。因此，人工栽培天麻管理过程中，应特别重视基础培养料的湿度及通气情况，尽力把培养料作到既能保水保湿，同时又能保持良好的透气性（保湿与透气在生产实践中常常是相互矛盾的）。此外，对培养料加水时一定要注意勤喷、少喷，切勿大水喷灌，更不能长期积水淹水。

水分对天麻块茎的生长产生直接影响。在 3—4 月天麻块茎开始萌动时，蜜环菌必须生长旺盛，萌动的块茎才能及时接上蜜环菌。而蜜环菌的旺盛生长必须要有充足的水分。如果这段时间遇到春旱，应注意及时浇水。6—9 月是天麻块茎旺盛生长的季节，这时充足的水分供应是天麻取得丰产的关键。树林中种植的天麻，如果在夏季遇到轻微的干旱，树林有很好的荫蔽和保湿作用，若在播种穴上盖一层树叶，保水保湿的效果更佳。但是如果遇到夏季严重干旱的年份，由于树木的蒸发作用，林中土壤比林外土壤更加干旱，极易导致天麻块茎因缺水而死亡。如果夏季雨水过多，土壤透水透气能力不强，天麻会出现严重腐烂现象。10月后，天麻块茎的生长逐渐减弱，这时，如果土中水分含量高，蜜环菌就会旺盛生长，从而导致蜜环菌危害天麻，引起天麻腐烂。因此，在天麻生长后期，应开好排水沟，减少蜜环菌及天麻的水分供应。

水分对箭麻抽薹开花也有重要影响。土壤中水分不足，会导致天麻无法抽薹；开花后，如果空气湿度太小，会导致花粉干枯，出现授粉不育现象。水分对天麻种子萌发也有重要影响。萌发菌菌叶若水分不足，天麻种子就不能萌发；但若水分过多，会导致菌叶腐烂和病虫害产生。

空气相对湿度也对天麻生长有重要影响。培养蜜环菌及天麻的空气湿度应保持70%～80%为宜。空气湿度过小，会使培养料中水分损失过快，从而影响蜜环菌及天麻的生长；空气湿度过大，透气不良，天麻生长不仅受到影响，并且还易引起病虫害的严重发生。

（三）光照

天麻从栽种到收获，整个无性繁殖过程都发生在地下，阳光对其无多大影响，无论是室外、室内、防空洞、地道、有光或无光均可栽培。但天麻花茎具有明显的趋光性，正常生长需要一定的散射光照。强烈的直射光危害天麻茎秆，会使天麻核株基部变黑枯死、甚至死亡，故天麻育种圃应搭棚遮阴。此外，阳光会影响光能资源的分布，引起土壤及环境中温度、水分等环境因子的变化，因而间接影响天麻的生长发育。

（四）空气

天麻块茎的生长具有明显的向气性。在实际生产中可以发现，栽培穴的边缘天麻生长特别好，而穴的中间天麻生长欠佳，有时根本没有天麻生长，其主要原因就是栽培穴边缘透气条件好，氧气充足，而栽培穴中央透气条件差，不利于天麻生长。天麻本身的呼吸作用及蜜环菌的正常生长都需要氧气，氧气对天麻生长有十分重要的作用。因此，天麻的栽培基质透气性一定要好。用沙做栽培基质栽培天麻，因经常浇水等原因，表层覆盖土，常会发生土壤板结，影响透气，必须采取相应的松土措施。

（五）风

大风对抽薹开花的天麻有危害，易吹折花薹，影响种子收获。因此，出土后的花薹应注意防倒伏。

三、土壤

天麻适宜生长在富含腐殖质而又湿润的沙质壤土中，这种土壤质地疏松，保水、保温、透气性良好，pH 5.0～6.5。一般的黏质土壤透水性、透气性差，雨水过多时易造成土壤板结，阻碍天麻的呼吸代谢与蜜环菌的生长。室内、地道、防空洞等场所培育天麻若无自然土壤，可用黄沙与稻壳等物混合后，代替土壤作填充物，效果较好。种过天麻的土壤或填充物，不宜反复使用，因为天麻与蜜环菌的代谢产物，被土壤自填充物所吸附，对天麻与蜜环菌生长有抑制作用，甚至造成天麻腐烂，影响天麻产量与质量。

四、植被

植被是野生天麻赖以生存的重要环境条件。天麻一般生长在山区杂木林或针阔叶混交林中，在森林砍伐后次生的竹林及灌木丛中天麻生长良好。伴生植物种类较多，主要有各种竹类、锦带花、青冈、板栗、水冬瓜树、野樱桃、桦木、牛奶子、五倍子以及禾本科草本植物、蕨类和苔藓植物等。其中一些植物的根或半腐烂的根以及枯枝落叶、树皮碎屑滋生蜜环菌后，成为天麻营养的来源。同时，这样的植被又为天麻和蜜环菌共生创造了良好的土壤条件与荫蔽、湿润的生态环境。因此，有的地区往往选择在林中栽种天麻。在稍干旱时，林中种植天麻有利于天麻生长。但若遇大旱年，干旱时间长，林中土壤水分被茂密的树根所吸收并被蒸腾掉，林中土壤湿度反而不及荫蔽地，容易导致天麻减产甚至绝收。

第二章 蜜环菌生物学基础

第一节 蜜环菌的形态特征

蜜环菌（*Armillaria mellea*）因其子实体表面能分泌一种蜜状黏液，表面蜜黄色，在菌柄上有环，故而得名。它是我国名贵中药材天麻、猪苓的共生真菌，其菌丝体和子实体本身也有较高的药用价值，是一类经济价值较高的大型药用真菌。临床证明，蜜环菌发酵物与天麻一样具有镇静、抗惊厥、增强机体免疫功能、增加心脑血流量等作用，对由高血压、椎基底动脉供血不足、梅尼埃病、自主神经功能紊乱等病因引起的眩晕症、血管性头痛也具有显著疗效，对帕金森综合症和卒中后遗症治疗效果明显。

蜜环菌的子实体含有甘露醇、卵磷脂、麦角甾醇、维生素 A（含量高）、维生素 B_1、维生素 B_2、维生素 C、维生素 PP 及多种氨基酸，其中以天门冬氨酸、谷氨酸和亮氨酸的含量最高，其菌索、发酵菌丝体及天麻亦是上述各种氨基酸含量最高。子实体具有祛风活络，强筋壮骨等功能。用于治疗腰腿痛、癫痫等疾病。蜜环菌子实体可食用，营养丰富，味道鲜美，经常食用还可预防视力减退、夜盲、皮肤干燥等症状，提高人体对某些呼吸道和消化道传染病的抵抗力。

蜜环菌发酵物具有与天麻相同的生物活性，对中枢神经有镇静及抗惊作用，能改善血液循环，增加脑及冠状动脉血流量等作用。临床观察结果表明，对高血压、梅尼埃病、椎基底动脉供血不足、植物神经功能紊乱和阴虚阳亢型等引起的眩晕症状的疗效与天麻相似，对神经衰弱、失眠、耳鸣、肢麻及癫痫、脑动脉硬化等疾病也有一定疗效。从其发酵物中提取分离得到的甘露醇、蜜环菌乙素、蜜环菌甲素、尿嘧啶、尿苷、赤鲜醇、阿糖醇及与天麻成分相同的腺嘌呤、腺苷、蔗糖、羟甲基糠醛、硬脂酸甲脂等成份。

蜜环菌属、假蜜环菌属的物种的形态包括：菌丝、菌丝体、菌索、子实体和孢子等形态。

一、菌丝与菌丝体

在显微镜下观察，蜜环菌菌丝管状，无色透明，分枝发达，老化后为淡红褐色，有分隔，但无锁状联合，直径 2～5μm。菌丝可以无限生长（图 2-1）。

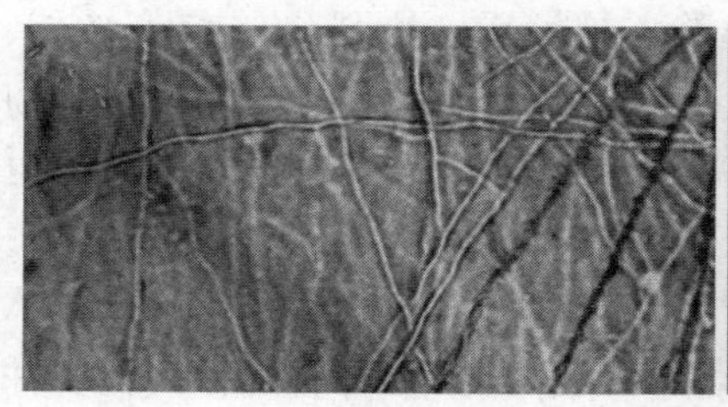
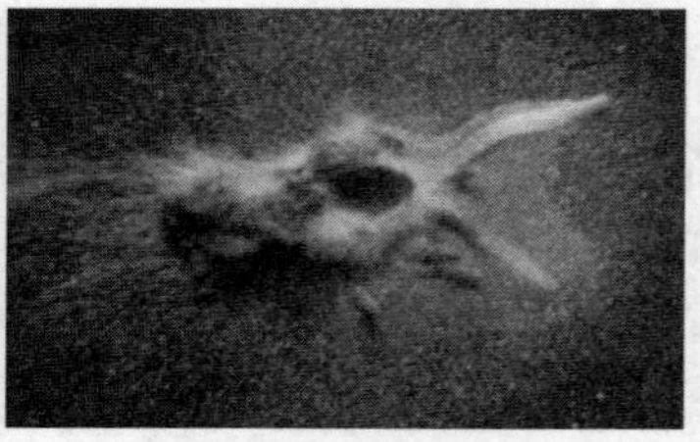

图 2-1 蜜环菌菌丝与菌丝体

菌丝体是菌丝的聚集体，是蜜环菌的营养体。菌丝体生长在腐烂或半腐烂的树桩、树枝、树根或其他植物上，蜜环菌菌丝体表现为白色的束或块，菌丝纤细，肉眼看不清其个体。在人工培养基上，蜜环菌菌丝群落最初表现为乳白色绒毛状，很快转为粉棕色。随着生长时间的延长，菌丝逐渐向外生长，纵横交错，颜色也逐渐加深。

二、菌索

蜜环菌的菌索是该类菌物的显著特征。菌索是菌丝体在长期演化过程中，逐步转化而形成的适应不良环境的一种特殊结构。菌索是有大量菌丝平行排列集群而成的根状物，是单根菌丝失去了各自的独立性，构成复杂群体菌丝体，又称菌根（图 2-2）。菌丝圆形、扁圆形或扁平状，直接一般 1～3mm，扁平的菌索最宽可以达到 20mm（图 2-3）。菌索幼嫩时为白色、逐渐变为红棕色、棕色，表面有光泽，老后褐色、黑褐色，表面失去光泽。幼壮龄菌索韧性较好，而老化后较脆，折断后可见其内部菌丝干瘪。菌索长可达数米，也可以分叉，又分化出数条菌索，形成一条条满地窜的小树根。菌索的再生能力很强，如果将其截断，在

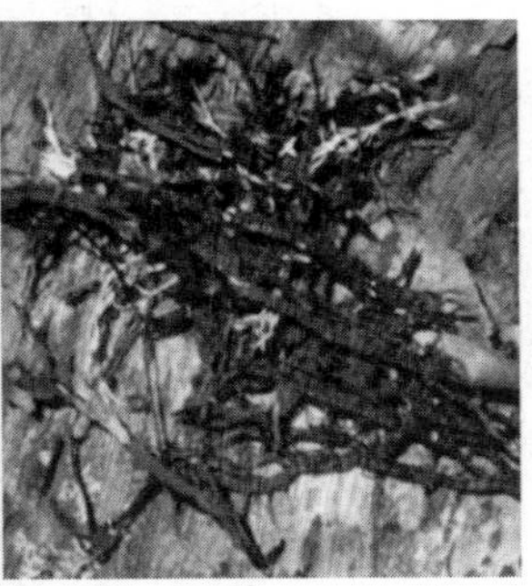

图 2-2　野生的蜜环菌菌索

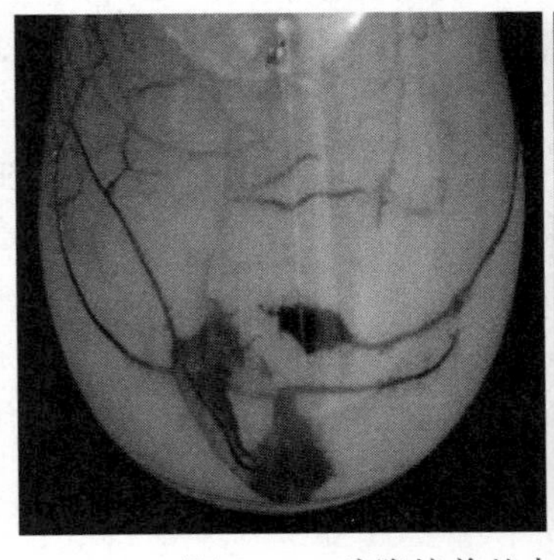
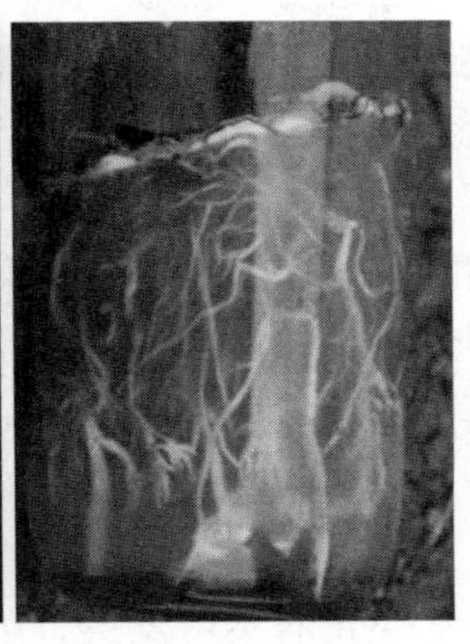

图 2-3　琼脂培养基内的蜜环菌菌索

适宜的条件下，还可继续生长出菌丝，菌丝在一定的时候形成新的菌索（图 2-4）。

图 2-4　段木表面的蜜环菌菌索

一般认为菌索由外到内分为 3 层：表皮、皮层、髓部。菌索表皮细胞的细胞壁加厚、逐渐木质化，形成了一个坚硬的外壳，有 2～3 层细胞；髓部细胞膨大呈圆形。菌索表面有一层木质化的表皮，可以保护里面扭结在一起的膨大的菌丝在一定时期内保持新鲜存活状态，以便于它在被采伐林木或被毁坏的林地上尽快四处扩散，成为所在林地的优势物种。菌索常附于天麻表皮、菌棒表面及快腐朽的菌棒上，分布在树皮与木质部之间。

目前已经分化的菌索的基本结构已被认可。最外层是由黏液和一层疏松的菌丝网包裹的黑色致密的皮层，皮层是在土壤中保护菌索免受其他菌物和细菌定殖的主要结构，皮层外面细胞壁的黑色素也主要起防护作用。下皮层紧靠皮层下方，是向髓的过渡层。髓的菌丝疏松而相互缠绕，直径较大，主要运输水分和营养。菌丝细胞壁的生物化学成分由 Sanchez-Hernandez 进行了鉴定。越接近菌索的中央部位，髓的菌丝变得越来越疏松，最后形成一个中央孔道，是运送氧气的通道。菌索可能也分泌一些物质。

菌索外壳的不可穿透性使得蜜环菌能够在不适宜的环境中生长，当菌索生长在基物空气界面上时可形成呼吸孔（breathing

pores)，这些相互缠绕的菌丝丛的外壳裂开，使氧气能够扩散进入菌索的中央孔道。呼吸孔也可能形成于那些疏松交错而又没有生长点的菌索侧枝上。

菌索的结构和功能在复杂程度上可与植物的根相比拟。按照Garraway的观点，菌索由以下结构组成：

A. 顶端胶质层和黏液层，负责保护菌索在土壤中生长；

B. 产生黏液的顶端中央区，它环绕负责菌索生长的分生组织；

C. 顶端的环形髓细胞，供应顶端弧形区的生长材料；

D. 侧生分生组织，启动顶芽生长后的侧生长；

E. 黑色的表皮，即菌索的外壳，保护菌索免受真菌和细菌的侵害；

F. 下皮层，作为次生分生组织，能够侧向生长；

G. 髓，粗大的细胞允许可溶性营养物质的运输；

H. 呼吸孔，菌索上保证氧气供应的区域；

I. 中央导管，菌索内保证气体运输的通道。

三、子实体

蜜环菌子实体也称榛蘑、蜜环蕈、青冈蕈等，是蜜环菌在生长发育中完成有性世代，产生有性孢子的大型菌丝体结构，人们俗称的“菌儿”就是指它。蜜环菌的子实体常于夏末秋初在湿度较大的树林下产生。多丛生于老树根基部或周围，也能寄生于活树桩上。其菌柄的基部与根状菌索相连，菌柄高度一般为4～18cm，菌盖直径4～8cm，表面呈蜜黄色、土黄色，肉质，半球形或中央稍突起，伞状，表面中央有大量近环状分布暗褐色毛鳞，边缘有放射状条纹。菌柄长圆柱形，纤维质呈海绵状中空，中上部近菌盖处有一双环或环痕，菌环容易脱落，基部稍膨大。菌褶贴生至近衍生，宽5～15mm，边缘光滑，呈辐射状排列，白色，老熟时变暗（图 2－5）。

图 2－5 蜜环菌子实体

四、孢子

蜜环菌的孢子印白色。每个担子上有 4 个担孢子。

担孢子无色，近圆形、椭圆形，光滑，薄壁，大小为（7～8）μm×（4.0～5.5）μm。

五、生活史

蜜环菌具有寄生、腐生、共生的生活习性。可以寄生在活的树木上，树木死亡以后营腐生性生活，完全能够独立生活。当菌索接触到天麻块茎时，本意是希望把天麻原球茎、块茎作为营养来源，但却被天麻块茎上的溶菌细胞组织分解掉了，反而为天麻提供营养物质，成为天麻的共生生物。天麻长出茎秆、开花以后衰老，其植株残体才成为蜜环菌的营养来源（图 2－6）。

蜜环菌的遗传类型属于典型的四极性异宗结合的菌物，4 个担孢子分为 4 种性别，其类型为：A1B1、A2B2、A1B2、A2B1。

只有当单孢 A1B1 与单孢 A2B2、单孢 A1B2 与单孢 A2B1 的菌丝相互结合后，才能够产生繁殖下一代子实体的双核异核菌丝。其他的任何组合都不会产生子实体和担孢子。

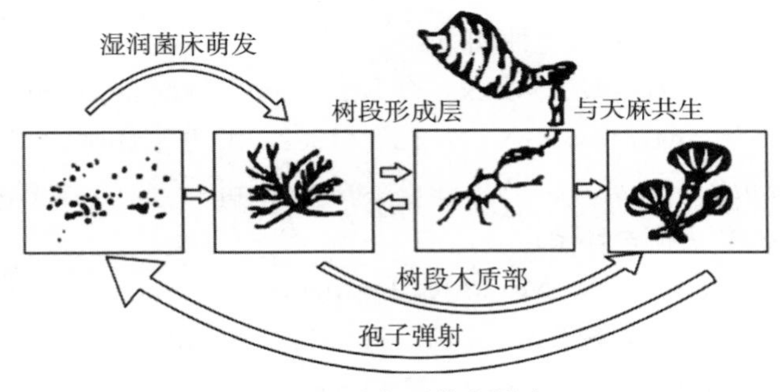

图 2－6　蜜环菌生活史

可以产生后代的组合是：A1B1×A2B2，A1B2×A2B1

不能够产生下一代的组合是：A1B1×A1B1，A1B1×A1B2，A1B1×A2B1，A2B2×A2B2，A2B2×A1B2，A2B2×A2B1。

单孢之间的亲和率为 25％。

第二节　蜜环菌的种类及分布

一、分类地位

蜜环菌在菌物分类新系统中的地位是：菌物界 Fungi，担子菌门 Basidiomycota，伞菌亚门 Agaricomycotina，伞菌纲 Agaricomycetes，伞菌亚纲 Agaricomycetidae，伞菌目 Agaricales，膨瑚菌科 Physalacriaceae，蜜环菌属 *Armillaria*。

在老版旧的分类系统中的分类学地位是：真菌界 Fungi，真菌门 Eumycota，担子菌亚门 Basidiomycotina，层菌纲 Hymenomycetes，伞菌目 Agaricales，口蘑科 Tricholomataceae。

二、物种多样性

全球发表的蜜环菌生物种有 40 多个。文献记载的中国蜜环菌属、假蜜环菌属的物种如下：

Armillaria borealis Marxm & Korhonen，in Marxmüller，Bull. trimest. Soc. mycol. Fr. 98（1）：122（1982）北方蜜环菌；

Armillaria cepistipes Velen. ［as ‘cepaestipes’］，ČeskéHouby 2：283（1920）头柄蜜环菌；

Armillaria gallica Marxm & Romagn，in Boidin，Gilles & Lanquetin，Bull. trimest. Soc. mycol. Fr. 103（2）：152（1987）高卢蜜环菌；

Armillaria korhonenii G. F. Qin & Y. C. Dai 科赫宁蜜环菌，但是在 Index Fungorum 中没有记载；

Armillaria luteopileata G. F. Qin & J. Zhao 黄盖蜜环菌，但是在 Index Fungorum 中没有记载；

Armillaria mellea（Vahl）P. Kumm，Führ. Pilzk.（Zerbst）：134（1871）蜜环菌；

Armillaria nabsnona T. J. Volk & Burds，in Volk，Burdsall & Banik，Mycologia 88（3）：487（1996）第九蜜环菌；

Armillaria ostoyae（Romagn.）Herink，Sympozium o V′aclavceObecné. 奥氏蜜环菌

Armillaria mellea（Vahl ex Fr.）Kumm.（Brno）：42（1973）蜜环菌

Armillaria sinapina Bérubé & Dessur，Can. J. Bot. 66（10）：2030（1988）芥黄蜜环菌

Desarmillaria tabescens（Scop.）R. A. Koch & Aime，in Koch，Wilson，Séné，Henkel & Aime，BMC Evol. Biol. 17（no. 33）：12（2017）假蜜环菌。

文献还记载了几个有编号、没有进行拉丁文命名的生物种：

CBS J、CBS K、CBS L、CBS M、CBS N、CBS O。

天麻栽培中常用的是蜜环菌 *Armillaria mellea* 这个物种。

属名 *Armillaria* 一词来自拉丁语，其词源是“armilla”，意思是“环、镯”，即在菌柄上有一个菌环；词尾“- aria”意思是“相似”，因其颜色似蜂蜜，中文称为“蜜环菌属”。种名加词“*mellea*”意思是“蜂蜜色的、蜂蜜状的、蜡黄色的”。该菌的中文学名译成“蜜环菌”。

该物种的同物异名有：*Agaricites melleus*（Vahl）Mesch.，(1891)；*Agaricus melleus* Vahl，Fl. Danic. 6（17）：tab. 1013 (1790)；*Agaricus versicolor* With.，Arr. Brit. pl.，Edn 3（London) 4：166（1796）；*Armillaria mellea* f. *rosea* Calonge & M. Seq.，Boln Soc. Micol. Madrid 27：283（2003）；*Armillaria mellea* f. *sabulicola* A. Ortega & G. Moreno，in Ortega Díaz，Moreno，Manjón & Alvarado，Boln Soc. Micol. Madrid 34：88 (2010)；*Armillaria mellea* subsp. *nipponica* J. Y. Cha & Igarashi，Mycoscience 36（2）：143（1995）；*Armillaria mellea* var. *exannulata* Peck，Ann. Rep. Reg. N. Y. St. Mus. 46：134（1894）[1893]；*Armillaria mellea* var. *flava* Gillet，Hyménomycètes（Alençon)：84（1874） [1878]；*Armillaria mellea* var. *glabra* Gillet，Hyménomycètes（Alençon）：84 (1874) [1878]；*Armillaria mellea* var. *javanica* Henn.，in Warburg，Monsunia 1：20（1899）[1900]；*Armillaria mellea* var. *maxima* Barla，Bull. Soc. mycol. Fr. 3（2）：143（1887）；*Armillaria mellea* var. *minor* Barla，Bull. Soc. mycol. Fr. 3（2）：143（1887）；*Armillaria mellea* var. *nipponica*（J. Y. Cha & Igarashi）Blanco-Dios，Tarrelos 19：19（2017）；*Armillaria mellea* var. *radicata* Peck，Ann. Rep. Reg. N. Y. St. Mus. 44：150（1891）；*Armillaria mellea* var. *sulfurea* Weinm. ex P. Karst.，Bidr. Känn. Finl. Nat. Folk 32：22（1879）；*Armillaria mellea* var. versicolor（With.）W. G. Sm.，Syn. Brit. Basidiomyc.：30（1908）；*Armillaria mellea* var. *viridiflava* Barla，Bull. Soc. mycol. Fr. 3（2）：143（1887）；*Armillariella mellea*（Vahl）P. Karst.，Acta Soc. Fauna Flora fenn. 2（no. 1）：4（1881）[1881-1885]；*Armillariella mellea* f. *gigantea* Wichanský，C. C. H. 40：71（1963）；*Armillariella mellea* var. *olivacea* Rick；*Armillariella olivacea*（Rick）Singer，Lloydia 19：180（1956）；*Armillariella puiggarii* f. *olivacea*（Rick）Singer，Lilloa 26：132（1954）[1953]；*Clitocybe mellea*（Vahl）Ricken，Die Blätterpilze 1：362（1915）；*Fungus versicolor*（With.）Kuntze，Revis. gen. pl.（Leipzig）3（3）：480（1898）；*Geophila versicolor*（With.）Quél.，C. r. Assoc. Franç. Avancem. Sci. 16（2）：588（1888）；*Lepiota mellea*（Vahl）J. E. Lange，Dansk bot. Ark. 2（no. 3）：31（1915）；*Mastoleucomyces melleus*（Vahl）Kuntze，Revis. gen. pl.（Leipzig）2：861（1891）；*Omphalia mellea*（Vahl）Quél.，Enchir. fung.（Paris）：20（1886）；*Stropharia versicolor*（With.）Fr.，in Saccardo，Syll. fung.（Abellini）5：1013（1887）。

早期中文文献中常用的学名：*Armillariella mellea*，是蜜环菌的同物异名，系不正确的引用。

常见的与蜜环菌形态类似的物种是假蜜环菌。但假蜜环菌的拉丁学名已经被修订，分类学地位也被改变，划入到2017年成立的与蜜环菌同一科的新属：假蜜环菌属 *Desarmillaria*（Herink）R. A. Koch & Aime，in Koch，Wilson，Séné，Henkel & Aime，BMC Evol. Biol. 17（no. 33）：11（2017），该属有2个物种。该物种的拉丁学名为：*Desarmillaria tabescens*（Scop.）R. A. Koch & Aime，in Koch，Wilson，Séné，Henkel & Aime，BMC Evol. Biol. 17（no. 33）：12（2017）。

属名单词 *Desarmillaria* 的前缀"Des-"的意思是：缺少、无、脱，是否定的意思，所以翻译成假蜜环菌属。种名加词

“*tabescens*”系意思是“败育的、凋落的”，用在该菌上面的意思是“无菌环的”。该菌的中文学名译成“无环假蜜环菌”。

该物种的同物异名有：*Agaricus monadelphus* Morgan，J. Cincinnati Soc. Nat. Hist. 6：69（1883）；*Agaricus tabescens* Scop.，Fl. carniol.，Edn 2（Wien）2：446（1772）；*Armillaria mellea* var. *tabescens*（Scop.）Rea &Ramsb.，Trans. Br. mycol. Soc. 5（3）：352（1917）[1916]；*Armillaria tabescens*（Scop.）Emel，Le Genre Armillaria（Strasbourg）：50（1921）；*Armillariella tabescens*（Scop.）Singer，Annls mycol. 41（1/3）：19（1943）；*Clitocybe monadelpha*（Morgan）Sacc.，Syll. fung.（Abellini）5：164（1887）；*Clitocybe tabescens*（Scop.）Bres.，Fung. trident. 2（14）：85（1900）；*Collybia tabescens*（Scop.）Sacc.，Syll. fung.（Abellini）5：206（1887）；*Fungus tabescens*（Scop.）Kuntze，Revis. gen. pl.（Leipzig）3（3）：480（1898）。

三、生长季节

蜜环菌菌丝体和菌索全年都可以在树林中的枯枝落叶层、腐殖层和活树的内部、死亡的树干、树枝、树桩等基质内生长。菌丝体或菌丝索能在不良环境条件下或生长后期发生适应性变态。

蜜环菌子实体一般发生在晚春、夏季、秋季，北方和南方高海拔的山区集中在7—8月大量发生。早春和冬天温度太低一般不会自然发生子实体。在针叶或阔叶树等树干基部、根部或倒木上丛生。常常引起树木的根腐病。

四、分布情况

蜜环菌广泛分布于世界各地，我国目前记载的有8种，分布在西南地区的有4种。我国蜜环菌主要分布在黑龙江、吉林、内蒙古、辽宁、河南、河北、山东、山西、陕西、甘肃、青海、新疆、四川、重庆、安徽、福建、浙江、江西、福建、湖南、湖北、云南、贵州、广西、海南、西藏及台湾等省份。凡是有天麻分布的地区均有蜜环菌分布，但有蜜环菌的地方不一定有天麻的生长。

在四川省，蜜环菌主要分布在四川盆地的盆周山区和川西高原地区，如达州市、巴中市、绵阳市、德阳市、成都市、雅安市、乐山市、宜宾市、泸州市、阿坝藏族羌族自治州、甘孜藏族自治州、凉山彝族自治州、攀枝花市等地。

第三节　蜜环菌的生理特性

一、营养条件

自然条件下，蜜环菌的营养类型在宽范围上属于木腐生类型，可以寄生、腐生，能够生长在活的树木上或死的树干、树桩或枯枝落叶层中以及有机物丰富的土壤基质中。与天麻生长在一起的阶段属于共生，但是天麻衰老以后又被蜜环菌分解，即成为了腐生。蜜环菌从木材、腐殖层、土壤中获取水分和各种碳源、氮源、矿质元素及维生素等营养物质，供菌丝体和子实体的生长，当与天麻接触以后的共生阶段又可以为天麻提供水分、无机营养物、有机营养物，以保证天麻块茎的膨大。

（一）水分

蜜环菌生长需要较多的水分，但又不能长期渍水，故场地应选在离水源较近、梅雨季节不渍水的地方。

蜜环菌菌索耐水性很强，完全可以在静置的液体培养基、琼脂培养基、淹水的木屑培养基中生长，所以培养蜜环菌母种的琼脂培养基可以做成柱状，装入大试管或输液瓶中进行培养；原种和栽培种可以在木屑处于淹水状态或用琼脂做成凝固的培养基上进行培养（图 2-7）。培养料含水量越高，菌丝体和菌索生长的就更加健壮、密集，菌丝和菌索的活力越强。

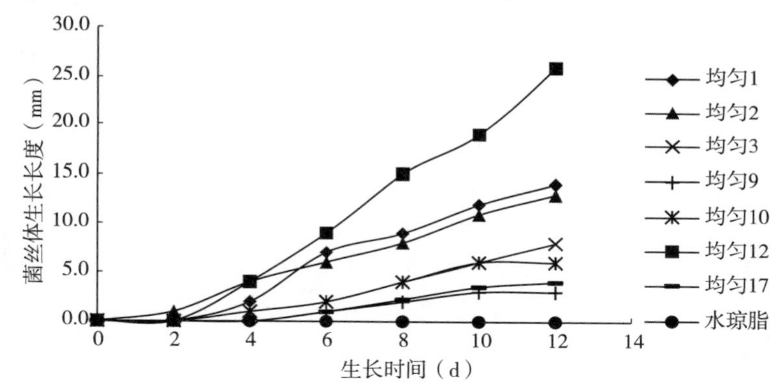

图 2-7　固体组培养基上蜜环菌菌丝体的生长曲线

用琼脂做凝胶状固体培养基时，琼脂用量不同，培养基中水分和通气状态不同，菌丝体的生长速度有很大的差异（具体配方见表 2-2）。配方 1、2、3、9、10、12、17 的琼脂用量分别是每 1 000mL 培养基：16g、12g、8g、18g、14g、5g、20g（图 2-8）。

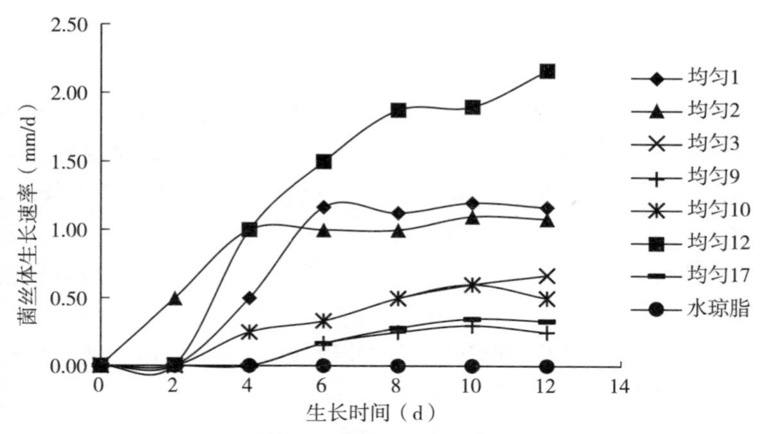

图 2-8　固体组培养基上蜜环菌菌丝体的生长速率曲线

在固体培养基上用均匀设计方法探索琼脂用量对菌丝体的影响的试验结果表明：编号为 12 的配方培养基上，蜜环菌菌丝体不管是生长曲线还是生长速率曲线，较其他组别，均呈现为最优，其余依次为第 1 组、第 2 组、第 3 组、第 10 组、第 17 组、第 9 组，比对均匀设计配方，随着琼脂用量的增加，含相应用量琼脂的培养基对蜜环菌菌丝体生长的影响逐渐降低，在多因素复合培养基上，一定用量范围内的琼脂对蜜环菌菌丝体生长具有一定程度的影响。

可确定，编号为 12 的配方培养基的配方为：麦麸 120g/L、米糠 140g/L、松针 2g/L、黄豆粉 0.1g/L、玉米粉 160g/L、琼脂 5g/L、蔗糖 20g/L。在此培养基中的蜜环菌菌丝体生长最快、最健壮。

（二）碳源

碳源是蜜环菌有机体最重要的结构物质和能量来源。蜜环菌既可利用纤维素、木质素、半纤维素、淀粉等复杂大分子有机物，也可直接利用葡萄糖、甘露糖、糊精、果糖、木糖、木糖醇、蔗糖、麦芽糖、甘露醇、阿拉伯糖、乳糖、山梨醇、甘油、乙醇、淀粉、麦芽糖醇、半乳糖等简单小分子有机物作为碳源、能量来源。

自然状态下，木腐生的蜜环菌可以生长在数百种树木上，包括各种常见的栎类（生长在四川各地称青冈树），如栓皮栎、蒙古栎、辽东栎、麻栎、白栎、板栗、槲栎，以及核桃、山核桃、构树、漆树、竹、桃、山桐子、山樱桃、柳树、杨树、桦、松树、杉树、槐树、合欢、梧桐、榕树等。柏树上很难发现蜜环菌的生长。

研究发现，不同的木材原料木屑对蜜环菌菌丝体、菌索生长有极显著的影响。蜜环菌质量直接影响天麻的质量和产量，而菌索粗壮，菌丝洁白，长速快，说明蜜环菌活力强。在选择与天麻伴生的蜜环菌的时候主要看其菌索的活力，而选择适合蜜环菌生长的培养基能够缩短生长时间，抑制菌种退化，并使蜜环菌具有再次生长的能力。

采用青冈树、梧桐树、三角枫、樱花等 4 种杂木木屑，与麸皮、蔗糖或红糖进行配方试验（图 2－9～图 2－12）。试验设以下配方：

①木屑 130g，麸皮 0g，蔗糖或红糖 16g，水 1 000mL；

②木屑 110g，麸皮 30g，蔗糖或红糖 16g，水 1 000mL；

③木屑 90g，麸皮 50g，蔗糖或红糖 16g，水 1 000mL；

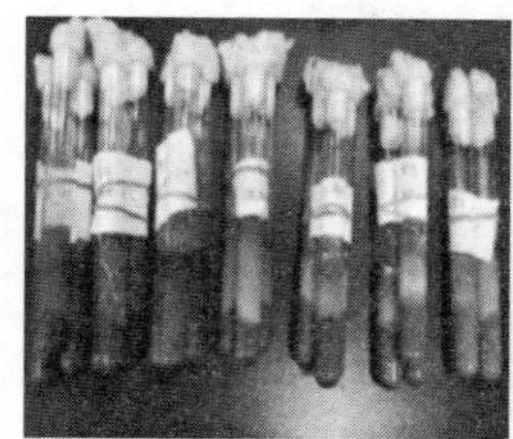

图 2－9　青冈树木屑麸皮红糖培养基中菌丝体和菌索生长情况

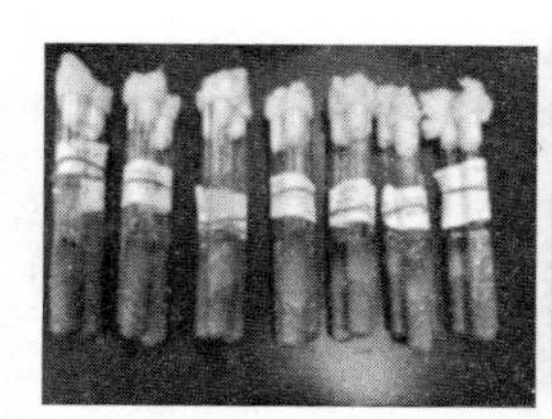
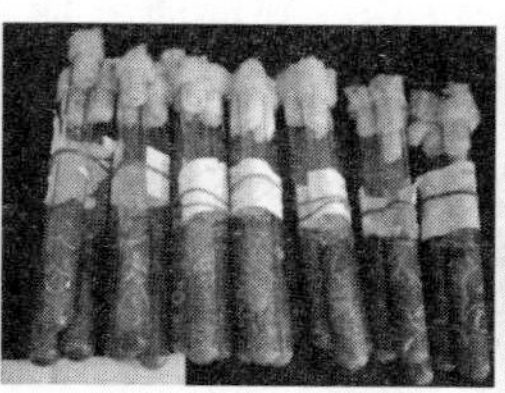
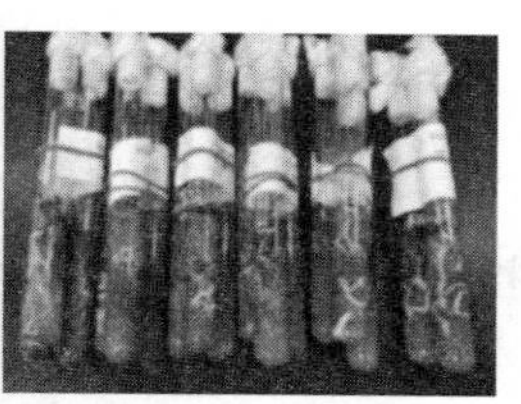

图 2－10　梧桐木屑麸皮红糖培养基中蜜环菌菌丝体和菌索生长情况

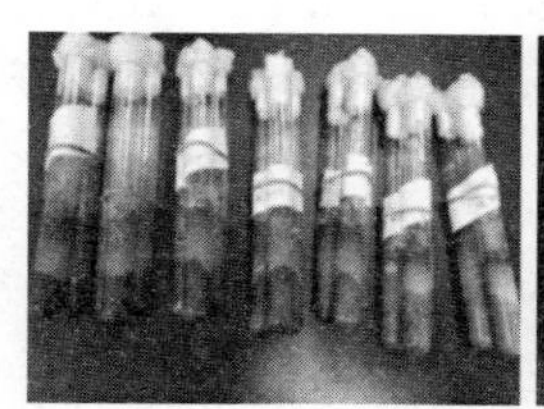
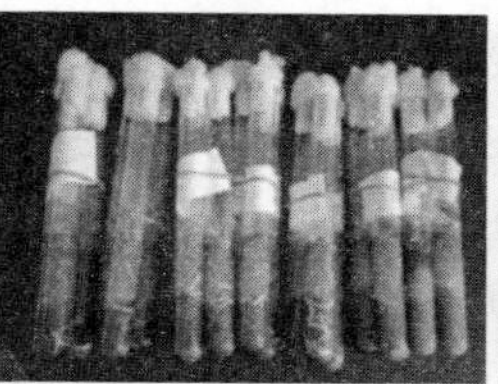
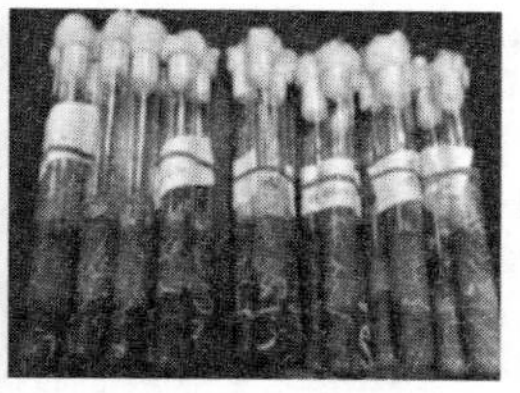

图 2－11　樱花木屑麸皮红糖培养基中蜜环菌菌丝体和菌索生长情况

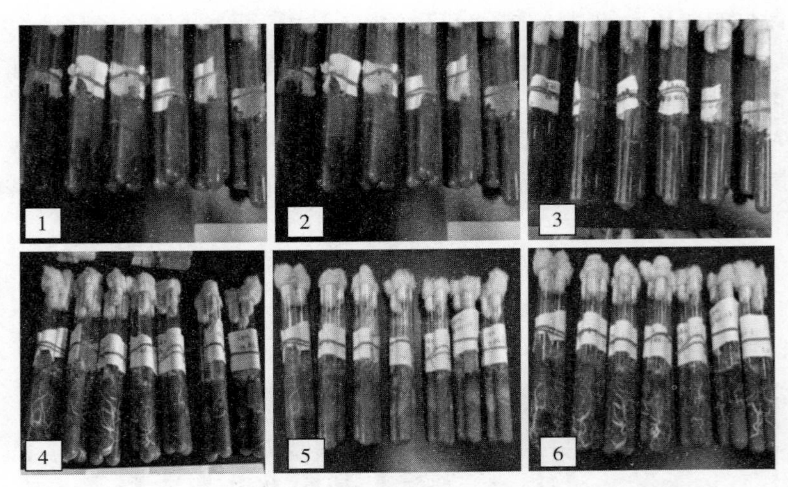

图 2-12 三角枫木屑麸皮培养基中蜜环菌菌丝体和菌索生长情况

（注：上排为蔗糖，下排为红糖）

④木屑 70g，麸皮 70g，蔗糖或红糖 16g，水 1 000mL；

⑤木屑 50g，麸皮 90g，蔗糖或红糖 16g，水 1 000mL；

⑥木屑 30g，麸皮 110g，蔗糖或红糖 16g，水 1 000mL；

⑦木屑 0g，麸皮 130g，蔗糖或红糖 16g，水 1 000mL。

试验发现蜜环菌在三角枫木屑培养基上菌丝体生长快、菌索粗壮、不容易老化，生长状态明显优于青冈树、樱花树和梧桐树木屑。红糖效果明显优于蔗糖。

三角枫木屑麸皮红糖配方试验中，3 号、4 号、6 号长势最佳，长速最快，菌索粗壮，菌丝洁白，分枝茂盛浓密，并且菌丝复活时间及菌索布满培养基时间均较短。说明三角枫木屑与麸皮配方试验为蜜环菌最适培养基，其次为青冈木屑与麸皮配方组、梧桐木屑与麸皮配方组。

试验发现，用三角枫木屑 100g，麸皮 40g，红糖 16g，水 1 000mL 时，蜜环菌的菌丝的复活时间仅为 2d，完全布满时间为 37d，在 14d 已经达到了培养基的 4/5 处，使用这个配方，不仅能够在生产速度上占有一定的优势，同时配方上也减低成本，同时大大降低配方的复杂程度，易于配制。采用三角枫木屑与麸皮红糖做蜜环菌菌种培养基，菌丝复活时间及菌索布满培养基时间均较短，菌索粗壮，菌丝洁白，不易褐化，分支很多并且比较的粗壮、浓密，可作为于生产伴栽天麻的蜜环菌母种、原种和栽培种等菌种的培养基。

（三）氮源

氮源是生物有机体合成蛋白质、核酸等不可缺少的原料。蜜环菌除了可直接利用树木等生物有机体中的蛋白质作氮源外，还可利用麦麸、米糠、谷壳、玉米粉、黄豆粉、蛋白胨、酵母膏等作为氮源。

蜜环菌对氮的需求较高，适宜高氮培养基配方。蜜环菌在纯玉米粉和麦麸组成的培养基上的生长十分旺盛。

分别用麸皮、松针、米糠、马铃薯、黄豆粉、玉米粉各200g作氮源，加20g蔗糖，水1 000mL，以水琼脂培养基为对照进行菌丝体培养试验，对天然氮源原料进行筛选。试验配方如表2-1所示。

表2-1　蜜环菌7种基础配方

编号	氮源/g	蔗糖/g	琼脂/g	蒸馏水/mL
1	麦麸 20	2	2	100
2	松针 20	2	2	100
3	米糠 20	2	2	100
4	马铃薯 20	2	2	100
5	黄豆粉 20	2	2	100
6	玉米粉 20	2	2	100
7	0	0	2	100

试验结果如图2-13、图2-14所示，蜜环菌菌丝体在7种

不同配方的培养基上，除了水琼脂培养基，菌丝体均正常生长。

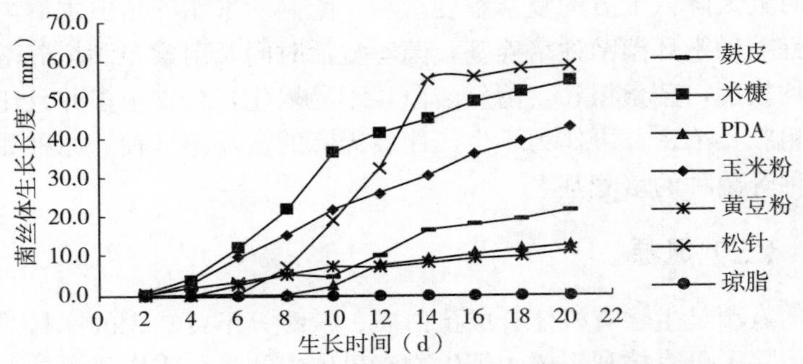

图 2-13　7 种不同配方培养基上蜜环菌菌丝体的生长曲线

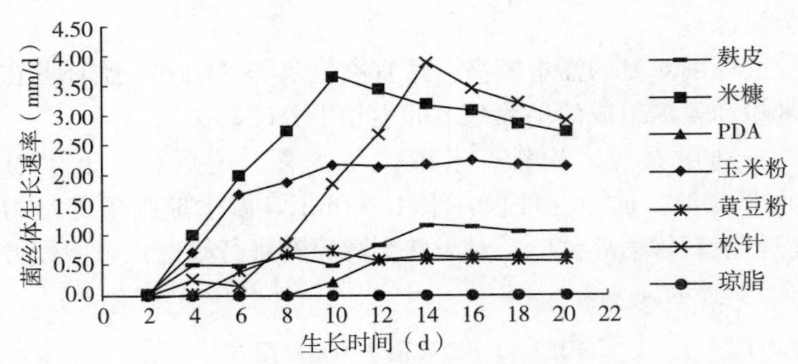

图 2-14　7 种不同配方培养基上蜜环菌菌丝体生长速率曲线

从整体生长趋势来看，以米糠为氮源的培养基上蜜环菌菌丝体持续生长，2～10d 生长速率呈线性增加，在第 10d 生长速率达到最快，最后呈线性降低，生长曲线与趋势线偏差较小，整体生长情况良好；以松针为氮源的培养基上，自菌丝萌发的记录数据起，2～6d 生长速率呈现正弦函数特性，6～14d 其生长呈现指数函数特性，在第 14d 生长速率到达最快，随后生长速率符合线性递减，比较其他配方，松针培养基上蜜环菌菌丝体生长最优；以玉米粉为氮源的培养基上，生长曲线呈平稳的线性相关，生长速率大致呈增加状态，对蜜环菌菌丝体的生长影响较好。在蜜环菌菌丝体出现生长的培养基上，综合比较生长曲线与生长速率曲线，以黄豆粉作为氮源的培养基对蜜环菌的生长促进最小。水琼脂作为对照组，虽然琼脂含有微量的多糖成分，但该培养基上并未出现蜜环菌菌丝体生长。

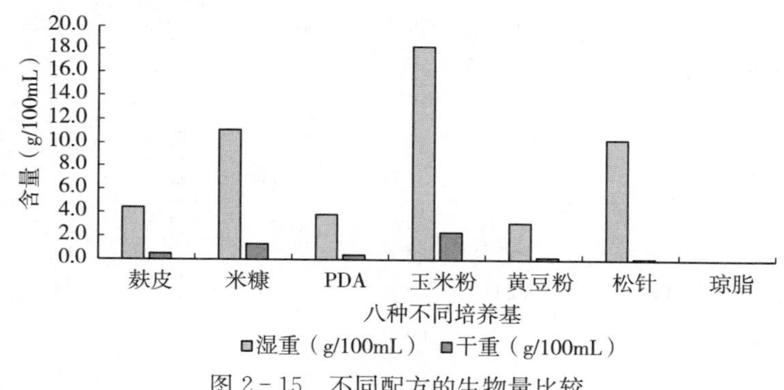

图 2-15 不同配方的生物量比较

在以玉米粉为氮源的培养基上，在综合控制接种量的情况下，蜜环菌的最终生物量呈现最优状态，以米糠、松针、麦麸、马铃薯、黄豆粉单元的培养基蜜环菌生物量呈递减状态。

除了以淀粉为氮源的培养基，其他 6 种氮源培养基用于培养蜜环菌时，蜜环菌菌丝体均能正常生长，生长速率呈现差异性。通过数据分析，玉米粉、米糠、松针、麦麸均能使蜜环菌的菌丝体具有很好的生长速率和菌丝密度，以玉米粉、米糠为最佳。

为探索多种原料混合培养基质对蜜环菌菌丝体的影响，特用均匀设计试验方法进行了试验（表 2-2）。

表 2-2 U_{17}（17^6）均匀设计表

（单位：g/L）

序号	麦麸	米糠	松针	黄豆粉	玉米粉	琼脂
1	0.1	2.0	8.0	60.0	140.0	16.00
2	0.5	20.0	100.0	1.0	80.0	12.00

（续）

序号	麦麸	米糠	松针	黄豆粉	玉米粉	琼脂
3	1.0	100.0	0.1	120.0	20.0	8.00
4	2.0	180.0	10.0	8.0	4.0	4.00
5	4.0	1.0	120.0	180.0	0.5	1.00
6	8.0	10.0	0.5	40.0	180.0	0.40
7	10.0	80.0	20.0	0.5	120.0	0.10
8	20.0	160.0	140.0	100.0	50.0	0.01
9	40.0	0.5	1.0	4.0	10.0	18.00
10	60.0	50.0	40.0	160.0	2.0	14.00
11	80.0	50.0	160.0	20.0	0.1	10.00
12	100.0	140.0	2.0	0.1	160.0	5.00
13	120.0	0.1	60.0	80.0	100.0	2.00
14	140.0	4.0	180.0	2.0	40.0	0.80
15	160.0	40.0	4.0	140.0	8.0	0.20
16	180.0	120.0	80.0	10.0	1.0	0.02
17	200.0	200.0	200.0	200.0	200.0	20.00

通过表观分析均匀设计因素用量探索试验菌丝体生长趋势，设计表 2-3。

表 2-3　因素水平表

（单位：g/L）

因素	1	2	3	4	5	6
麦麸	0	20	40	60	80	100
米糠	0	36	72	108	144	180
松针	0	28	56	84	112	140
黄豆粉	0	36	72	108	144	180
玉米粉	0	32	64	96	128	160
琼脂	8	10	12	14	16	18

根据因素与水平，选取 U_7 （7^6）均匀设计表 2－4。

表 2－4 U_7（17^6）使用表

因素数	列号
2	13
3	123
4	1236

选取 U_7（17^6）均匀设计表，考虑用量均匀探索试验中培养基上固体物料过量会导致菌丝体营养过剩，舍去试验号 7，拟定均匀设计表（表 2－5）。

表 2－5 U_6（6^6）均匀设计表

（单位：g/L）

序号	麦麸	米糠	松针	黄豆粉	玉米粉	琼脂
1	0	36	56	108	128	18
2	20	108	140	0	64	16
3	40	180	28	144	0	14
4	60	0	112	36	160	12
5	80	72	0	180	96	10
6	100	144	84	72	32	8

根据均匀设计表，配制一系列的培养基，同时配制水琼脂培养基作为对照组，每组 4 个重复，高压蒸汽灭菌后，于超净工作台上接种活化后的蜜环菌菌种，置于恒温培养箱 25℃暗培养。

定期观察蜜环菌在不同培养基上的生长情况，出现菌丝萌发时，开始记录实验数据。以 48h 为时间间隔，记录蜜环菌的生长长度、菌丝数量。所有数据备份，作为原始数据。

通过处理均匀设计配方优化试验得到的数据，取 3 组菌丝体性状优良的配方重复验证，即：试验号 2、试验号 4、试验号 6。试验设计见表 2－6。

表 2-6 重复验证均匀优化配方

（单位：g/L）

序号	麦麸	米糠	松针	黄豆粉	玉米粉	琼脂
2	20	108	140	0	64	16
4	60	0	112	36	160	12
6	100	144	84	72	32	8

按设计表配制 3 种培养基，同时配制水琼脂培养基作为对照，每组 4 个重复，高压蒸气灭菌后，在超净工作台上接种活化后的蜜环菌菌种，置于恒温培养箱 25℃暗培养。

以 24h 为时间间隔，定期观察培养基上接种菌块是否萌发菌丝，记录培养基变色情况，待菌丝萌发，记录菌丝生长长度、萌发菌丝数量见图 2-16～图 2-18。

就生长曲线和生长速率曲线而言，均匀优化的第二组在达到最大生长速率前，该配方在第四天至第十二天蜜环菌呈线性生长，这一阶段的生长速率曲线相较于其他组别，对蜜环菌菌丝体生长的影响最为显著。其次是均匀优化的第四组配方，其生长曲线和生长速率曲线在任何时候都优于第二组之外的其他 4 组，生长曲线基本符合线性生长。

分析图 2-13，均匀优化试验的第二组、第四组、第六组配

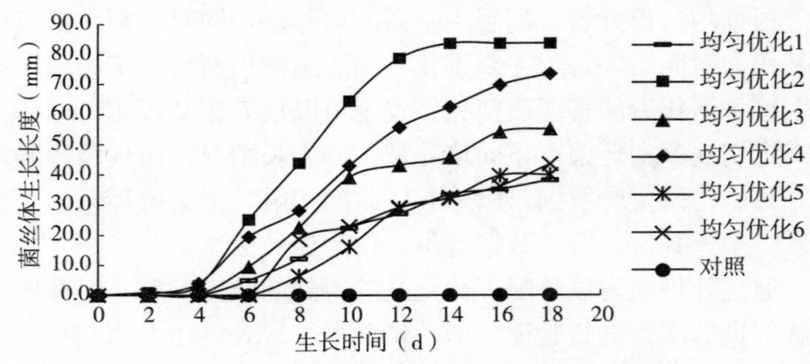

图 2-16 优化配方的蜜环菌菌丝体生长曲线

方培养基上的蜜环菌菌丝体呈现密度优势，且菌丝体性状优良。

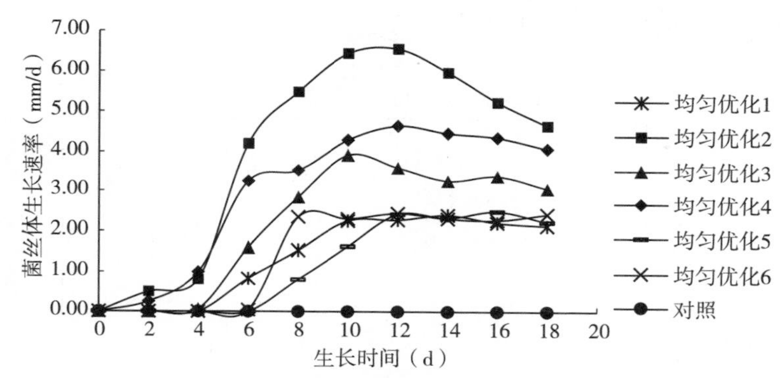

图 2-17　优化配方的蜜环菌菌丝体生长速率曲线

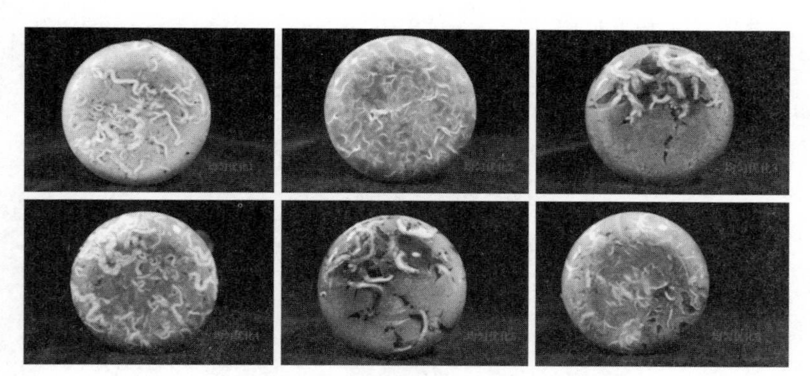

图 2-18　不同配方培养基上的蜜环菌菌丝形态与密度

通过均匀优化试验筛选出来的优化配方为第二组、第四组、第六组。

建立的线性逐步回归方程为：

$$Y = 5.790 - 0.041 \times X_1 \qquad (2-1)$$

注：Y—最大生长速率；X_1—麦麸

其中，麦麸的系数均小于0，说明随着麦麸用量的升高，最大生长速率下降。

图 2-19 为蜜环菌菌丝生物最大生长速率标准化残差对标准化预测值的散点图，也存在 3 个奇异点。

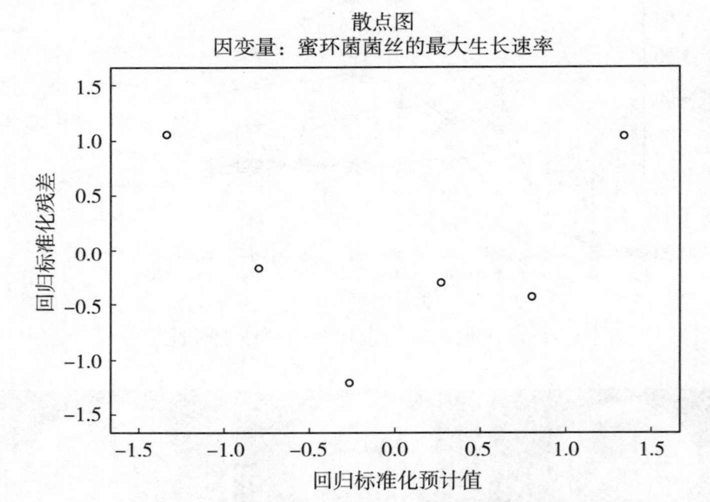

图 2-19 蜜环菌菌丝生物最大生长速率残差散点图

重复验证试验时，分析图 2-20 和图 2-21，以 24h 为记录数据的时间间隔，从生长曲线可以直观地看出，优化验证的第二

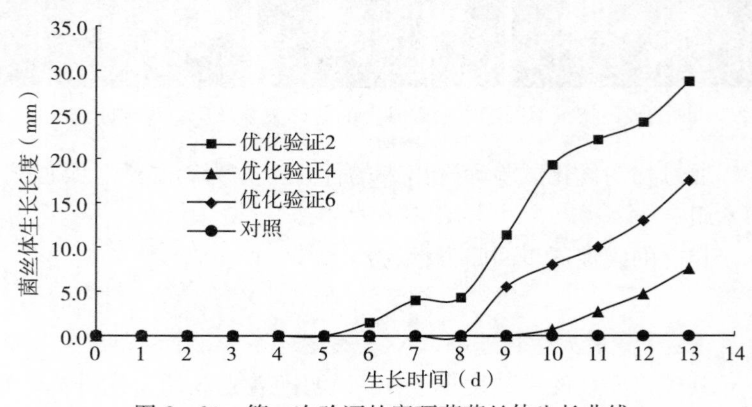

图 2-20 第一次验证的蜜环菌菌丝体生长曲线

组配方在接种的第五天开始萌发菌丝，优化验证的第四组在接种的第八天开始菌丝萌发，优化验证的第六组自接种后的第九天开始萌发。蜜环菌菌丝体出现生长开始菌丝，优化验证第二组的生长长度增长最快，第四组次之，第六组菌丝生长速率增长相对缓慢。

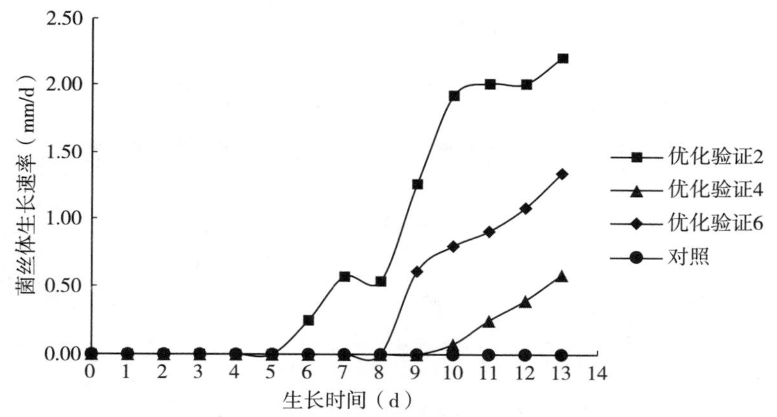

图 2-21　第一次验证试验的蜜环菌菌丝体生长速率曲线

在进行第二次重复验证试验时，分析图 2-22 和图 2-23，以 24h 为数据记录的时间间隔，根据生长曲线，优化验证第三组配方和第四组配方均在接种的第六天开始萌发菌丝，而第六组自接种后的第八天开始萌发菌丝。蜜环菌菌丝体开始出现生长，就生长速率曲线而言，3 个组配方的生长速率增长趋势比较接近，其中第二组生长速率增长最快，第四组次之，第六组相对最缓慢。均匀设计用量探索实验中，通过对试验数据的综合分析，初步确定第十二组配方（配方成分：麦麸 100g/L，米糠 140g/L，松针 2g/L，黄豆粉 0.1g/L，玉米粉 160g/L，琼脂 5g/L，蔗糖 20g/L）对蜜环菌菌丝体生长的影响最优；并且初步确定了各因素的用量范围，依次为：麦麸 0～100g/L、米糠 0～180g/L、黄豆粉 0～180g/L、玉米粉 0～160g/L、松针 0～140g/L、琼脂 8～18g/L。

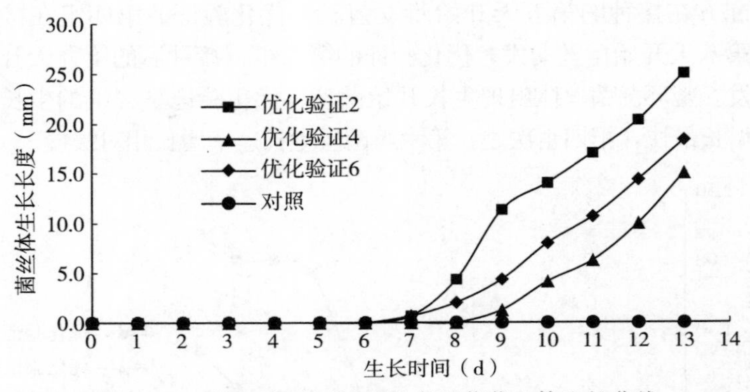

图 2-22　第二次验证试验的蜜环菌菌丝体生长曲线

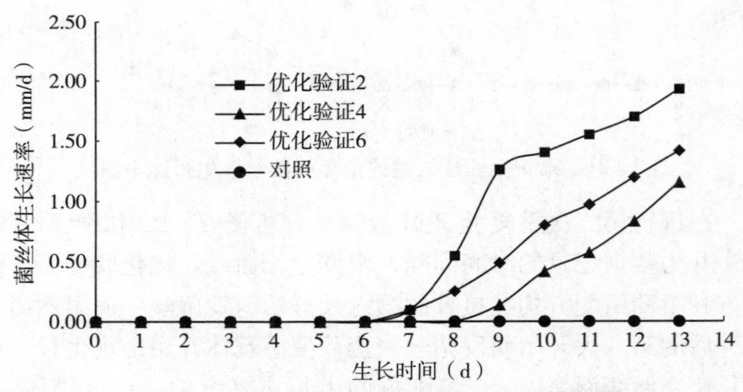

图 2-23　第二次验证的蜜环菌菌丝体生长速率曲线

通过均匀优化试验筛选出来的优化配方为第二组、第四组、第六组，在这 3 个组配方中，又以第二组对蜜环菌菌丝体生长影响最大，促进作用最强，其余依次为第四组合第六组。通过 SPSS 逐步回归分析处理蜜环菌菌丝的最大生长速率，其最大生长速率逐步回归分析模型显著，麦麸为该模型的显著影响因子。

在进行优化配方的验证试验时，综合分析单因次实验与均匀设计用量探索试验中蜜环菌菌丝体的生长数据，优化配方的第二组菌丝萌发时间稳定在5～6d，第四组菌丝萌发时间一般在8～9d，而第六组相对于其他两组优化配方，萌发时间较长，一般在11d左右。其中，第二组配方上生长的蜜环菌菌丝体性状整体优于第六组配方，和第四组配方上蜜环菌菌丝体的整体性状差异仅体现在菌索的粗细上，第四组配方的蜜环菌菌索明显粗于第二组，菌丝体性状第二组≥第四组>第六组。

优化试验相对成功，优化后的配方在很大程度上缩短了蜜环菌的培养时间，此种配方培养基上生长的蜜环菌菌丝体的性状相对目前的其他培养基配方更为优良，可用于生产。

（四）碳氮（C/N）比

培养基的C/N比对蜜环菌菌丝体、菌索生长的影响较大。特设计以下不同C/N比的培养基配方进行试验。见表2-7，图2-24。

表2-7　不同碳氮比对蜜环菌菌索生长特性的影响

碳氮比	菌索萌发时间（d）	菌索平均生长速度（mm/d）	菌索密度
22.5∶1	6	2.4	++
30∶1	6	2.6	++
35∶1	5	2.7	++
42.5∶1	4	3.3	+++
55∶1	3	3.6	++++
75∶1	4	2.9	+++

注："++++、+++、++、+"表示菌索密度依次递减

配方一（22.5∶1）：葡萄糖4g，木屑2g，麸皮8g，琼脂4g，水200mL；

配方二（30∶1）：葡萄糖4g，木屑4g，麸皮6g，琼脂4g，水200mL；

配方三（35∶1）：葡萄糖 4g，木屑 5g，麸皮 5g，琼脂 4g，水 200mL；

配方四（42.5∶1）：葡萄糖 4g，木屑 6g，麸皮 4g，琼脂 4g，水 200mL；

配方五（55∶1）：葡萄糖 4g，木屑 7g，麸皮 3g，琼脂 4g，水 200mL；

配方六（75∶1）：葡萄糖 4g，木屑 8g，麸皮 2g，琼脂 4g，水 200mL。

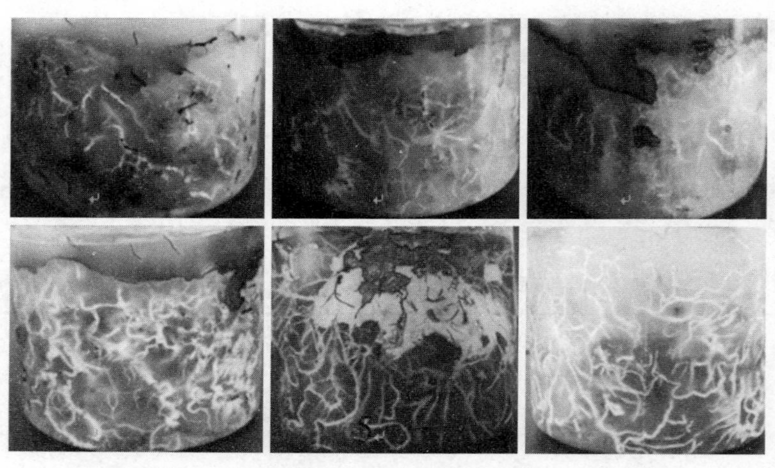

图 2－24　培养基 C/N 比对蜜环菌菌丝体生长的影响

（注：从左到右依次为 22.5∶1，30∶1，35∶1，42.5∶1，55∶1，75∶1）

当培养基中的碳氮比为 55∶1 时，蜜环菌菌索萌发所需时间最短，用时 3d；当培养基中的碳氮比为 42.5∶1 和 75∶1 时，菌索萌发所需的时间为 4d；培养基中的碳氮比为 15∶1 时，菌索萌发所需的时间为 5d；而所需时间最长的是碳氮比为 22.5∶1 和 30∶1 的培养基，用时 6d。生长速度最快的是碳氮比为 55∶1 的培养基，为 3.6mm/d，接下来依次是碳氮比分别为 42.5∶1、75∶1、35∶1、30∶1 的培养基，平均生长速度最慢的培养基是碳氮比为 22.5：1 的培养基，为 2.4mm/d。

（五）矿质元素

在蜜环菌生长发育过程中，需要一定的无机盐，自然界生长环境中的木材、腐殖质、土壤中可以为蜜环菌提供无机盐。在培养蜜环菌过程中，钙、镁、磷、钾等大量矿质元素需要人工补充，常用来补充矿质元素的物质有磷酸二氢钾、磷酸氢二钾、硫酸钙、硫酸镁、硫酸亚铁等。其他微量元素蜜环菌可以从水和基质中获得，不需要额外补充。

（六）维生素

蜜环菌在生长发育中需要一定的维生素，虽然需求量不多，但却不可缺少，在土豆汁、麸皮等原料中可以补充蜜环菌所需的维生素。

二、环境条件

（一）温度

蜜环菌属中温型真菌，菌丝体在 6～28℃均可生长繁殖，以 20～25℃生长速度最快；超过 30℃时就停止生长，低于 20℃生长缓慢。试验表明，高温条件（超过 35℃）持续太久，会加快菌索的退化，给天麻生产造成巨大的影响。所以，在高寒山区培养菌材时，要抓紧温度较高的时期，并采取措施提高地温，在夏季气温较高的低山区，则应做好遮荫降温工作，以便培养出优质的菌材。

蜜环菌在土壤和人工的培养容器中对温度的敏感性和要求可能不同。Rishbth 发现其生长温度在培养基中比在土壤中要高，蜜环菌在 28℃时菌丝和菌索的最适生长速率分别为每天 0.75mm 和 9.80 mm。最适生长温度随条件而改变，无论土壤中的菌索还是树干上的菌丝扇，最适生长温度都在22℃左右。土壤中的数据表明，在深15cm、土壤平均温度10℃的英国南部，蜜环菌的传播速度是每年1.5m（图2-25）。

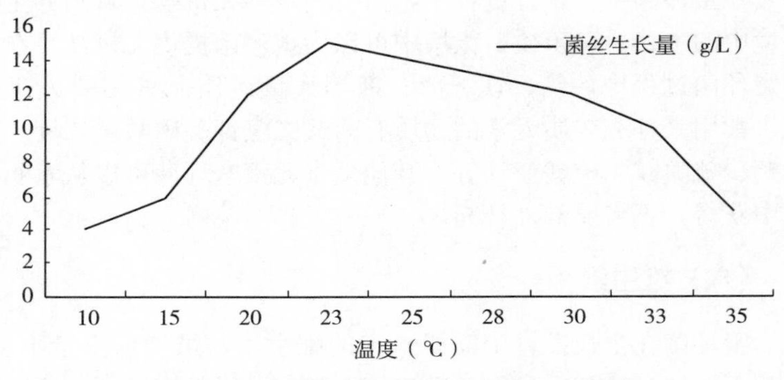

图2-25　温度对蜜环菌菌丝体生长的影响

（二）水分

蜜环菌在生长发育过程中对土壤湿度和空气湿度的要求较高。湿度过低，菌丝生长受到抑制，菌索纤细，像完全老化的菌索，对天麻的侵染能力减弱；湿度过大，菌材易滋生厌气性杂菌，与蜜环菌争夺营养，对其生长不利。一般适宜于蜜环菌生长的培养基或培养料，其绝对湿度的含水量以60%～90%为宜，空气相对湿度以70%～80%为宜。

（三）酸碱度

蜜环菌生长的范围是pH 4～9，其中以pH 5.5～6.0最适宜。南方山区土壤偏酸，故蜜环菌能旺盛生长。在配制固体或液体培养基时，应将酸碱度调为pH 5.0～5.5。

用均匀设计法设计不同培养基配方，进行蜜环菌菌丝体培养试验，测定不同配方的起始pH，如图2-26所示。

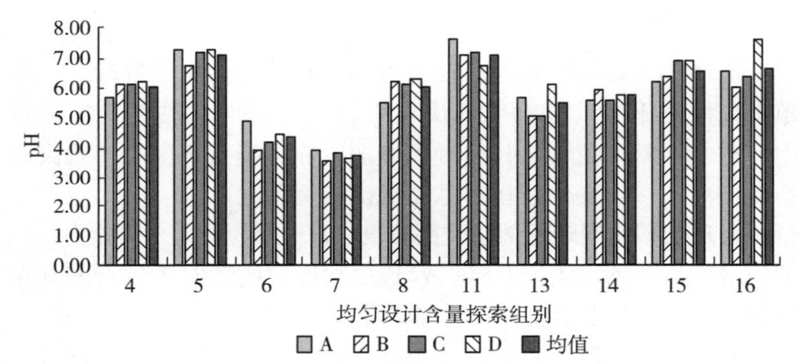

图 2-26　液体组培养基中最终 pH 比较

试验结果如图 2-27 所示。编号为 5 的均匀组配方培养的蜜环菌菌丝体生物量最多，其 pH 介于 7.1～7.2；编号为 6 的均匀组配方培养的母环菌菌丝体生物量在此次试验中位于第二，其 pH 介于 4.4～4.5 之间。编号为 4、8、13、14 的均匀组配方，其最终 pH 介于 5～6 之间，试验中菌丝体生物量均呈中上水平。考虑培养基配方与试验的偶然性，综合而言，人工培养蜜环菌菌种时，培养基的起始 pH 应控制在 5～6 之间对蜜环菌菌丝体的生长呈促进作用。

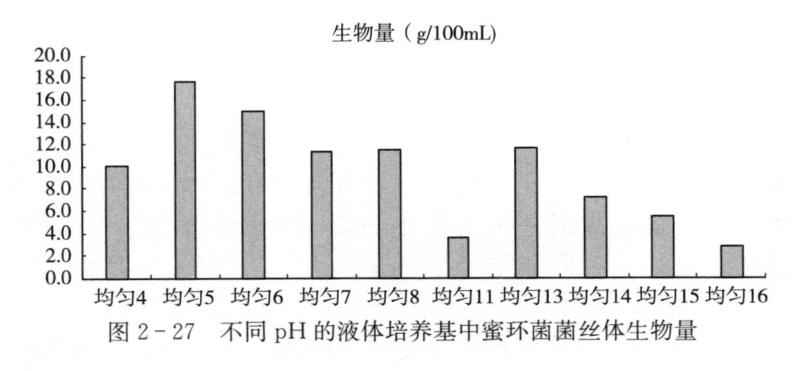

图 2-27　不同 pH 的液体培养基中蜜环菌菌丝体生物量

（四）空气

蜜环菌为好气性真菌。在自然界，在透水透气条件较好的腐殖土或沙质土中，菌索生长快且粗壮旺盛；而在黏性大的土壤中，透气性差，菌索生长缓慢而细弱。在培养蜜环菌和伴栽天麻的环境里，一定要注意培养基质的疏松通气。

蜜环菌菌索有较好的耐受高浓度二氧化碳（CO_2）的能力，把琼脂培养基做成柱状、木屑培养基加水淹没的情况下进行蜜环菌菌种的培养，菌索生长正常、健壮有力，菌种接活的概率较大。

蜜环菌在土壤和自然基质中的生长活力与土壤透气性和二氧化碳浓度有关。例如，当氧气浓度降低或二氧化碳浓度升高时，菌丝的干质量就降低（Rishbth，1978）。一系列的研究表明，通气对蜜环菌在土壤中分布的影响是相当大的。Smith &Griffin 报道了氧气影响菌索的生长速度和形成，认为最大的生长依赖于氧气在蜜环菌菌索中央孔道内的高速扩散。但是，当氧分压达到 4.053kPa 以上时，菌索生长受到抑制。分析认为，有氧环境刺激酚类物质的酶促性多聚化，主要通过 p-联苯酚氧化酶的作用而完成，在透射电子显微镜下形成一个可见的不透水的褐色色素层，沉积在菌索中的菌丝中间，这可能会抑制菌索的发育，阻止菌素吸收营养和释放废弃代谢物。

（五）光照

蜜环菌菌丝体、菌索的生长可以不要光照，在暗处的土壤或培养基中可照常生长发育，光照有利于菌索的颜色加深。子实体的形成，特别是子实体生长发育阶段，需要一定的散射光。

光抑制蜜环菌的营养生长。Doty 和 Cheo 发现，在光照条件下连续培养时，菌索和菌丝的受抑制程度可达 80%，当培养物置于散射光下每天 12h，生长就降低 60%，甚至只要每天暴露

2h，就生长降低约50%。光可抑制那些产生丰富菌索的蜜环菌，而对缺少菌索的蜜环菌抑制作用不大。不是所有的菌株和蜜环菌种都受光的抑制，如Benjamin（1983）发现，*Armillaria limonea*（G. Stev.）Boesew.，N. Z. Jl agric. Res. 20（4）：585（1977）只在黑暗的条件下产生菌索，而A. novae-zelandiae（G. Stev.）Boesew.，N. Z. Jl agric. Res. 20（4）：585（1977）生长菌索则必需光，这一差异已作为两个种的识别特点。

三、生态条件

（一）蜜环菌的发光特性

蜜环菌是一种著名的发光真菌，在黑暗中能够发出强烈的荧光。蜜环菌的菌丝、根状菌索的尖端，都有自发荧光的特性，特别是在液体发酵摇瓶培养时发光特性最为明显。在野外，天黑时，有蜜环菌的地方，人们可以清晰地看到其发出的荧光，可依此寻找蜜环菌菌种。蜜环菌发光的强弱与外界条件及其本身的发育阶段有关。

衰老的菌体一般不发光。氧气是蜜环菌发光的必要条件，氧气充足时发光强；蜜环菌发光还需要适当的温度，25～27℃为发光的最适温度，45℃以上的温度会使蜜环菌丧失发光能力；乙醚、氮仿、甲醛以及其他一些抗氧化剂的蒸气，对蜜环菌发光有抑制作用。但在培养基中加入适量的乙醇（消毒前或消毒后），可促进菌体的发光。

（二）蜜环菌的兼性寄生性

蜜环菌主要以树木为营养源。它主要寄生在衰弱的活树上，也能腐生于死树枝上，具有兼性寄生性。蜜环菌最喜欢寄生于阔叶树树皮下韧皮部与木质部之间营养丰富的地方，吸收树木的初腐液。在选育菌材时，人们利用这种特性，可根据当地树种选择适宜的木材，并尽量使用鲜材作菌材，以延长树棒的使用时间，保证天麻生长后期的营养供给。除了寄生树木，蜜环菌在天麻、马铃薯、甘薯、食用大黄等植物上也能寄生生长。

第四节　蜜环菌的真假鉴别

在野外采集蜜环菌时，很少能发现蜜环菌子实体，也很少能够通过子实体来识别蜜环菌，很多情况下只能通过菌索来发现蜜环菌，这时很容易将棒柴、苕条等植物的长须根与蜜环菌菌索相混淆；在购买蜜环菌时，也需要鉴别蜜环菌的真假。从外观形态上，可从以下几方面鉴别蜜环菌的真假。

一、从菌索的颜色上鉴别

蜜环菌菌索幼嫩时为白色，较为粗壮；中期变为棕红色，前端有白色的生长点，老化时变为黑褐色、棕黑色或黑色。而植物根须多为浅褐色，颜色比老化的蜜环菌菌索略浅。

二、从菌索粗细及分布情况进行鉴别

蜜环菌菌索分支较少，最长可达 1m，一般长 30～60cm，并且粗细变化不明显。植物根状物分支较多，并且由粗逐渐变细，越细分支越多。

三、从韧性和软硬度上鉴别

刚从土中挖出的植物根状物和蜜环菌菌索都有韧性，不易折断。但当把它们晾干后，根状物发硬变脆，易于折断；而蜜环菌

仍然有很强的韧性，发软，不易被折断。

四、从结构上鉴别

蜜环菌菌索去掉外层鞘膜后，里面是白色的菌丝束，没有木质化结构；而植物根状物去皮后，里面虽然有时也呈白色，但不是丝状结构，而是木质化结构。

五、从荧光特性上鉴别

蜜环菌菌索或菌丝在空气相对湿度为40%～70%，温度为25～27℃的黑暗条件下，能够发出荧光；而其他杂菌或者小树根都不能自发荧光。

六、与假蜜环菌相区别

在自然界，有一种与蜜环菌经常混生的真菌，叫假蜜环菌（也叫亮菌）。假蜜环菌本身也是一种有较高药用价值的真菌，用其菌丝发酵物生产的亮菌片在临床医药中有广泛应用。蜜环菌与假蜜环菌二者的菌丝、菌索都十分相似，不好区分。但假蜜环菌不能与天麻共生，更不能为天麻提供营养，它在蜜环菌培育及天麻种植中，常与蜜环菌和天麻争夺营养。蜜环菌与假蜜环菌的鉴别如表2-8所列。

表2-8 蜜环菌与假蜜环菌的鉴别

区别项目		蜜环菌	假蜜环菌
子实体	菌盖	浅土黄色，蜜黄色至浅黄褐色，中部有小鳞片，边缘具条纹	蜜黄色或浅黄色，老后黑褐色，中部色深并有小纤毛状小鳞片，边缘无条纹

（续）

区别项目		蜜环菌	假蜜环菌
子实体	菌褶	白色或稍带肉粉色，直生或延生，老后出现暗褐色斑点	白色至污白色，或稍带肉粉色，延生，老后不出现暗褐色斑点
	菌柄	色同菌盖，有纵条纹和毛状小鳞片，基部膨大	上部污白色，中部以下灰褐色至黑褐色，具平伏丝纤毛，基部不膨大
	菌环	白色，着生在柄的上部，幼时呈双环	无
	孢子	光滑，椭圆形或近圆形（7.00～11.35）μm×（5.0～7.5）μm	光滑，宽椭圆形至近卵圆形，（7.5～10.0）μm×（5.3～7.5）μm
菌索或菌丝	形状	圆形或扁平，前端呈鹿角状，顶端带白色	扁平，扭曲或皱褶，多数分支或不分支
	颜色	幼嫩时为白色，逐渐为黑褐色	初期为白色，逐渐转为淡黄色或黄棕色
	生长速度	慢	快
	横切面髓腔	略呈椭圆形	长椭圆形
	表面	光滑	皱褶
	荧光	菌丝体和菌索昏暗处能自发荧光	仅菌丝体初期在暗处能自发荧光，菌索不发荧光

第五节 蜜环菌与天麻的关系

天麻生长的基本营养物质来源于蜜环菌，没有蜜环菌天麻就不能生长。天麻与蜜环菌之间的关系极为复杂。从广义上可理解为天麻与蜜环菌的关系是共生的营养关系（图 2-28）。

图 2-28　天麻块茎表面的蜜环菌菌索

在蜜环菌与天麻构成的生态系统中，有弱寄生性的蜜环菌菌丝接触到天麻原球茎以后，感觉原球茎是一个很好的可以利用的营养源，就在其上大量生长、缠绕，甚至包裹；菌丝侵入了天麻原球茎组织，但是天麻产生了反抗，在原球茎中把侵入的菌丝分解掉，使蜜环菌菌丝成了自己的根系，不断从土壤、木材中吸收水分、有机物、矿物质、生长因子，供原球茎生长发育。原球茎长大后，大量的蜜环菌菌索仍然想把块茎吃掉，在块茎表面布满了大量的菌索，这时天麻块茎表面又长出了白色的溶菌细胞组织，将蜜环菌菌索细胞溶解、截断，使蜜环菌菌丝体系统继续供给天麻生长的各种营养物质。只有当天麻开花、结果、衰老了，不再需要蜜环菌供给营养物质以后，蜜环菌才会得到老禾麻中剩余的营养物质。这种复杂的生态关系，在自然界是罕见的现象。

一、天麻与蜜环菌生长的物质基础

蜜环菌是一类兼性寄生真菌，能在 600 多种木本、草本、竹类等植物上生活，分解植物体内的木质素、纤维素、半纤维素等有机物。天麻则因自身没有绿色叶片，没有制造养料的功能，没有根系，无法吸收营养物质，完全要依靠蜜环菌提供营养来源而生长，天麻完全是“寄生”在蜜环菌上，依靠蜜环菌才能够进行正常的生存和生活，离开蜜环菌以后就会腐烂，无法生长。所以，树材、土壤是天麻和蜜环菌生长的共同的营养物质基础，离开了这个基础，栽培天麻就如做“无米之炊”。天麻、蜜环菌、树材三者之间构成了一个自然的生态食物链（图2-29）。

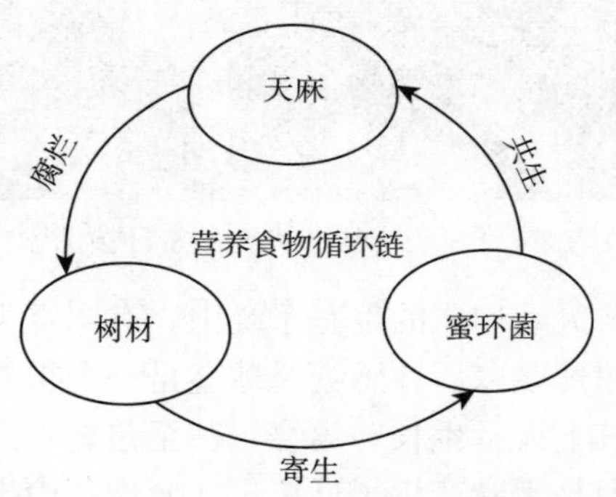

图2-29　天麻、蜜环菌、树材之间的食物链

对它们三者相互关系的认识是天麻人工栽培的理论基础。人们模仿自然群落的结构，充分利用环境条件，采用人工培养蜜环菌菌棒的方式，人为地使蜜环菌与菌材结合，培养出蜜环菌菌棒，然后天麻利用蜜环菌菌棒得以生长，这便是天麻栽培的过程和实质。

二、蜜环菌对天麻的侵染过程

当蜜环菌的菌丝、菌索与天麻接触后，菌索皮层细胞开始分裂，发出分枝，对天麻块茎产生强大的机械压力，一些菌索角质壳有生活力的菌丝活化，首先侵入天麻块茎表皮细胞中，在这个侵染过程中，可能也有蜜环菌产生的某些胞外水解酶参与。天麻表皮细胞受到挤压变形并被破坏，菌索突破天麻表皮和皮层细胞，直达皮层最内一层细胞。一般在块茎处于休眠或萌发阶段，是蜜环菌浸入的最佳时期。但在天麻处于生长旺盛期，新生的块茎（即后分生的米麻）都不被蜜环菌侵染。只有幼嫩的呈黄白色的蜜环菌菌索才能完成对天麻的侵染，衰老的菌索不具备侵入天麻块茎的能力。

蜜环菌侵入天麻，是它重新寻求寄主的一种自然表现。当蜜环菌的菌体侵入天麻皮层后，束状的菌丝开始分散扩张，通过天麻细胞的间隙继续贴伏其他细胞，有的则进入细胞壁纹孔深入细胞内。菌丝进入细胞内后，由于其分解的化学物质引起细胞核发生变化，先变大后分解，细胞内其他器官及多糖粒等消失，营养物质被菌丝体吸收。这个过程为蜜环菌摄取天麻营养的过程（图2－30）。

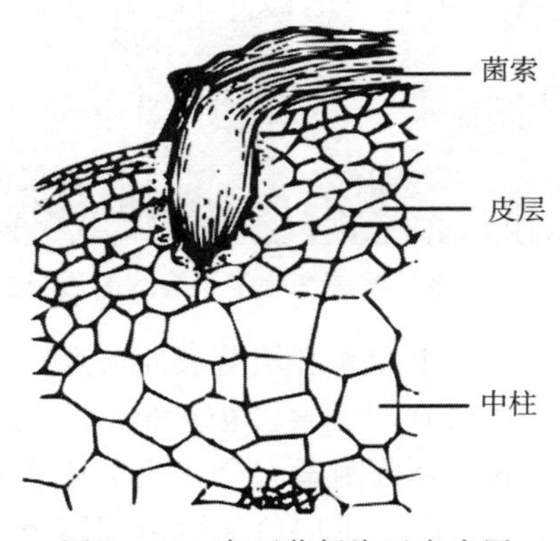

图2－30　蜜环菌侵染天麻皮层

三、天麻对蜜环菌的消化

在天麻接近中柱部位的组织中，有数列体积较大且生活力较强的细胞，具有消化菌丝体的功能，这层组织称为消化层。当蜜环菌的菌丝体继续进入皮层深处的细胞时，就到了消化细胞层。

一旦进入，菌丝体就被原生质包缠，扭成一团成为菌丝结，并逐渐膨胀而被这层细胞分解。这种现象在消化层外侧巨大细胞中和消化层细胞内很明显，其细胞显著变大，原生质浓稠，散有大小不同的液泡，细胞核变大，核仁增加，线粒体增多，多糖颗粒较少，入侵的菌丝体完全被消化，其溶解产物成为天麻生长的营养来源。这是天麻生长吸收营养物质的关键时期。天麻栽种后若能与蜜环菌建立起正常的共生关系，天麻就能健壮生长；但如天麻接不上蜜环菌或者与蜜环菌建立不起正常的共生关系，天麻就得不到营养，而变得瘦弱细长呈“饥饿状态”（图 2－31）。

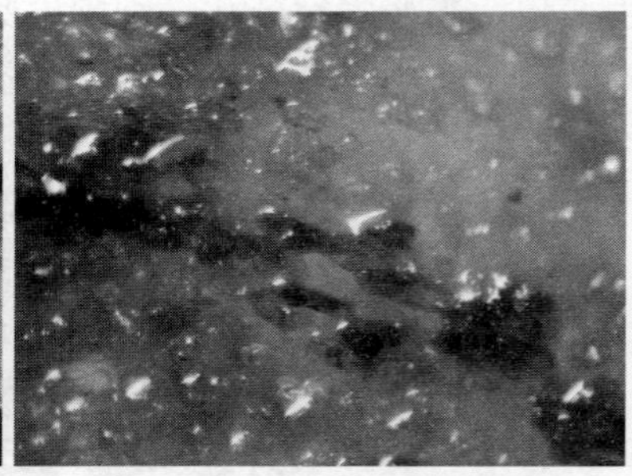

图 2－31　被天麻块茎的溶菌细胞组织溶解的透明的蜜环菌菌索

在栽培的天麻和野生的天麻块茎表面，都有蜜环菌菌索紧贴上面。洗净后可以观察到，菌索会被天麻块茎分解成为半断裂、断裂的现象，黑色的蜜环菌菌索完全变成了透明的状态。仔细观察发现，天麻块茎表面产生了白色的溶菌细胞组织，将天麻菌索细胞溶解成为半透明、透明的状态，使蜜环菌菌索成为供给天麻营养物质的管道，源源不断地向天麻块茎供给营养物质。生长在菌材、土壤中的蜜环菌菌丝、菌索不断分解其中的有机物，吸收进蜜环菌菌丝中；同时，蜜环菌菌丝从土壤、菌材中同时吸收大量的水分、矿物质等，通过菌索不断向天麻溶菌细胞组织弄断了的断裂处运送，最后被天麻吸收，供给天麻块茎生长所需。这时，庞大的蜜环菌菌索系统完全成为了没有任何根系的天麻的根系了。

四、蜜环菌的反消化

秋后，天麻已完成1年的生长，逐步进入冬季休眠。而原先的种麻逐步丧失消化吸收菌丝的代谢能力。这时细胞中的蜜环菌菌丝体生长占据优势，大量菌丝可穿至内部中柱组织，使整个皮层和中柱组织被菌丝分解吸收。当天麻块茎（母麻）营养枯竭时，皮层组织中的菌丝又聚集形成新的菌索，大量吸收麻体的营养，使之成为空壳。初夏季节，这种现象在部分栽种的天麻中也能表现出来；当蜜环菌营养生长过旺，天麻生长缓慢时，两者之间的营养关系失去平衡，天麻同样会被蜜环菌消解。这就是为什么在生产上常出现只见有菌，收不到天麻的原因。所以，调节控制好天麻与蜜环菌的关系，在生产上尤为重要。

由上述可见，天麻确实是进化程度非常高的兰科植物，其独特的形态特征是自然进化的必然结果。在正常情况下，天麻是依靠消解入侵其皮层与中柱细胞内的蜜环菌菌丝做营养的，这是天麻依存蜜环菌的一方面。但事实并不总是这样的，一旦环境发生变化，如旱、涝、高温、低温等因素导致天麻生理功能和生长势减弱时，天麻与蜜环菌的关系也会向不利于天麻的方向转变，如天麻生长的后期气温降到15℃以下便进入冬眠期，而蜜环菌仍可生长。在天麻的田间管理上，浇水过多，或降水量过大，蜜环菌长势很旺，就会反过来危害天麻。由此可见，天麻与蜜环菌之间的关系是随不同生育时期与周围环境条件变化发生一定变化的。

第三章　萌发菌生物学基础

天麻种子很小，只有胚没有胚乳，仅有几十个到100个原胚细胞是无法满足胚萌发的营养需求，在自然条件下萌发率很低，人工播种的天麻种子，在没有菌或者只有蜜环菌的情况下基本上不能正常萌发和生长。其原因是什么，怎么样才能提高天麻种子的萌发率，这曾经是困扰着天麻生产发展的重要难题。徐锦堂等（1989）发现紫萁小菇能促进天麻种子的萌发，真菌菌丝入侵到天麻的种胚为其提供营养，能够使种胚发育成为原球茎，原球茎再与蜜环菌菌丝接触，由蜜环菌菌丝、菌索给幼小的球茎提供营养来源，才能发育成大的商品麻。后来又陆续发现兰科药用植物中分离出的菌根——真菌兰小菇、开唇兰小菇、石斛小菇和GSF-8103菌株等都对天麻种子萌发有很好的促进作用，所有这些能促进天麻种子萌发的真菌，后来被人们统称为天麻萌发菌。

第一节　萌发菌的物种多样性及形态特征

一、分类地位

规模化栽培天麻使用的天麻种子萌发菌多是属于小菇属。小菇属菌物的分类学地位是：真菌界（Fungi），担子菌门（Basidiomycota），伞菌亚门（Agaricomycotina），伞菌纲（Agaricomycetes），伞菌亚纲（Agaricomycetidae），伞菌目（Agaricales），小菇科（Mycenaceae），小菇属（*Mycena*）。

小菇属子实体小型，常常只有几毫米到2cm，菌肉薄或透明。是一个很大的属，在Index Fungorum中记载了2 202个分类学单元，学名有效的物种达数百个，在全球广泛分布。

小菇属真菌多腐生于高山林间落叶上，对纤维素有强烈的分解能力，秋冬树叶脱落于地面，接触土表保湿的枯枝落叶、苔藓植物层上，常常会大量发生各种小菇属物种的子实体。小菇属真菌又可侵入具有生命力的天麻种子中，使种子共生萌发，因此小菇属一类真菌主要营腐生生活，但也有兼性寄生的特性。

二、物种多样性

目前文献报道的天麻萌发菌有5种，均为小菇属真菌。它们是：紫萁小菇（*M. osmundicola*）、兰小菇（*M. orchicola*）、GSF-8103菌株、石斛小菇（*M. dendrobii*）和开唇兰小菇（*M. anoectochila*）。小菇属真菌多腐生于山区林间的落叶上，主要靠分解树叶中的纤维素生活。在自然条件下，天麻种子成熟后飞落到林间地面感染有小菇属真菌的树叶上，从而与小菇属真菌共生萌发。

粉小菇，中文文献中经常引用的学名紫萁小菇，是该物种的同物异名。

Mycena anoectochili L. Fan & S. X. Guo [as ‘anoectochila’], in Guo, Fan, Cao, Xu & Xiao, Mycologia 89（6）：953（1997）开唇兰小菇。

Mycena citrinomarginata Gillet, Hyménomycètes（Alençon）：266（1876）[1878]。

Mycena dendrobii L. Fan & S. X. Guo, in Guo, Fan, Cao & Chen, Mycosystema 18（2）：141（1999）石斛小菇。

Mycena orchidicola L. Fan & S. X. Guo, in Fan, Guo,

Cao，Xiao & Xu，Acta Mycol. Sin. 15（4）：252（1996）兰小菇。

Mycena purpureofusca（Peck）Sacc.，Syll. fung.（Abellini）5：255（1887）。

小菇属真菌的菌落都较为规则，菌丝多为白色，菌丝锁状联合明显，有或无无性孢子。具体各种萌发菌的菌丝特征见表3-1。

表3-1　萌发菌菌丝的特征

种类	菌落特征	气生菌丝	菌丝颜色	无性孢子
石斛小菇	规则，浓密	发达	纯白色	无
紫萁小菇	规则，稀疏	不发达	白色，半透明	有
开唇兰小菇	不规则，粉状	不发达	粉白色，半透明	有
兰小菇	规则，浓密	发达	纯白色	无
GSF-8103	规则，浓密	发达	白中泛红	无

可以促进天麻萌发的其他真菌还有一些非小菇属的菌物，如：大白栓菌 *Trametes lactinea*、毛壳菌属 *Chaetomium*、瘤菌根菌属 *Epulorhiza*、头孢霉属 *Cephalosporium*、角菌根菌属 *Ceratorhiza* 等。但是这些物种没有用于商业化生产。

三、发生季节与分布情况

小菇属的物种一般发生在晚春、夏、早秋季节，从4月初至10月均可以采集到野生的子实体。

该属的物种在全球各地都有分布。能够做天麻种子萌发菌的物种，与天麻的分布范围相近，我国的东北、西北、华中、华南、西南等地区均有分布。

四、菌丝与菌丝体

紫萁小菇的菌丝无色透明，分枝发达，有分隔，有锁状联合，直径 2～4μm。

在常规的琼脂培养基上萌发菌的菌丝体纯白色，密集，健壮有力，菌丝紧贴培养基表面生长，气生菌丝较少。菌丝有爬壁性。老后稍微变黄白色。在木屑、树叶等固体培养基上，菌丝体前端生长齐整、浓密有力，有时能够形成较细的菌丝束，老后变为黄白色。在各种培养基上不容易形成子实体。

在培养过程中，萌发菌有两个最为明显的特征：

（1）萌发菌的菌丝体生长速度较慢。一般食用菌菌丝 1 个月左右就可以长满菌种瓶，萌发菌一般需要 2 个月左右的时间菌丝体才能长满菌种瓶。如果在培养萌发菌过程中发现菌丝生长速度十分快，应注意检查，看是否为真正的萌发菌菌种。

（2）几种萌发菌均能使培养料中的木屑等的颜色由黑色变为白色或黄白色，可据此特征和青霉菌的前期感染相区别。

最先被发现并广泛应用于天麻有性繁殖中的萌发菌是紫萁小菇。但近年来研究表明，石斛小菇在促进天麻种子萌发方面最具特色，效果最好。在对紫萁小菇、石斛小菇、兰小菇等天麻种子萌发菌菌株培养条件的综合比较研究中发现，不论在哪种温度条件下，均以石斛小菇的菌丝生长最快，对培养基含水量的适应范围最宽。主要表现：菌丝生长速度快；培养基含水量和温度适应范围宽，因而容易培养；抗逆性强，不易污染和退化；拌种时，天麻种子萌发率和产量均高而且稳定。

天麻种子萌发菌容易发生退化。菌丝体退化的主要表现是：菌丝体生长缓慢、颜色变暗、菌丝活力弱、侵染天麻种子的能力下降。其主要原因是由于天麻种子萌发菌的连续多代转接和长时间保存不当。所以天麻种子萌发菌的传代次数应控制在3～4次范围内。在分离和筛选萌发菌菌株时，应采取适当的菌种保存方法延缓菌种衰退，提高优良菌株使用率。已表现出退化现象的菌株必须进行复壮，防止退化。进行菌种复壮时可采用以下方法：改善培养基的营养环境、诱导子实体并分离、菌丝尖端的脱毒、天麻原球茎的分离，并进行优良性状的比较和筛选。

五、子实体

紫萁小菇子实体散生或丛生，菌柄长0.8～3.0cm；菌盖直径0.1～0.5cm，发育前期半球形，灰色，密布白色鳞片，后平展，中部微突、灰褐色，边缘不规则，白色，甚薄，柔软，无味无臭，盖表细胞球形成宽椭圆形，有刺疣，(13～19)μm×(10～15)μm，菌褶白色、稀疏，9～32片，离生，放射状排列，不等长。缘侧密布具刺疣、梨形的囊状体，(23～31)μm×(9～11)μm；孢子无色、光滑，椭圆形，有微淀粉反应，(7～8)μm×(5～6)μm；菌柄直立，直径0.6mm，中空，圆柱形，上部白色，基部褐色至黑褐色，稀疏散布白色鳞片，柄表细胞长形，具刺疣，基部着生在密市丛毛的圆盘基上。

第二节　萌发菌与天麻种子间的关系

小菇属真菌是一种弱寄生菌，它们只能侵染天麻种胚基部细胞。还没有观察到侵染天麻种子发芽的原球茎和营养繁殖茎、米麻、白麻。当蜜环菌侵入原球茎分化出的营养繁殖茎后，小菇属真菌和蜜环菌可同时存在于同一个营养繁殖茎中，其对天麻的营养作用逐渐被蜜环菌所代替。

紫萁小菇的菌丝从天麻胚柄细胞侵入胚体，侵入初期菌丝分布在胚柄上2～3层的胚细胞中。随着胚的发育，菌丝分别向胚体的两侧扩展。种子萌发至原球茎时，被菌丝侵染的细胞在原球茎基部呈“V”字形分布。凡被紫萁小菇菌丝侵染的种胚或原球茎细胞，其原生质及细胞器逐渐消失而出现许多不定形的囊状体，在种胚萌发至原球茎阶段，主要靠这种囊状体对紫萁小菇菌丝进行包围消化。试验证明，不仅在胚萌动初期，而且是从种子发芽到原球茎生长并分化出营养繁殖茎的整个阶段，都需要消化侵入的紫萁小菇等萌发真菌以获得营养，发芽后的原球茎及营养茎，和蜜环菌建立起营养关系，才能正常生长，长出粗壮的新生天麻。

天麻种子萌发的最适温度与共生萌发菌生长的最适温度不相吻合，这可能与天麻种子的生物学特性密切相关，在栽培上，一方面要考虑共生萌发菌生长所需的条件，又要满足天麻种子发芽的温、湿度，才能提高种子发芽率及天麻产量。

一、无萌发菌的天麻种子生长

周铉（1973）发现，天麻种子在无菌培养的条件下不能萌发。在自然条件下，种子只有在杂木林间长有丰富菌丝落叶上，空气湿润的地方才能萌发。他还通过“蕨根苗床法”定点对天麻种子播种培育成苗实验，经过 3 年的不断改进，天麻种子发芽率得到了提高，到 1971 年的播种，种子发芽率最高达到 10%，周铉的研究推动了天麻有性繁殖的研究工作。

天麻种子如粉尘般细小，无胚乳和其他营养贮备部位，仅由胚和种皮构成，胚组织无器官分化，在没有可供给种子萌发的外源营养条件下，其正常发芽需依靠小菇属为主要类群的真菌促进。目前已经确定了，部分天麻利用萌发菌完成自身萌发的相关代谢通路及抗性相关基因和蛋白的表达。天麻种子利用紫萁小菇获得养分的方式为种子的原胚体细胞消化、吸收菌丝使胚体长大突破种皮发芽。

二、萌发菌对天麻种子萌发效果的影响

天麻种子播种后，萌发菌先以网状菌索的形式侵染在天麻种子上，穿过种皮侵染内部的胚，胚获得营养后分生细胞开始分裂，胚体逐渐膨大似枣核，最后突破种皮而发芽。播种 25d 后，发芽形成的梨形原球茎长 0.6～0.8mm，直径 0.44～0.50mm。播种 30～40d 后，在原球茎上有乳突状苞被片，营养繁殖茎突出苞被片生长，开始第一次无性繁殖。此期，单靠萌发菌提供营养的原球茎长出的营养繁殖茎呈豆芽状，长约 4mm，形成的第一代球茎只有绿豆大小就消亡；而与蜜环菌建立营养关系的原球茎长出的营养繁殖茎短而粗，长 5mm 左右，顶端一节迅速膨大，播种 150d 就能形成达到移栽标准的白麻。营养繁殖茎上还可长出 7～8 个侧芽，每个侧芽的顶端一节膨大形成小白麻，在侧芽上还可长出 3 级芽，白麻、米麻集混成丛，形似莲花状。随着气温降低，进入冬季休眠，翌年 3 月上旬开始萌动，进行第二次无性繁殖。观察表明，萌发菌只能供给天麻种子发芽及原球茎初期生长所需要的营养，在第一次无性繁殖之前，提高蜜环菌接菌率，使蜜环菌逐渐代替萌发菌成为天麻的异养营养源，这是提高原球茎成活率和天麻产量的关键。

第三节　萌发菌生长发育所需的条件

一、营养条件

天然原料中阔叶树木屑、阔叶树树叶、玉米芯、松针、秸秆粉、杂草粉、腐殖土等都适合萌发菌菌丝体的生长。

以葡萄糖、蔗糖、淀粉、木质素、纤维素等为碳源培养萌发菌的菌丝，菌丝体都能够生长，对蔗糖和麦芽糖的利用效果

较差。

氮源中的麦麸、花生饼粉、黄豆粉、玉米粉、米糠都适合萌发菌菌丝体的生长，其中麸皮、玉米粉最佳。

培养基中，以基础培养基（麸皮 50g、花生饼粉 10g、葡萄糖 20g、维生素 B_1 10mg、磷酸二氢钾 1.5g、硫酸镁 0.5g、胡萝卜素 1g、琼脂 20g、蒸馏水 1 000mL）上菌丝生长最好。

二、环境条件

（一）温度

萌发菌菌丝体在 10～30℃的范围内均能正常生长，但最适生长温度为 25～28℃，在 25℃生长最快、最健壮。低于 20℃或者高于 28℃，菌丝生长明显减慢；培养温度持续高于 35℃，菌丝会逐步失去活力而死亡（图 3－1）。

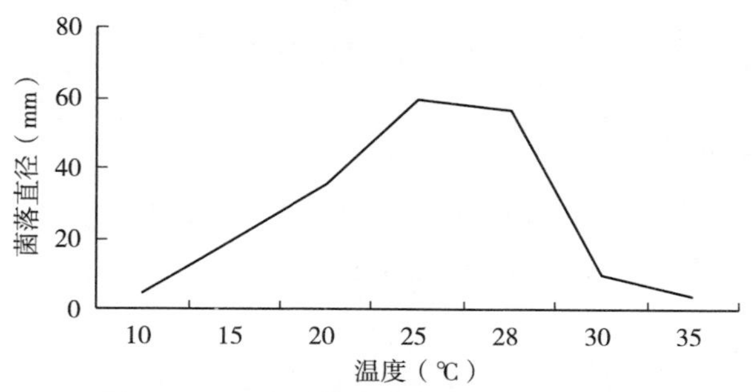

图 3－1　温度对萌发菌菌丝体生长的影响

天麻种子与萌发菌菌丝体混合以后，最适合天麻种子萌发、形成原球茎的温度范围是 10～30℃，发芽率最高的温度是 22～26℃。萌发菌本身生长的温度与天麻种子共生萌发的最适温度不相吻合，这可能与天麻种子本身的生物学特性有关，因此，天麻有性繁殖时，不仅要考虑萌发菌生长所需要的条件，同时也要满足天麻种子萌发所需的湿度和温度，方能提高天麻种子萌发率及天麻产量。

（二）水分

萌发菌固体培养料的含水量（绝对含水量）以60%～70%为宜，63%～65%为最适合的含水量。培养料中水分含量低于60%，超过70%，菌丝生长速度都会十分缓慢，甚至停止生长（图3-2）。

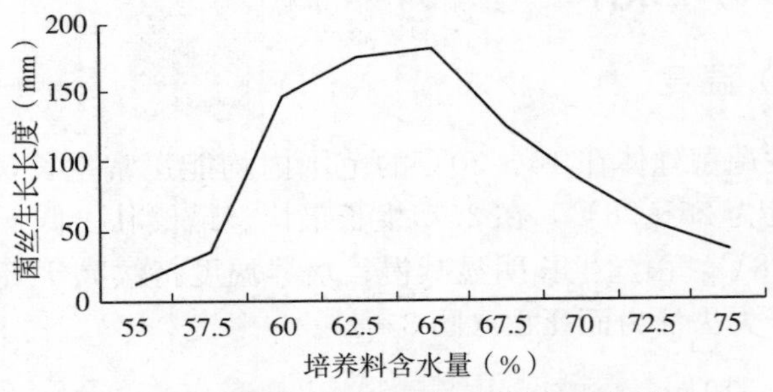

图3-2　培养料含水量对菌丝体生长的影响

（三）pH

萌发菌培养基的pH范围为4～9，以pH 5.0～5.5为宜。酸性条件不适宜萌发菌的生长（图3-3）。

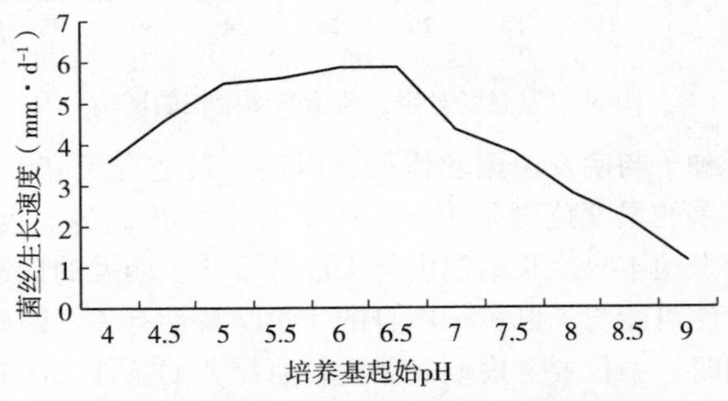

图3-3　培养基起始pH对菌丝体生长的影响

（四）空气

萌发菌均为好气性真菌。在人工培养时，应该注意培养容器及培养基的通气透气问题，培养的容器要使用比较好的通气盖，培养室内要注意通风透气。通气不好，将使萌发菌生长缓慢。

三、生态条件

小菇属的菌物大多数情况下可以生长在树林中的落叶层、腐殖质层、苔藓层上，以及朽烂的树桩、树干、枯枝上，属于腐生类型。在野生铁皮石斛、野生兰科植物中可以分离得到多种内生菌，包括小菇属的物种，从中可以筛选出能够促进天麻种子形成原球茎的萌发菌，这些菌物物种是这些植物的内生菌。小菇属菌物的菌丝可以帮助这些无根系或根系不发达的植物从周围土壤、腐殖层、树叶、树枝、树干等环境中获取水分、矿物质、有机营养物质等，植物体表外面分布的菌丝成为了它们的根系，通过这些菌丝把水分、各种营养物质源源不断地运送到植物体内供给这些植物的正常生长、发育。

天麻种子萌发菌的生长条件是：适当的土壤、腐殖层、树叶、树枝、树干等，适宜的温度、水分、通气等。当萌发菌菌丝在这些基质中大量生长以后，接触到从天麻茎秆上掉落的天麻种子后，就要把天麻种子也作为营养来源。但是天麻种子内的细胞受到萌发菌的菌丝刺激以后，会分泌出溶菌物质，将菌丝分解掉，天麻种子开始吸收萌发菌菌丝的营养物质，萌发菌菌丝又从基质中吸收营养物质，建立起这种物理接触、生物接触关系后，成为了原球茎中的内生菌，外面分布的菌丝成为了原球茎的根系，天麻种子有了营养来源，就可以萌发成为天麻原球茎。也就是说，原球茎中的内生菌就可以使天麻种子萌发形成原球茎。

因此，分离天麻种子萌发菌的原始材料最好是野生的原球茎，在野外发现开花的天麻以后，可以原地授粉，种子散落在原位的落叶层、土壤、腐殖层，一段时间后，自然存在的萌发菌就会与天麻种子结合，使天麻种子萌发，长出原球茎。然后可以在落叶层、腐殖质层中去寻找天麻的原球茎，带入室内进行分离、培养和鉴定。

紫萁小菇，以及近年来发现的石斛小菇、兰小菇等，是我国天麻科研工作者从自然条件下天麻种子萌发形成的原球茎中分离、筛选出的优良伴生菌株，有效地解决了天麻有性繁殖中种子自然萌发率低的难题。

第四章 蜜环菌菌种生产技术

第一节 菌种生产的基本条件及操作

蜜环菌菌种生产是天麻栽培的基础，优质的蜜环菌菌种决定了天麻栽培的成败和产量、经济效益的好坏。蜜环菌菌丝体、菌索的生长和培养有几个最为基本的特性：一是喜欢高氮，在菌种培育中多采用高氮配方；二是喜湿，培养基中水分含量宜高，在全水培养基中可以生长；三是喜酸，即适宜在酸性条件下生长，培养基中不能加入石灰等抑制杂菌生长的物质；四是有一定的厌氧性，菌索具有强烈的穿透能力，适应透气性差的培养料，在液体、凝胶、固体培养基中可以静置培养。

但是高氮培养基同时也是许多杂菌最喜欢的养料，用它培养菌类杂菌的控制难度较大。控制培养基中杂菌孳生最有效的方法，就是加入石灰等碱性物质来使培养基呈碱性，然而蜜环菌等菌类要在酸性培养基上生长才良好。培养基的高湿与培养菌类的好气性也往往相矛盾。高湿的培养基一般都透气不良，有利于各种嫌气性微生物生长而不利于好气性菌类生长。所有这些都为蜜环菌菌种的培育提出了较高的要求。和一般的食用菌相比，蜜环菌菌种的培育要求更严，技术难度更高。

一、制种场的总体设计

天麻生产基地建设要同时满足蜜环菌菌种、萌发菌菌种、箭麻培养开花授粉结果、天麻麻种生产、天麻收购加工、销售等环节的需求。天麻生产基地必须建在地势平坦、干燥、远离畜禽场和垃圾场、交通便利、有水有电、排水方便、地基稳固安全的地方，要远离泥石流、危岩、滑坡体等地质灾害点。制种场应根据自己的资源、产品的应用和销售情况、技术力量、投资能力等实际情况综合考虑进行设计。一般情况下，制种场可以按照图 4－1 进行总体布局。

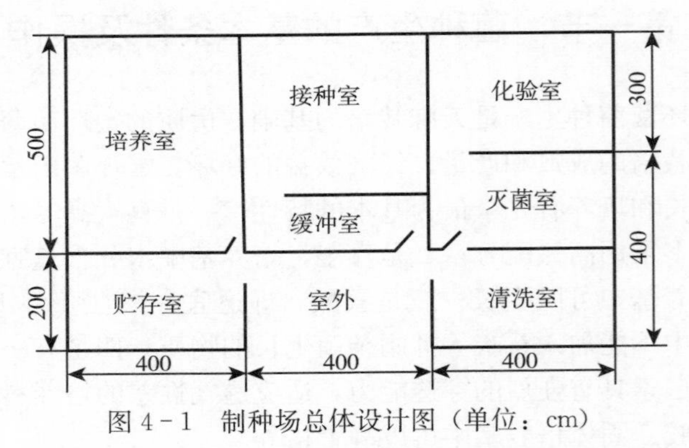

图 4－1　制种场总体设计图（单位：cm）

制种场内各个房间的具体布局及设备的放置可以参考表 4－1 进行。

表 4－1　菌种场的厂房布局和设备安置一览表

编号	名称	规格/cm	用途	设备的安置
1	培养室 2～10 间	（500～600）×（400～500）	培养蜜环菌、萌发菌的菌种	培养层架、干湿温度计、恒温箱、喷雾器、摇床、空调机
2	接种室	（350～400）×（400～450）	分离菌种和接种	超净工作台、接种铲、长柄镊子、酒精灯、无菌水、消毒药品、接种工具
3	人工授粉室	（350～400）×（400～450）	天麻箭麻培养、开花、授粉	塑料筐、塑料盆、泡沫箱，镊子、解剖针、牙签

（续）

编号	名称	规格/cm	用途	设备的安置
4	天麻麻种生产室	(350～400) ×(400～450)	天麻麻种生产	培养层架、塑料筐、塑料盆、泡沫箱
5	化验室	(500～550) ×(400～500)	琼脂培养基的制备、鉴别菌种质量、观察菌种发育情况，调配检查药物	容器柜、药物柜、显微镜、操作试验台、电冰箱、天平、微波炉、电磁炉
6	缓冲室	(125～150) ×(200～250)	起缓冲作用	更衣柜、办公室设备和用具清洗池
7	灭菌室	(250～600) ×(400～600)	灭菌消毒	灭菌锅、干燥箱
8	贮存室	(200～300) ×(400～500)	贮存菌种和产品	货架
9	清洗室	(200～300) ×(400～500)	清洗菌种瓶及洗涤工具	

二、常用灭菌设备及其使用

灭菌是菌种制作最基本和最常见的操作，灭菌设备也是菌种制作最基本的设备。制备菌种常用灭菌设备有高压灭菌、常压灭菌两类。

（一）高压灭菌锅

1. 手提式高压灭菌锅

手提式高压灭菌锅结构简单，容量小，操作方便，只适宜于试管培养基或少量原种瓶培养基的灭菌。一般有电加热式，直接插电内部加热；也有外加热式，可以用燃气炉、电炉、木柴或生物质燃料等直接加热。

手提式高压锅的体积有 10～25L，可以根据自己的生产规模进行确定，体积稍大的，可以同时满足母种和原种生产的需求。

2. 中型高压灭菌锅

有立式、卧式等，容量为 50～500L，可以灭菌的数量为 40～400 瓶。一般为电加热、蒸汽加热。用于生产原种和少量的栽培种。

3. 大型高压灭菌锅

适合大型的常年需要大量生产菌种的菌种厂、食药用菌工厂化生产等机构使用。这类灭菌锅有立式、卧式等多种形式，并有多种型号和规格，灭菌容量因规格和型号不同而不同，每一锅可以灭菌 1 000～10 000 袋/瓶，或更多，每次的操作时间 6～8h，每天可以灭菌 2～3 锅，生产效率很高。这类灭菌锅除装有压力表、放气阀、安全阀外，还装有进出水装置，以木柴、生物质燃料、煤、天然气或者电力等为能源。在批量培养蜜环菌和萌发菌的生产中，通常采用这类大型高压灭菌锅进行灭菌，因为这类灭菌锅有灭菌时间短、操作简单、灭菌效果好、生产量大等特点，虽然一次性投资较高，但灭菌操作总体成本低，生产成品率高，并且生产不容易出问题（图 4-2）。

图 4-2　高压锅内菌袋的排放方式

压力灭菌锅属于压力危险设备，其生产设计及使用都有严格的要求。操作前必须仔细阅读产品说明书，严格按照产品的说明书进行操作，防止操作失误导致事故的发生。对蜜环菌和萌发菌进行灭菌操作一般应按如下步骤进行：

（1）按要求加足水、把需要灭菌的培养基及用具放入灭菌锅内，关好灭菌锅的盖或门。

（2）迅速开始升温，当灭菌锅气压表的压力读数达到0.05MPa时，打开排气阀排气，让压力表指针回到“0”。继续加热，压力再次升到0.05MPa时再排气，体积大的还应该如此操作排气2～3次。体积很大的压力锅还应该安装抽真空的装置，先把锅内的空气排除后在加热。

（3）再次迅速开始升温，当压力表读数达0.1MPa时开始计时。对液体培养基一般要求维持该压力为0.10～0.12MPa，如试管琼脂培养基、各种纯液体培养基，灭菌20～25min。对原种、栽培种等固体培养基则要求维持该压力0.12～0.14MPa，灭菌2～4h。灭菌锅体积越大，菌种瓶、菌种袋体积越大，灭菌时间越长。

（4）达到灭菌时间后，停止加热灭菌，让压力锅逐渐自然冷却。如果进行人工排气冷却，必须要低于0.1MPa后才能打开排气阀缓慢排气。注意排气速度不要过快，否则培养基容易冲出试管、菌种瓶等容器外，或冲破菌种袋。

（5）当压力表指针指向“0”时，打开灭菌锅，让灭菌锅内的余热将培养基容器表面的水分自然烘干，然后将灭菌的物品逐一取出，推入冷却室进行冷却。

（二）常压灭菌设备

如果没有高压灭菌条件，也可以利用食用菌生产中使用的土蒸锅等常用灭菌设备进行灭菌。这类灭菌设备具有建造成本低、灭菌容量大等特点，正确使用也能达到较好的灭菌效果（图4-3）。

图 4-3　常压灭菌锅内使用的灭菌架

灭菌室内必须用钢材焊接层架，层架的规格按照生产能力的大小和条件进行设计。灭菌架的长度为1～3m，不要过长，不变操作，每隔 1m 加 1 根立柱；宽度 80～120cm，不要过宽；层距 30～40cm，每层只摆放 1 层灭菌筐，不要多层重叠摆放。灭菌架基部安装万向轮子，便于操作；不安装轮子的只有用叉车进行操作。将需要灭菌的菌种瓶、菌袋立放装在灭菌筐内，单层整齐排放在层架上进行灭菌。层架外面用多层厚塑料薄膜、帆布、彩条布包裹严实，用沙袋压实包裹布的四周（图 4-4）。

图 4-4　灭菌筐与灭菌层架

一定要杜绝很多地方都使用的蒙古包式无层架堆码式灭菌（图4－5）。

图4－5　蒙古包式灭菌灶

常压灭菌操作需要注意如下事项：

装瓶、装袋完毕以后，应该立即进行灭菌。不要超过4h后才进行灭菌，否则长时间堆放，培养料发酸、长霉，小麦发芽，培养料变质发臭，灭菌难以彻底。

灭菌灶内的灭菌物品应合理堆放，不能堆放得过于紧密，否则灭菌时里面的蒸汽不能自由回旋流动，影响灭菌效果。

这类灭菌灶的升温速度较慢，一般4～6h灭菌锅内才能升到97℃以上的温度，因此开始灭菌时火力一定要猛，尽快使灶内温度升到100℃以上的灭菌温度。如果长时间锅内达不到灭菌温度，里面的培养基容易发生酸败。

把握好灭菌时间。一般应在灭菌锅内温度升到97℃以上后才开始计时，在该温度下维持灭菌时间8～16h。

许多生产者大规模使用“蒙古包”进行堆码式菌袋灭菌，一次堆码10 000～30 000袋，100℃维持24～48h，甚至72h，就算这样“3天3夜”连续操作，也很难灭菌彻底。因为菌袋集中堆码，热量传递慢，堆码体中央热量根本无法传进去，很多地方还有大量的死角，热量循环不畅通等，许多生产者的菌袋污染率超过30%，大量污染链孢霉、木霉、青霉的原因就在此（图4－6）。

图 4-6　锅内堆码式灭菌

注意正确加水。常压灭菌灶由于灭菌时间过长，往往需要中途向灶内加水。加水时应注意首先加大火力，加水的速度也不宜过快，这样才能维持锅内的温度不至于下降到灭菌温度以下，以避免灭菌不彻底。

三、常用消毒设备及药品

（一）常用消毒设备

1. 紫外线杀菌灯

紫外线杀菌灯常用于缓冲室、接种室及接种箱的空气（空间）消毒。这种灯发出的紫外线对细菌等微生物有较强的杀灭作用。此外，空气中的氧气在紫外线作用下会产生大量臭氧（O_3），臭氧对许多微生物也有杀灭作用。一般说来，紫外线灯对细菌的杀灭效果较好，但对真菌的杀灭效果并不十分理想。市售紫外线灯管有 30W、20W、15W 等型号，分石英玻璃管和高硼玻璃管两种，后者透过率低，并且强度衰退也快。紫外线灯有效消毒范围一般为距离灯管 1m 内，使用寿命为 4 000h 左右。使用时先开灯预热 20min，再继续照射 30min 即可达到杀菌效果。每次照射后，消毒空间内应保持黑暗状态 30min，以避免细菌的光复活作用。

2. 臭氧发生器

臭氧发生器是可用于空间消毒和空气净化的设备。臭氧发生器能使空气中产生大量臭氧，利用臭氧杀灭空气中的微生物。臭氧对人体有一定的伤害作用，但它在空气中极不稳定，只需很短时间便分解为对人体无任何伤害作用的氧气。臭氧发生器因型号不同，杀菌的范围及使用方法也不相同。一般情况下，只需将臭氧发生器在需要消毒的空间内打开 30～50min 就可达到杀菌效果。杀菌后关掉臭氧发生器，隔 30min 待臭氧消失后人才可以到杀菌空间去操作。

臭氧发生器虽然使用方便，对人体基本没有什么毒副作用，价格也低，但对真菌类微生物的杀灭效果不够理想。同时臭氧对橡胶成分为主的橡皮筋破坏力大，橡皮筋被臭氧接触后容易断。

（二）常用空间消毒剂

在蜜环菌及蜜环菌菌种生产过程中，对接种室、超净工作台等常用熏蒸法对其空间进行消毒。也有人用药剂喷雾消毒法对空间进行消毒，但这种方法使空间湿度增高，并容易使墙壁、培养基、地面、接种用品沾上药剂，会给接种操作带来诸多不便，因此采取这种消毒方法是不可取的。

近年来我国生产了多种用于食用菌生产空间消毒的烟雾消毒剂或称气雾消毒剂，主要成分为二氯异氰尿酸钠或三氯异氰尿酸钠，添加一定比例的助燃物质。使用时按说明书要求将烟雾消毒剂在空间内点燃进行密闭消毒即可。这种消毒方法克服了甲醛熏蒸法对人体有伤害的缺点，使用简便，消毒效果好，因此它在食药用菌的菌种生产中基本取代了甲醛熏蒸法。

（三）常用表面消毒剂及其用法

在蜜环菌和蜜环菌菌种生产过程中，必须对场地、物体表面及手等进行消毒。常用表面消毒剂的种类及用法用量见表 4-2。一般不使用对人体有危害的甲醛、苯酚等高致癌类强力的杀菌剂。升汞是剧毒化合物、危险品，应该禁止在生产中使用。

表 4-2　常用消毒剂的用法及用量

品名	浓度（%）	配制方法	用途	须注意的问题
酒精（乙醇）	75	95%乙醇 100mL 加水 29.66mL	皮肤、器皿、工具及分离材料的表面擦拭及消毒	易燃，注意安全。加 1%硫酸或氢氧化钠有增效作用
二（三）氯异氰尿酸钠	粉剂	0.1%～0.2%水溶液	场地、床架、空间、菌种瓶表面等	有轻微刺鼻味道，对人体无害。各种密闭、开放的空间均可使用
气雾消毒剂、烟雾消毒剂	粉剂	燃烧	接种室、菌种培养室	有轻微刺鼻味道，对人体无害。各种密闭、开放的空间均可使用
来苏儿	3～5	原液 10mL 加水 100～167mL	空间消毒、器皿表面消毒	加食盐或盐酸有增效作用，对皮肤有腐蚀作用
新洁尔灭	5	0.25%原液 50mL 加水 950mL	皮肤、器皿、室内消毒	对铝制品有腐蚀作用
高锰酸钾	0.1	1g 加水 1 000mL	器皿、分离材料表面消毒	酸性条件下效力提高，易使皮肤、器皿染色，可用草酸除去
硫酸铜	1.0～1.5	100mL 水加 1.0～1.6g	培养层架、地面、墙面、天花板消毒	不要与皮肤、菌丝体接触

四、接种室、接种设备、接种用具及其使用

（一）接种室（无菌室）

接种室是一个要求封闭严密的房间。按要求，无菌室应与缓冲室相连，室高不超过 2.0～2.2m。室内四周墙面应平整光滑、洁净，室内还应安装紫外线灯供杀菌用。无菌室门窗须能密闭，以防止室外杂菌进入，也便于室内消毒。

（二）接种箱

接种箱是传统的接种工具。一般用木料或玻璃制成，有单人式和双人式两种。均可以密闭，便于消毒，能防止杂菌感染。箱体前后装有能启闭的玻璃窗，下方开两个洞口，并装有布手套，双手可伸入箱内进行接菌操作。箱内顶部装日光灯和紫外线灭菌灯。接种箱一般置于接种室内，并在室内操作，才能达到较好的无菌效果。

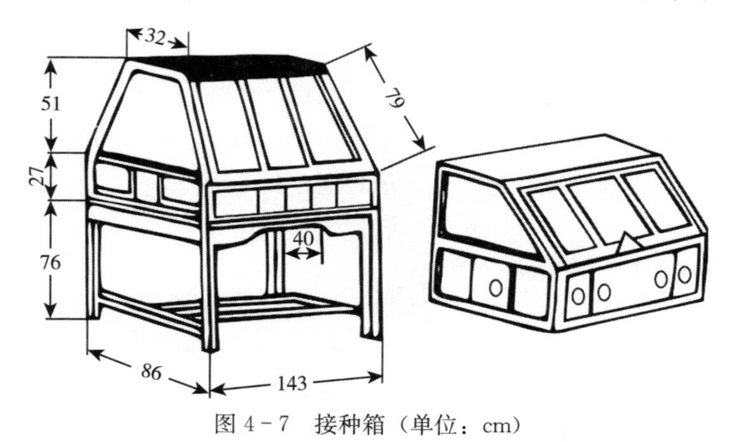

图 4-7　接种箱（单位：cm）

（三）超净工作台

超净工作台是一种局部净化设备。其结构由箱体、操作

区、配电系统组成，按其气流方向分水平层流和垂直层流两种。其特点是不受无菌空间的限制，操作简便，对人体无伤害作用，接种效率高，适用于大规模生产。使用时，超净工作台必须安装在洁净的空间内，定期按说明书要求洗涤或更换过滤装置（图 4－8）。

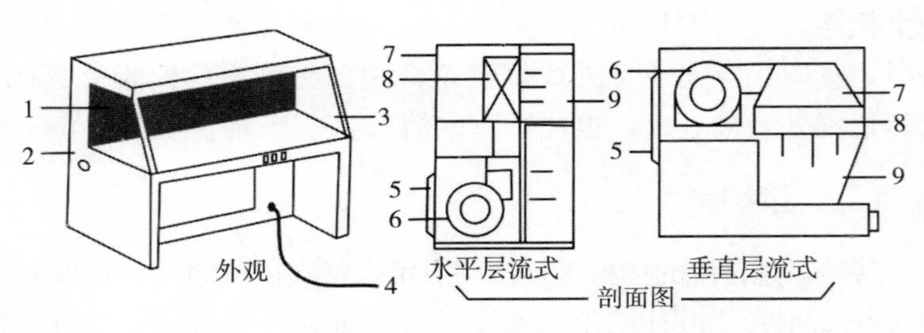

图 4－8　超净工作台

1. 高效过滤器　2. 工作台面　3. 侧玻璃　4. 电源　5. 预过滤器　6. 风机　7. 静压箱　8. 高效空气过滤器　9. 操作区

（四）接种用具

常用的接种用具有接种针、接种环、接种刀、接种棒、接种铲、接种锄、接种匙、接种镊子、剪刀、刀片、手术刀等。

另外也需要准备标签纸、记号笔、铅笔等。

五、培养容器

常用于培养菌种的容器有玻璃制品和塑料制品两类。

玻璃菌种瓶，一般为 750mL 的菌种瓶，也可以使用 500mL 的罐头瓶，500mL、750mL 的玻璃输液瓶。玻璃容器透明度高，便于观察菌种生长发育状况及识别杂菌感染，制种成品率高，并可反复使用，但一次性投资大，易破损，运输及邮寄不便。

塑料容器有聚丙烯菌种瓶，体积为750mL、850mL、1 000mL、1 200mL、1 500mL等；菌种袋的原料有聚乙烯、聚丙烯，大小为（12～25）cm×（25～55）cm，厚度为4～8μm；500～2 000mL的PP聚丙烯餐具盒也可以使用。塑料容器一次性投资少，成本低，装料及菌种使用方便，运输方便，但制种成品率没有前者高，只能一次性使用，还会带来塑料制品对环境的污染等风险。常见塑料制种袋为折角袋（也有筒料，使用时自己裁成所需要的长度），有聚乙烯袋和聚丙烯袋两种。聚乙烯袋较为柔韧，但透明度不高，并且只能耐100℃左右的高温，只能进行常压灭菌，而不能进行高压灭菌；聚丙烯袋耐高温高压，可以进行高压灭菌，并且透明度高，便于观察杂菌感染和菌丝生长状况，但在冬天温度较低时较为脆性，易于破损。菌种培养容器的主要种类及规格见表4-3。

表4-3　常见菌种培养容器

种类名称		规格	用途
玻璃类	试管	15mm×150mm、18mm×200mm、20mm×200mm，配同等规格的乳胶塞	制作和保存母种
	培养皿	直径9cm	分离和鉴定菌种
	菌种瓶	750mL，口径3.5cm、4cm	制作原种和栽培种
	三角瓶	150mL、250mL、300mL、500mL、1 000mL	摇瓶培养及其他
塑料类	聚丙烯菌种瓶	750mL，1 000mL，口径3.5cm、4cm配口圈、通气盖	制作原种和栽培种
	塑料制种袋	（15～18）cm×（24～50）cm×（0.004～0.005）cm	制作栽培种

六、菌种培养室及培养设备

（一）菌种培养室

菌种培养室要求通风、干燥、洁净。墙壁应贴瓷砖、地面至少应为水泥光滑地板，这样才便于打扫灰尘和消毒。室内应安装干湿球温度计、紫外线杀菌灯或臭氧发生器、温度控制设备。室内培养架应排放整齐，培养架间的过道宽窄应合适。

（二）培养箱

培养箱用于少量菌种的培养。可以购买专用恒温培养箱，也可自制培养箱。培养箱自制方法：用双层木板制作双层箱体，箱内体积 1～2m^3，夹层内填充谷壳、棉花或泡沫等填充物做保温材料。底部安装 40～80W 电热线做电源，顶部安装温度自动控制仪（市场上有能自动控温 20～40℃的温控器出售）及温度计，侧面钻 3～5 个通气孔，中间用铁丝网架制成搁板，隔成 2～3 层。实践证明，自制恒温箱造价低廉，恒温效果好，使用成本低，值得推广。

（三）培养架

培养架用于放置接种后的菌种瓶（袋），一般用不锈钢或木

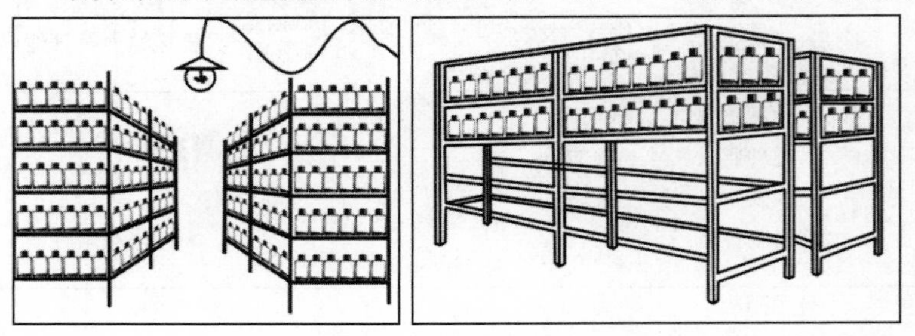

图 4－9　培养架及在培养室中的放置

板制成，宽 60cm，层距 40cm，底层距地面 25cm，一般有 5 层，垫板一般用塑料板，这样可以防止腐蚀和病虫害，并且经久耐用。培养架及其在培养室里的放置状况如图 4-9。

七、其他制种设备和用具

（一）温度、湿度计

一般使用电子温度湿度计、金属温度计、水银温度计测定温度，酒精温度计误差较大。有多种类型。用于观察温度、湿度的变化情况。

（二）电冰箱

用于保存菌种。

（三）天平及量杯（量筒）

用于称量药品。常规称量使用 1/10 的电子秤即可，精密称量选用 1/100、1/1 000 的电子天平，1/10 000 的天平用于定量分析测试过程中精确称取微量的化学药品、测试样品。

（四）烧杯、漏斗、分装器（注射器）等

用于制作培养基。

（五）电磁炉、铝锅等

用于加热和配制培养基。

（六）孢子收集用具

用于采集菌类子实体散发出来的孢子的装置，主要包括培养皿、有孔钟罩、三脚架等。

（七）显微镜

生物光学显微镜。配置的物镜有：4 倍、10 倍、20 倍、40 倍、100 倍，目镜用 10 倍。最好带摄像头，可以直接连接电脑，便于多人观察和照相、录像。

八、菌种保藏

（一）试管种低温继代保藏法

把需要保存的菌种接在柱状的培养基中，用橡皮塞、乳胶塞封口，蜜环菌菌种的菌索全部长满柱状培养基后，萌发菌菌种长满柱状培养基表面后，即可放入冰箱中保存。将试管装置能够密封的塑料袋内，在家用电冰箱 3～4℃的状态下保存，每 1～2 年转接 1 次。

最好不要使用斜面培养基加棉塞保存菌种。

为恢复菌种的生活能力，需在转管培养和投入生产培菌前 1～2d 将菌种从电冰箱中取出，于常温下活化后使用。

（二）矿物油长期封藏菌种法

先将液体石蜡灌入三角瓶中高温灭菌，灭菌后将盛有石蜡油的三角瓶放在 40℃温箱中，使瓶中的水蒸气蒸发后冷却。再用无菌吸管吸取冷石蜡油，注入斜面菌种上，注入量要足够覆盖整个斜面，并高出培养基 1cm，将试管口用棉塞塞好，用玻璃纸或塑料布包紧，放置冰箱中保存。这种保存方法可以防止培养基失水及外界空气进入试管，降低新陈代谢，保持菌种活力，从而收到延长菌种使用寿命的效果。可保存菌种 1～2 年而不丧失活力。使用菌种时，事先从石蜡管中挑取菌丝，移植到新斜面培养基上进行活化培养后才能使用（图 4－10）。

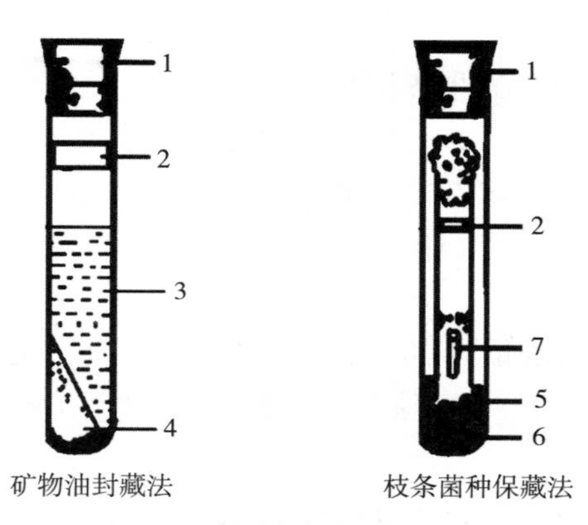

图 4-10　矿物油封藏法和枝条保藏菌种法

1. 橡皮塞　2. 标签　3. 液体石蜡

4. 培养基及菌丝　5. 棉花衬垫　6. 干燥剂　7. 枝条种

（三）枝条菌种保存法

该方法特别适宜蜜环菌、萌发菌等木生菌类的保存。用杂木屑 78%、麸皮 20%、碳酸钙和石膏各 1%，加水拌匀，制作木屑培养料。再剪取粗 1cm 左右，长 1～2cm 的一段新鲜青冈树枝条，置于清水中浸泡 1 夜。选取 15mm×150mm 的小试管，先装入少量木屑培养基，再将剪好枝条插入试管内的培养基上，然后再装入木屑培养基，让木屑培养基填满枝条与试管壁间的空隙，并让木屑培养基刚好覆盖住枝条。对试管进行灭菌后，接入需要保存的菌种进行培养，待菌索、菌丝体长满培养基后，将试管放入干燥器内自然干燥 1 个月，而后取 18mm×180mm 的干净大试管 1 支，在其底部装入 1.5cm 高的无水氯化钙及少许脱脂棉，将培养好的菌种小试管装入大试管中，大试管管口塞上乳胶塞。最后将上述处理好的菌种放入 3～4℃ 冰箱内保存，也可置于凉爽、干燥、避光处保存。该方法可保存菌种 2～3 年而不退化。

九、菌种设施设备清单

天麻商业化栽培需要大量的蜜环菌、萌发菌菌种。在集中生产的地区必须建立菌种厂规模化生产菌种，满足生产基地的需求。

按照年总需求量为100万袋菌种的规模进行生产，销售价格为3～4元/瓶（袋），产值在300万～400万元，生产利润在120万～150万元。

需要投入的固定设施设备见表4-4、表4-5。

表4-4　菌种场建设固定设施设备投入概算

项目名称	数量	单位	单价	用途	金额（万元）
场地基础建设	10	亩	1万元/亩	全部生产场地	10～15
建筑物面积	3 000	m^2	330元/m^2	生产操作	10～20
水电建设				水电线路、管道	15～20
钢架大棚	300～400	m^2	70元/m^2	拌料装袋操作	21
菌种培养室	600	m^2	330元/m^2	菌种培养	20
工业空调	10	台	0.8万元/台	菌种培养	8
菌种培养架	400～500	m^2	100元/m^2	菌种培养	5～6
高压灭菌锅	1	台套	13.5万元/台	培养料灭菌	13.5
高压锅灭菌架	12	个	1 000元/个	灭菌层架	1.2
灭菌周转筐	1 000	个	15元/个	灭菌	1.5
接种工作台	4	台	1.15万元/台	接种	4.6
蒸汽锅炉	2	台	1.5万元/台	灭菌	3
常压蒸汽灭菌灶	2	台	2.5万元/台	灭菌	5
推车	10	台	1 000元/个	搬运物品	1.0

（续）

项目名称	数量	单位	单价	用途	金额（万元）
小型灭菌锅	1	台	0.8万元/台	80L，原种生产	0.8
手提式灭菌锅	1	台	0.1万元/台	20L，母种生产	0.1
培养箱	2	台	0.5万元/台	母种培养	1.0
烘箱	1	台	0.5万元/台	样品干燥	0.5
冰箱	1	台	0.5万元/台	150L，菌种保藏	0.5
小型电器				天平，小型粉碎机，电磁炉等	0.5
合计					140～150

表4-5 100万袋（瓶）萌发菌和蜜环菌菌种生产消耗材料

项目	数量	单位	单价	内容	金额（万元）
原种	2万～3万	瓶	3～4元/瓶	菌种瓶，原料，人工	6～10
菌种袋	110万	套	0.25元/套	菌袋、口圈、通气盖	27～30
菌种培养料	40万～50万	kg	0.6～0.7元/kg	木屑、木粒、麸皮、玉米粉、黄豆粉、石膏、石膏、磷肥等	24～35
燃料费	110万	袋	0.1～0.2元/袋或瓶	生物质颗粒燃料、煤、天然气等	11～20
消毒药剂				酒精、三氯异氰尿酸钠	1
人工	4万	个	60元/个	拌料、装袋、灭菌、接种、培养、搬运、销售等工序	24
合计					100～130

第二节 蜜环菌母种的制备

蜜环菌菌种的培育是天麻栽培的前提和基础。蜜环菌菌种质量的好坏，直接影响到天麻栽培产量的高低，甚至直接决定天麻栽培的成败。优质菌种主要表现在两个方面：一是种性好，即本身生长迅速旺盛、抗逆性强，且与天麻的结合性能好；二是纯度高，即菌种须无杂菌和病虫感染。

一、蜜环菌菌种的来源

（一）引种

已经长期使用蜜环菌菌种引种来源，生产技术较为成熟，菌种性能比较稳定。天麻栽培者可以直接从有信誉的菌种供应单位采购蜜环菌菌种，有能力生产原种和栽培种的，直接购买母种，自己转扩以后生产原种、栽培种；新的生产者没有设备的，可以直接购买栽培种。菌种购进后，需要逐级扩大培养，转移到菌材上，才能供栽培天麻用。

购种者需要注意两个问题，一是不要随意乱购菌种，购买菌种前必须做好准备工作。须在培菌的各种准备工作就绪后才能购进菌种并及时接种培菌。二是必须保证菌种纯净。在试管或菌种瓶中，蜜环菌菌丝呈绒毛状乳白色；菌索呈白色至黄褐色，置于暗处，可见较强的荧光。有的菌种，菌丝显黄或菌索显黑，培养料没长满菌丝或者菌索，或有不同程度的杂菌污染，这样的菌种不能用于生产。应尽量从正规的科研生产部门联系购种。

（二）野生菌种的采集分离

不能从外地购买菌种，若本地菌种资源丰富，也可采用本地野生蜜环菌种。当地野生蜜环菌对本地气候及各种自然条件有较强适应性，用于栽培天麻容易取得较好的效果。野生蜜环菌多生长在树林里刚腐烂的树桩、树根，或倒地树干及树枝上，特别是薪炭林里的碎木片上生长较多的地方。剥开树皮，在皮层与韧皮部之间，可以看到许多白色菌丝，时有少量菌索着生。将树干上的菌丝或菌索部分砍下带回或者直接采用蜜环菌子实体，经过鉴别确认后可以用于分离培育纯净菌种。

1. 菌索分离法

蜜环菌菌索容易识别，一般不容易搞错标本，分离得到的是真正的蜜环菌菌种。同时，标本来自本地，该菌种也适合本地的自然气候条件。

样品的采集：在天麻栽培场的木段上取蜜环菌菌索密集、健壮的材料，或在野外寻野生的蜜环菌菌索，用报纸或餐巾纸包裹，带回实验室进行分离。

（1）样品的预处理　选取粗壮的蜜环菌菌索用清水清洗数十遍，把最粗壮的一段剪成1～2mm的小段，用无菌水在培养皿中冲洗40～50次，用无菌的滤纸或吸水纸吸干水分。

（2）样品的处理　用无菌尖镊取一个小段放入另外一个无菌培养皿中，放入5mL无菌水，用无菌刀片划破菌索，切成小片，再用柱状的金属工具将小片的菌索捣碎成更加细小的片段。

（3）稀释　把捣碎的菌索片段取少量放入装有无菌水的三角瓶中，震荡摇匀。再取少量倒入另外一个装有无菌水的三角瓶中，如此稀释2～3次，直到每1mL液体中只有3～5个细小的片段为止。可以把稀释液倒少许在培养皿内，直接在显微镜下观察，用10倍的物镜进行检测，观察到每一个视野中只有1～2个菌索片段即可。

（4）接种　每一个培养皿中倒入稀释液约1mL，摇动使液体均匀分布在培养基表面，盖上皿盖，静置3～5分钟。然后倒掉明水。一般每次可以分离50个以上的培养皿。

（5）培养　将培养皿倒置放在培养箱中进行培养，温度为

25℃，避光。观察菌丝生长情况，特别是有菌索长出的单个菌落。

（6）转接　当单个的菌落下有菌索形成时，立即将其转入斜面试管中，继续培养。如果没有细菌污染的菌落，可以直接转入柱状培养基中培养。

（7）纯化　当菌索长到1～2cm长后，用烧红的接种锄、接种铲挖取培养基表面的菌丝，只留下菌索，再把菌索转接到新的培养基上培养。如此进行2～3次的操作，即可得到纯菌丝。可以直接用于生产。

2. 子实体分离法

用蜜环菌子实体的内部切块在无菌条件下置于培养基上，让其重新生长出新的菌丝体。这种方法分离得到的蜜环菌菌种生命力强，菌丝生长快，得到的菌种纯，因此应用较广。

（1）子实体的获得　方法一，是采集野生的新鲜子实体，但是野生子实体发生的机会很少，只有偶尔能够采集到；方法二，是经常在天麻栽培场去观察，发现菌床上有蜜环菌子实体发生，就立即采集；方法三，是采集野生蜜环菌菌索的菌材，带入实验室进行人工培养，长出子实体后进行分离；方法四，是采集天麻栽培场的菌材，带入实验室人工培养，生长子实体。

（2）标本运送　新鲜子实体用多层报纸或餐巾纸包裹，迅速带回实验室进行分离操作。不要放在阳光下直晒，或放在塑料袋内进行运送。

（3）组织分离　新鲜的子实体带回实验室后稍微吹干子实体表面的水分，去掉基部和表面的杂物。放入超净工作台上，从菌盖和菌柄的中央撕开，露出中间的菌肉，直接用接种针、接种铲、接种刀铲取（3～5）mm×（3～5）mm大小的菌肉，放在斜面培养基的中央。每次做10～20个试管分离。

（4）培养　在温度25℃的培养箱中培养，组织块先长出菌丝，7～10d后再长出菌索。

（5）纯化 去掉表面的气生菌丝以后，挑取单根菌索，转入新的试管中，继续培养。如此继续2～3次就可以得到可以用于生产的菌种。

子实体新鲜状态下，内部只有蜜环菌自身的菌丝，进行菌种分离完全不需要使用消毒的方法进行分离。

大多数教科书上介绍的方法：标本子实体用表面消毒剂0.1%～0.2%的升汞溶液，或10%漂白粉，或70%～75%乙醇，或5%来苏儿，或2%甲醛浸泡0.5～1.0min，取出样品（不要取出接种箱）用无菌蒸馏水冲洗数次，去掉残留消毒剂。一般不推荐该法，主要有3个原因，原因之一是这些消毒剂的安全性问题，升汞是国家明令禁止在普通的实验室和生产场地使用的剧毒药品，使用起来非常危险；原因之二是消毒剂具有强烈的渗透性，会很快渗透进入菌肉组织，迅速把菌肉组织中的菌丝杀死，无法得到活的菌种；原因之三是操作麻烦，不容易获得成功。

当然，在接菌时，尽量不使接种工具穿破菌肉组织接触到子实体表面，也不要接触菌褶。接种工具灼烧以后要冷却彻底才去挖取组织块，以免烫死组织，移动组织切块不要碰管壁，动作要快，以减少污染的机会。

3. 孢子分离法

在标本采集到以后远离实验室的情况下，先用无菌的三角瓶或无菌的白纸收集孢子，带回实验室后进行多孢分离。

用接种铲蘸取少量孢子，放在斜面培养基上培养，当菌索出现后去掉表面的菌丝，取单根菌索转入新的培养基上，多次进行就可以得到纯菌种。

单孢分离杂交可能会得到优良的菌种，但是工作量很大，在时间和经费充足的情况下可以进行试验。

从生长了蜜环菌的菌材、母麻内部分离菌种比较麻烦，成功率不高，建议不要采用这样的方法。

二、蜜环菌母种的生产

生产中的蜜环菌母种数量主要由该菌原种数量进行确定，一般一支柱状的母种可以接种 20～50 瓶原种。生产季节可以根据当地需要的时间来确定。常年需要生产蜜环菌栽培种的机构，应该每 1～2 个月生产一批备用。商业化生产的时间是原种生产时间提前 1 个月进行生产（图 4 - 11、图 4 - 12）。

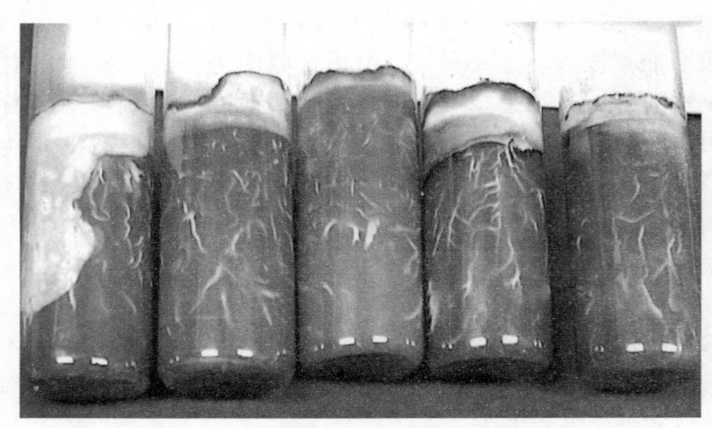

图 4 - 11　柱状试管培养基中的蜜环菌母种

图 4 - 12　三角瓶培养基中的母种

（一）培养基的制备

由于蜜环菌菌丝生长具有一定的厌氧性，有耐受低氧气、低通气状态的能力，菌丝生长速度相对较为缓慢，斜面培养基很薄，容易失水变干，对需要20～30d培养的蜜环菌菌丝，特别是菌索的生长是十分不利的。同时，蜜环菌在柱状培养基上的生长速度也比在斜面上生长更快。所以生产上，除对蜜环菌菌种进行分离和纯化使用斜面琼脂培养基外，生产上用的母种培养基最好都使用柱状培养基，用于扩繁原种和长期保存母种。

生产用的试管选用规格为（20～25）mm×（200～250）mm的大试管，规格为15mm×150mm的小试管适合进行菌种的保存。大规模生产蜜环菌栽培种的菌种厂，可以使用250mL的输液瓶、150～250mL的三角瓶做容器，用于制作生产原种用的母种。

1. 培养基配方

配方1：马铃薯200g，葡萄糖或蔗糖20g，琼脂20g，水1 000mL。

配方2：细麸皮粉50g，葡萄糖或蔗糖20g，琼脂18g，水1 000mL。

配方3：细玉米粉25g，葡萄糖或蔗糖20g，琼脂18g，水1 000mL。

配方4：细黄豆粉20g，葡萄糖或蔗糖20g，琼脂18g，水1 000mL。

配方5：细麸皮20g，细黄豆粉10g，红糖25g，琼脂18g，水1 000mL。

配方6：细松针粉20g，细黄豆粉10g，红糖25g，琼脂18g，水1 000mL。

配方7：细松针粉20g，细麸皮粉10g，红糖25g，琼脂18g，水1 000mL。

配方 8：细木屑粉 50g，细玉米粉 25g，红糖 25g，琼脂 18g，水 1 000mL。

培养基的 pH 为自然值，一般为 5.5～6.5，不用调节，均适合蜜环菌菌丝体、菌索的生长。

2. 培养基的制备

配方 1 的操作过程：取新鲜的马铃薯（去皮）200g，切成小块，加水 1 100mL 放入锅内煮沸 20min 后，用纱布叠成 2～4 层滤去薯块，用少量清水冲洗，得到滤液约 1 100mL。再将滤出的马铃薯液盛入烧杯或其他容器中，称取琼脂 20g 加入滤液中，再加热使琼脂彻底溶化，搅拌均匀后再加入葡萄糖 20g，定容到 1 000mL。搅匀即配成普通的 PDA 马铃薯琼脂培养基。

配方 2～8 的操作：先将琼脂加水煮沸，直到彻底融化，再缓慢加入各种细粉、糖，搅拌均匀，定容到 1 000mL。趁热进行分装，不用过滤，把全部原料都装入试管中。

将培养基趁热分装入试管中，培养基的装入量为试管总高度的 1/3～1/2。分装时应小心，速度要快，不让培养基沾糊到试管口上。装好后清理试管上部残留的培养基，塞上试管棉塞或乳胶塞，覆包厚牛皮纸，用橡皮筋扎好，每 10 支试管捆成 1 捆，放入高压锅内，盖上 1～2 层报纸或纱布，进行灭菌。

3. 灭菌

母种培养基用手提式高压灭菌锅灭菌。将装有培养基的试管直立放于锅内，拧紧旋钮，使其完全密闭。加热，当气压升到 0.05MPa 时，打开排气阀排放冷空气，直至指针指向“0”为止，注意缓慢排气，否则试管内培养基会冲出试管口而弄脏棉塞。然后关闭排气阀继续加热到 0.05MPa 压力时，再排气 1 次。继续加热使气压上升，当升到 0.1MPa 时开始计时。控制电加热旋钮或烧火的火焰大小，使高压锅的压力维持在 0.12～0.13MPa 之间，保持 20～25min 后，停止加热。用木屑配方的试管灭菌 30～40min。

自然冷却，待锅内气压指针指向“0”时，打开灭菌锅，将锅盖掀开1条缝，让锅内余热将试管口棉塞烘干后将试管取出。将取出的试管立放成为柱状，或稍微倾斜成短斜面状，冷却，放在冰箱或低温下保存。也可以直接放入无菌室接种。

用柱状培养基制作母种，具有以下4个优点：

（1）原料的全部物质成分都可以被蜜环菌菌丝利用，充分保证了蜜环菌菌丝体生长的需求。由于培养基改善了水分的供给状况，且营养相当丰富，再加上玉米粉、黄豆粉中含有多种生长因子，因此制作的母种菌索粗壮、浓密、洁白，不易褐化和角质化，具有相当强的抗衰老、抗退化能力，对严重衰老、退化的菌种也具有相当强的复壮能力。

（2）制种原料简单，制种技术简便，易于操作，制作成本低廉。由于黄豆粉、玉米粉、麸皮等所含淀粉较多，加热后冷却容易形成凝胶状态，1 000mL培养基中可以少加2～5g琼脂。

（3）蜜环菌母种可大大延长菌种保存时间，减少保存过程中的转代次数，对抑制菌种退化可起到很大作用。

（4）蜜环菌母种生活力旺盛，转接到母种、原种或栽培种培养基上的菌种块萌发快，生长速度明显快于常规方法所制作的母种。

（二）母种的转接培养

通过上述方法分离培养出来的试管菌种，就是一级母种。在具体实践中，通过分离所得的菌种或者引进的试管母种数量很少，有时仅有几支试管，不能满足需要，因此需要将所得的菌种转接到其他试管培养基上，进行扩大培养。

具体操作方法：

在超净工作台或者接种箱中严格按照无菌操作的要求进行。把待接种用的试管培养基和原菌种并列放在左手虎口中，菌种管在虎口内，待接种的试管靠虎口外侧，用拇指、食指夹住两支试管，放在酒精灯火焰的正前方5～10cm的范围内进行接种操作。

用酒精灯火焰灼烧菌种管的上部没有菌丝体的部位，用拇指转动试管，旋转2～3转，烧死管口的杂菌，冷却彻底。右手拿接种锄，蘸酒精，在酒精灯火焰上灼烧片刻，接种锄要进入试管的部分均要烧到，放入待接的试管培养基上进行冷却。把冷却彻底的接种锄伸入菌种管内，先挖掉菌种管上部的老化菌丝，再次灼烧接种锄，冷却。用接种锄挖取少许带培养基的菌丝或菌索，迅速转接入待接种的试管内，用酒精灯火焰灼烧试管口部，塞上棉塞或乳胶塞，送入培养箱培养（图4-13）。

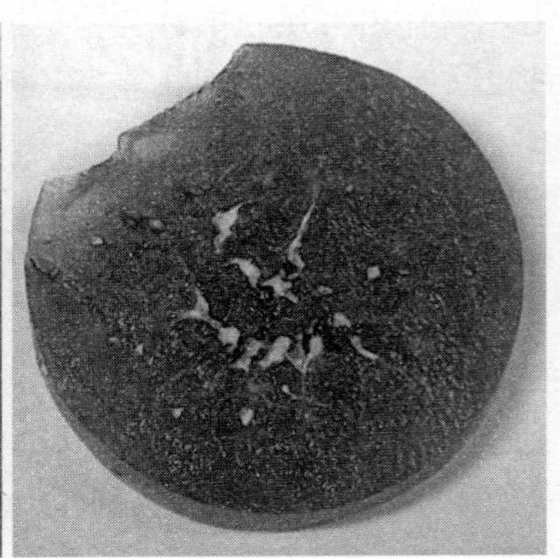

图4-13　母种表面与培养基横切面

注意，操作过程中不要使菌种粘靠管壁，接种锄在试管以外不要靠上酒精灯、超净工作台台面或其他工具，如果与非试管内壁的部分接触后，应该立即再次灼烧，冷却后才能进行接种。

蜜环菌母种的培养温度为25℃，避光。菌索在柱状培养物一般需要15～25d长满全部培养基。

需要大规模生产试管母种的机构，最好先把保存的母种转接到新的试管中，长满柱状试管的2/3以后，为用于大规模转扩生产用的母种。每一支有5～8cm培养基长满菌索的母种，可以接种50～80支新的母种。用保存的老菌种，直接大量转扩新试管，万一发生污染、接种块成活率低、生长缓慢，较高比例的转接试管生长状况不理想，就会严重影响全年生产的进度。

第三节 蜜环菌原种的制作

分离提纯的试管菌种，一因数量太少，二因用培养基培养的蜜环菌对菌材没有适应性，直接用在菌材上繁殖，不但长不好，还将因不能萌发而死亡。故试管种必须进行适应性培养和扩大培养。这一过程就叫蜜环菌的二级培养，也叫做原种培养。

原种的数量根据栽培种的数量来确定。生产季节是栽培种生产的时间提前 2 个月。

一、培养料配制

配方 1：阔叶树木屑 70%，麸皮 28%，石膏 1%，碳酸钙 1%。

配方 2：木屑 90%，麸皮 4%，淀粉 4%，石膏 1%，碳酸钙 1%。

配方 3：玉米芯 30%，阔叶树木屑 50%，麸皮 18%，石膏 1%，碳酸钙 1%。

配方 4：棉子壳 30%，木屑 40%，麸皮 28%，石膏 1%，碳酸钙 1%。

配方 5：阔叶树木粒 50%，木屑 40%，玉米粉 8%，石膏 1%，碳酸钙 1%。

配方 6：阔叶树木粒 60%，细木屑 30%，黄豆粉 8%，石膏 1%，碳酸钙 1%。

配方中的黄豆粉、玉米粉、麸皮、淀粉等有机氮源可以按照适当比例混合使用，效果更佳。

培养料的 pH 为自然值，加入干料 1∶0.5 的水进行拌料。

在生产设备、接种技术和设备、培养条件等均很好的场地，可以另外添加1%～2%的红糖、蔗糖，操作技术和设备不理想的场地，最好不要添加糖，以免增加菌种高比例污染的风险。

可以在菌种瓶内直接加入少量琼脂，让水和培养基全部变成凝胶的固体状态，菌丝体和菌索生长速度快。原种在运输过程中倒放、横放，不会有液体流出，不会因为瓶口和瓶外的液体回流带来污染杂菌的风险。

原种的容器一般使用750mL的玻璃瓶、塑料瓶，也可以使用250mL、500mL的输液瓶。一般不用罐头瓶，其瓶口太大，长时间培养，污染率会提高。

每一个菌种瓶中先加入5～8g琼脂，原料拌均匀以后即可装瓶，用棒压紧培养料。然后在瓶中装入清水，水位到瓶肩即可。

清洗瓶体外部，晾干。塞上棉塞或瓶盖，宜用封口膜加橡皮筋封口。放入灭菌筐内，送到高压锅中进行灭菌。

二、灭菌

蜜环菌原种生产的数量不大，最好采用小型、中型的高压灭菌锅进行灭菌。灭菌温度为121～125℃，压力为0.12～0.14MPa，时间为2～3h。

将灭菌后的培养料趁热取出移入超净工作台上，冷却至30℃时才能接菌，在瓶外喷洒一次70%～75%的酒精。培养料温度过高，接上去的菌种易被高温致死，过低则萌发速度较慢。接种时，先将菌种瓶的瓶盖、棉塞或薄膜、橡皮筋去掉，左手拿母种试管，右手取下试管塞，在火焰上灼烧管口上部，边灼烧边旋转2～3次。右手拿接种锄在酒精灯火焰上进行彻底灼烧，插入原种瓶内的培养料上彻底冷却，用接种锄在试管里挖取1块带菌丝和菌索的培养基，慢侵移出，放入原种瓶内。盖上瓶盖或薄膜。

三、培养

将接过菌的菌种瓶，放在遮光的房间内培养，室温保持在20～25℃，经1个月左右，菌丝便可长满培养基，瓶内培养料为棕色。菌索白色生长旺盛，培养后期渐渐变成红棕色（图4-14）。

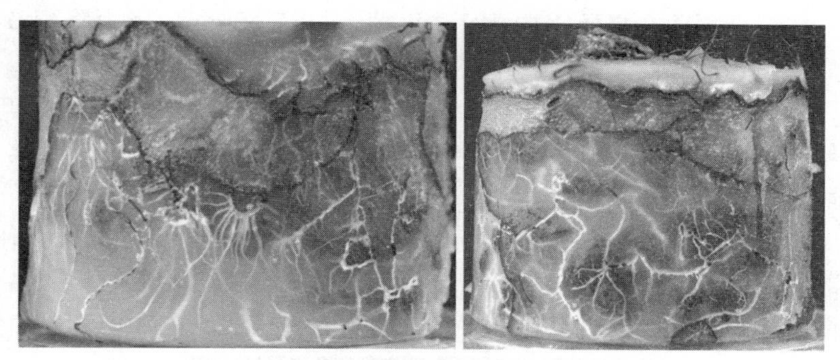

图4-14 琼脂培养基原种中的菌丝体和菌索

接种后的培养基要经常检查，一旦发现有被杂菌感染的菌种瓶应该及时剔除，生长速度特别慢或者菌索生长不旺盛的菌种也应该剔除，留下纯的、生长旺盛的菌种做生产用菌种。

四、液体原种的生产

大规模生产栽培种的厂家，使用的原种可以采用液体菌种。液体菌种接种速度快，污染率少，菌种生长速度快，15～25d长满菌袋。随时可以满足突然性、无计划性的生产任务的需求。

1. 生产液体母种

母种的容器采用500～1 000mL的三角瓶、250mL或500mL的玻璃输液瓶等。用摇床进行培养。

（1）培养基配方：麸皮 100g，红糖 25g，蛋白胨 2g，磷酸二氢钾 1g，磷酸氢二钾 0.46g，硫酸镁 0.5g，水 1 000mL。

将麸皮加水 1 200mL 煮沸 20min。4～8 层纱布过滤，清水冲洗，得到 1 000mL 的滤液，加入其他成分，搅拌，全部溶解。

（2）分装：在容器中分装总体积 2/3 的液体。薄膜加橡皮筋封口。

（3）灭菌：高压锅内 121℃灭菌，保持 20min，压力降到 0 后取出，冷却。

（4）接种：在超净工作台中进行，将试管母种中的蜜环菌菌丝体、菌索用接种锄完成细小的碎块，尽量小于 1mm 的菌丝块，接入液体培养基中。

（5）培养：放在震荡摇床上，固定。开起摇床，转速为 160～200r/min，温度为 25℃，培养 3～7d。获得细小菌丝球的液体母种，菌丝球的大小通过控制配方比例、转速等条件来实现（图 4-15）。

图 4-15　蜜环菌液体菌种的菌丝球

2. 液体原种的生产设备

选用能够在位灭菌的液体菌种机。液体菌种机有自身的电加热灭菌装置，体积为 100～800L（图 4-16）。

图 4-16　原种的液体生产设备

（1）培养基配方：麸皮 100g，玉米粉 30g，黄豆粉 20g，红糖 20g，蛋白胨 1g，水 1 000mL。

将麸皮、玉米粉、黄豆粉尽量粉碎成细粉，过 100 目细筛，用细粉加水和其他成分，煮沸成为液体培养基，装入液体菌种机内。

装液量为菌种机总体积的 70%，密封，加热灭菌，灭菌时间为 50～60min，压力为 0.13～0.14MPa。

（2）接种：培养液完全冷却后进行接种。在接种口圈中倒入少量燃烧酒精，点燃酒精，倒入三角瓶或输液瓶中的母种液体。关闭接种口。

（3）培养：培养温度为 22～24℃，控制通气量，用通气的方法进行搅拌，尽量减少大球丝球的形成数量。大量菌丝球形成以后，用于接种栽培种。

菌丝球的大小要根据具体设备来确定，通过控制配方比例、调节通气量、装液量、培养时间、培养温度等工艺参数，达到生产细小菌丝球的要求，为便于加压喷出菌丝球、不堵塞接种枪的墙头，菌丝球的直径应该小于 2mm。

液体菌种接入栽培种瓶、袋中，与培养料的接触面增加，菌丝体生长快，污染率大大减少，可以迅速提高栽培种的生产效率。

第四节 蜜环菌栽培种的制备

蜜环菌栽培种的需求量很大，菌种生产的工作量最大，大多数生产者常年都在进行生产。生产蜜环菌栽培种的目的，一方面是扩大菌种数量，以满足天麻规模化、商业化生产的需要；另一方面是提高菌种的适应能力，使其能进一步适应蜜环菌在木材上旺盛生长，以保证天麻的高产和稳产。

栽培种生产的数量主要根据栽培者的栽培面积进行计划，一般每平方米的栽培面积需要 3～5 瓶栽培种。

栽培种的生产季节主要根据各地的天麻栽培季节进行安排。当然，蜜环菌菌种的储藏时间相对较长，可以一次性大量生产，放于冷库保存，使用 3～5 个月。

栽培种的容器可以是 750～1 500mL 的塑料菌种瓶，或（17～20）cm×（35～40）cm 的聚丙烯菌种袋。一般不用玻璃瓶，玻璃瓶重量大，操作困难，运输麻烦，回收成本高（图 4－17、图 4－18）。

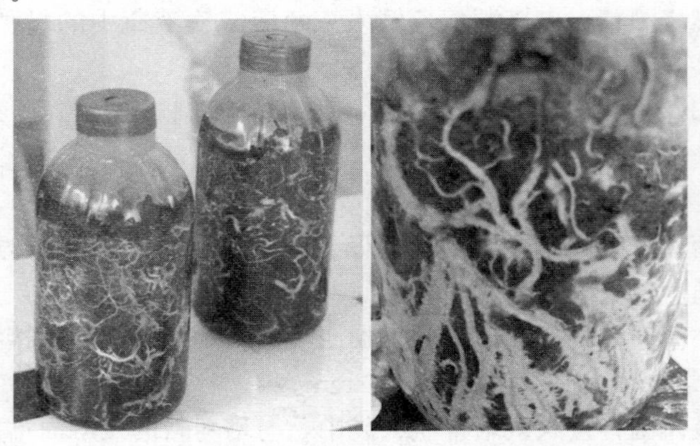

图 4－17 蜜环菌有水的栽培种与无水的栽培种

图 4-18　菌种瓶中宽大的菌索

一、培养料配方

1. 木屑培养料：杂木屑 78%，麸皮 13%，玉米粉 4%，黄豆粉 3%，石膏粉 1%，碳酸钙粉 1%。

2. 木粒培养料：将直径 1.0～1.5cm 的新鲜青冈树树枝切成 1～2cm 长的小段，用量占全部的 70%，麸皮 15%，玉米粉 10%，黄豆粉 3%，石膏粉 1%，碳酸钙粉 1%。

3. 混合培养料：杂木屑 39%，木粒 39%，麸皮 12%，玉米粉 5%，黄豆粉 3%，石膏粉 1%，碳酸钙粉 1%。

4. 火山石培养料：木屑麸皮培养料 50%，0.5～1.5cm 大小的火山石 50%。用火山石做载体培养蜜环菌菌种，菌丝体可以深入到火山石内部的空隙中，菌种萌发率高，菌丝体生长快速，能够很好地抗御栽培场地的不良环境。适合大规模推广应用（图 4-19）。

在生产设备、接种技术和设备、培养条件等均很好的场地，可以另外添加 1%～2%的红糖、蔗糖。操作技术和设备不理想的场地，最好不要添加糖，以免增加菌种高比例污染的风险。

培养料 pH 为自然值。一般不要添加石灰。

图 4-19　蜜环菌火山石栽培种

培养料的料水比为 1∶（1.3～1.5）。培养料含水量可以得到 65%～70%。装瓶后瓶下部 1/5～1/4 有明水出现，不见大量的明水即可。用袋装的栽培种的培养料，含水量应该稍低，不要超过 65%，菌种袋内不要有明水出现。

有的菌种厂的栽培种中注满了水，保证了蜜环菌在长时间培养过程中的水分需求，菌丝体和菌素生长健壮，生命力强，接种成活率高。但是这样的菌种在生产过程中操作需要十分小心，不能倾斜、倒放，运输过程中会有瓶内的液体流出。使用时外面的液体回流到菌种瓶内，带来污染的风险。建议不要使用有明水的菌种，而使用含水量高的菌种。

二、培养基灭菌、接种

具体制作方法与原种制作方法基本一致，但装料除了可以用瓶装以外，也可以用塑料菌种袋装料，装好后用同样的方法灭菌。

在接种时，在无菌条件下，掀开原种瓶盖，酒精灯火焰灼烧瓶口，用接种锄捣松培养料，将要接种的培养料口部与原种瓶口靠近，用接种锄将菌种挖出，直接放入瓶口内、袋口内，封好瓶口或袋口。

三、菌种培养

在大型培养室内的培养层架上进行蜜环菌栽培菌种的培养，温度 20～25℃，避光。培养 1～2 个月后菌索长满培养料，即可用于生产。

四、注意事项

试验效果表明，木粒培养基的效果优于木屑培养基。具体表现为：木粒培养基制成的菌种生长速度快，菌索生长旺盛，用于培养菌材时接菌速度也很快。

用木粒制作培养料时，要添加各种有机氮源细料，培养料含水量可以增加，满足菌丝体对水的高需求。

用火山石做载体生产蜜环菌栽培种，蜜环菌的菌丝会充满火山石内部的空隙，即使表面培养料脱落，火山石内部还有大量菌丝。接种到段木上以后，菌种萌发快，生命力强，污染率低。生产上可以大量推广使用。

第五节　蜜环菌菌种的鉴别

一、菌种质量标准

1. 各级蜜环菌菌种在整体上的要求

（1）菌种表观颜色单一纯正，没有各种颜色的杂菌和干枯、渍水现象。

（2）菌种外观生活力旺盛，新鲜湿润。

（3）菌索洁白，粗壮一致，培养基、培养料的底色为红棕色。

（4）夜晚瓶内菌柱上可以看到荧光。

（5）可闻到蜜环菌特殊的菌香气味，无酸味、臭味、美味等异味。

（6）接种后成活率高，接菌速度快，菌材质优。

2. 母种

必须是柱状培养基，不选用斜面培养基。培养基内部布满白色、红棕色的菌索，菌索粗壮、圆润、丰满、均匀、密集。在黑暗状态下观察到菌丝和幼嫩菌索的尖端能够发出绿白色的荧光，培养基整体呈红棕色、不发黑，培养基不干缩，颜色均匀，无杂斑、暗斑。

3. 原种

最好是全部都为胶体、固体的状态，不选用注满水的培养方式培养的菌种。培养料内部布满白色、红棕色的菌索，菌索粗壮宽度 2～5mm、丰满、圆润或扁平、均匀、密集。在黑暗状态下观察到菌丝和幼嫩菌索的尖端能够发出绿白色的荧光，培养基整体呈红棕色、不发黑，培养基不干缩，颜色均匀、无杂斑、暗斑。

4. 栽培种

最好是全部都为胶体、固体的状态，不选用注满水的培养方式的菌种。培养料内部布满白色、红棕色的菌索，菌索粗壮宽度 2～5mm，丰满、均匀、密集。在黑暗状态下观察到菌丝和幼嫩菌索的尖端能够发出绿白色的荧光，培养基整体呈红棕色、不发黑，培养基不干缩，颜色均匀、无杂斑、暗斑。菌袋无破损，通气盖无脱落、损坏，通气海绵完整。

5. 栽培种外观特征

菌丝菌索长势旺盛，装料满实，没有杂菌感染及菌种退化迹象。凡是菌种中发现绿色、黄色、橘红色，均为菌种严重染杂，一律不得使用。但注意，菌种封口面的一层黑色封皮，是适龄菌种的正常现象。若瓶口上半段菌种发枯变黑，表明菌种菌龄过长或已高温越夏，其生活力、萌发力将下降；若菌种瓶口上半段不见白色菌丝且菌索少见或不见，则表明菌种可能已退化或生产工艺存在缺陷。真正高纯度的菌种，其瓶口不见或少见菌索；瓶口见到大量菌索，往往是菌种纯度不够或菌龄太长。

6. 栽培种内部特征

蜜环菌的最适菌龄是菌索长满全瓶后，在 20℃以下的温度中存放 20d 以上，掰开菌种时呈淡黄色，并散发出特有的菌香味。这样的菌种其菌丝体含量高，萌发能力最强。刚刚长满甚至未长满的菌种，掰开时菌种呈黑色，其中的菌丝及菌索含量不足，萌发能力不强，使用效果不好。在适当的温度及保藏条件下，菌种的保藏时间适当延长，并不影响菌种的使用。但保藏中切忌高温或保藏时间过长。

二、菌种质量检测方法

由于蜜环菌菌种厂的生产技术和生产设备的差异，菌种运输过程中的损坏或其他人为的因素，导致菌种的质量差异大、稳定性低、不合格的菌种多。生产上使用了不合格的菌种，导致生产者栽培天麻大面积失败或歉收。所以菌种生产者、菌种使用者都应该掌握蜜环菌菌种质量鉴别的方法。

鉴别优质蜜环菌栽培种的方法主要是有看、闻、用 3 种方法。

1. 看

一是看上述优质菌种标志的各项指标是否完备和明显，表现完备和明显的则为优，不完备不明显的则为劣。

二是看菌种瓶有无生产标志，购种时一定要查明菌种的来源，凡是没有生产厂名、生产地址和质检印章标识的来源不明的菌种都应当视为不合格菌种。

2. 闻

优质蜜环菌种有较明显的菌香气味，否则应该视为不合格菌种。

3. 用

用蜜环菌菌种做蜜环菌菌材培养试验，是验证蜜环菌种优劣的可靠方法。其检验分两步进行：

第一步，将菌种瓶敲破，取出蜜环菌菌种将其断成 3 段，细心检查断面有无暗色斑痕，这种杂色斑痕多为杂菌侵染所致。凡发现有斑痕的菌种就应当弃用。

第二步，按蜜环菌菌材常规培养方法接种培养蜜环菌菌材，当接种后培养时间满 4 周时，即可扒开表面的覆土，露出段木，检查接菌成活情况。若是见到段木上布满白色菌丝和菌索，甚至段木间隙和下层覆土上也有蜘蛛网状物。这种现象表明接菌成活率好，生长正常，所用蜜环菌种质量好。若是在菌材培养的适宜条件下，检查发现段木上有一块块的“白疤”，此为杂菌的菌丝形成的菌落，或段木皮层发黑，正常蜜环菌菌索稀少，这种现象表明所用蜜环菌菌种是不合格菌，所接种的菌材应当弃用，以免造成天麻繁育的损失。

第五章　萌发菌菌种生产技术

第一节　萌发菌菌种的来源

天麻种子不能直接接种在蜜环菌菌丝体上，也不能够直接播种在灭菌后的有机物培养料上，这两种方式都不能使种子萌发形成原球茎。天麻种子需要同化小菇属等真菌的菌丝体才能获得营养而发芽，常用的是石斛小菇。发芽后形成的原球茎又必须同化蜜环菌才能正常生长发育形成白麻成体和米麻、箭麻成体。天麻种子的萌发菌一般使用的是小菇属的物种。现在国内菌种销售机构的种性都比较稳定，一般建议引种。

在自然条件下，萌发菌主要分布在枯枝落叶层及疏松的表层土壤中，土壤湿度大，pH 偏酸性。需要在这样的原始材料中分离萌发菌原始菌种。原始菌种的分离操作比较繁杂，成功率比较低，需要耗费大量的人工和成本，多次试验比较才能够获得好的菌种。建议一般的生产者不要从原始材料开始进行分离和培养。

分离原始菌种的程序如下：

准备工作：试管 PDA 斜面培养基若干，三角瓶装培养基 200mL。无菌水 30～100 瓶；无菌刀片、剪刀、镊子、无菌培养皿等。

样品的采集：在春天或初夏，3—6 月期间，在野外寻找有野生天麻生长的地方，自然开花，人工授粉。种子成熟以后原地撒播种子，就地收集树叶、腐殖土进行覆盖，周围适当进行防护。到秋天后，采集野生发芽的天麻原球茎，或将播种穴中的树叶作为萌发菌菌种分离的材料。有萌发菌的原球茎表面有白色的菌丝体分布，原球茎切片或捣碎以后用显微镜观察，发现有大量的菌丝存在，即可作为分离材料。

也可以人工收集栎类树叶，用林中的腐殖土拌和，混合成熟的天麻种子，放在野外树林中适当的位置培养，也可放在室内泡沫箱、周转筐、大塑料袋内培养。50～80d后仔细在培养物中寻找膨大的原球茎，或有大量白色菌丝体覆盖的树叶作为分离材料。

材料的运输：采集的原球茎和树叶材料用3～6层无菌报纸或餐巾纸包裹，迅速带回实验室进行处理。材料不要放在塑料袋内保存，不要被阳光曝晒，在通风干燥、温度较低的状态下进行运送。

材料的预处理：原球茎、树叶取回后，用清水洗净泥沙，用大量无菌水对材料冲洗50～60次，在无菌滤纸上吸干水分，放入无菌的培养皿中。

材料的稀释：用无菌刀片、剪刀、手术刀等工具，将原球茎、树叶剪切成小片。取最小的片段1～2片，放入一个无菌培养皿中，用无菌的接种棒将其尽量捣碎，直到基本看不见植物组织块。在培养皿中倒入一定量的无菌水，充分震荡摇匀。取培养皿中的少量液体，倒入有无菌水的三角瓶中，进行稀释。用显微镜观察，在40倍物镜下的一个视野中很难找到一根菌丝片段即可。

接种：在有培养基的培养皿中倒入1mL左右的稀释液，充分摇动，使液体均匀分布在培养基表面，静置2～3min。把培养皿表面的液体倒掉。盖上皿盖。每次分离接种100～200个。

培养：将培养皿底部朝上，倒放在培养箱中，20～25℃避光培养。

转接：在培养皿中观察发现有单个的白色菌丝的菌落，直径在5mm以上后，在超净工作台上进行挑取，转接到斜面培养基中进行培养。一般1个培养皿上可以挑取3～5个单独的菌落。

不要选择那些生长速度很快的菌落，或者有颜色的菌落，更不要选择周围有细菌或酵母菌生长的菌落。

培养：在试管斜面培养基中继续培养。

纯化：当试管种的菌丝生长长度为1～2cm时，用接种铲挑取尖端2～3mm长的菌丝体，转接到新的斜面培养基上，继续培养。如此2～3次就可以得到很纯的菌丝。

鉴别：用显微镜观察试管中的菌丝，菌丝有隔膜，分枝发达，有锁状联合。

天麻种子萌发试验：将纯化的斜面菌种转接到树叶为原料的原种瓶中，培养出树叶原种。将成熟的天麻种子与分离到的萌发菌混合培养，放在培养皿中进行培养。培养皿底部先放上吸足水的海绵或蛭石。培养温度为22～25℃，黑暗条件下生长50～70d，观察天麻种子形成原球茎的情况，统计种子的发芽率。

比较各菌株之间的差异，选择最优的菌株。

原始材料分离时一般不使用剧毒的升汞溶液进行消毒处理。

第二节　萌发菌母种的生产

天麻种子萌发菌母种的生产时间要根据原种的生产时间来确定，一般是原种生产时间提前20～30d进行生产，早做准备，提前2～3d长满，立即使用。刚刚长满试管的母种，生长活力旺盛，接种成活率高，菌丝体生长迅速，污染率低。长满菌丝体的试管母种存放时间长，培养基干燥收缩，菌丝体老化，不容易成活，污染率提高，影响生产进度。生产数量是根据原种的数量确定，每支试管母种可以转接5～10袋原种，每生产1 000瓶原种就需要100～150支试管母种。

先把在冰箱里面贮藏的试管菌种或刚刚购买得到的菌种进行预先活化，转接一定的数量试管，培养满管以后，立即进行转接生产原种所需要的斜面菌种。其数量为生产用试管菌种的1/30。

一、培养基配方

配方1：马铃薯200g，葡萄糖20g，琼脂20g，水1 000mL。

配方2：麦麸40g，蔗糖20g，琼脂20g，水1 000mL。

配方3：杂木屑30g，葡萄糖20g，琼脂20g，水1 000mL。

配方4：阔叶树树叶10g，蔗糖20g，琼脂20g，水1 000mL。

配方5：细黄豆粉5g，葡萄糖20g，琼脂20g，水1 000mL。

配方6：松针45g，蛋白胨1g，蔗糖20g，琼脂20g，水1 000mL。

配方7：木屑10g，栎类树木的树叶10g，麸皮10g，松针5g，酵母粉1g，葡萄糖20g，琼脂20g，pH为自然值，水1 000mL。

配方8：麸皮粉（麸皮过100目的细筛）5g，红糖25g，酵母粉1.5g，琼脂20g，水1 000mL。

配方9：豆粕粉（豆粕粉碎过100目的细筛）3g，红糖25g，酵母粉1.5g，琼脂20g，水1 000mL。

配方10：玉米细粉（玉米粉碎过100目的细筛）3g，蔗糖20g，蛋白胨1g，琼脂20g，水1 000mL。

可以在以上配方中：磷酸氢二钾1g，磷酸二氢钾0.5g，硫酸镁0.5g，少量的复合维生素等。

上述用天然原料配制的琼脂培养基，自然pH一般为5.5～6.0，所以不需要用酸或碱溶液调节。

二、培养基灭菌、接种

1. 培养基的配置

将木屑、松针、树叶、麸皮等天然原料在水中煮沸20min以后，过滤，取滤液加入琼脂，继续加热直到琼脂全部融化。再加入其他成分。完全溶解以后继续分装。长斜面试管装液量为试管长度的 1/5，短斜面装液量为试管长度的 1/3。

使用棉塞的试管，灭菌后试管中的冷凝水容易挥发变干，3～5d 就可以使用。用乳胶塞塞的试管，需要 2～3 周才能使试管中的冷凝水变干。所以试管培养基要提前进行准备。

2. 灭菌

培养基用高压锅灭菌，压力降到 0 以后打开高压锅，将锅盖留一条缝隙，停留 10min 以后取出试管，摆成斜面。

3. 摆斜面

用于生产原种的试管培养基做成长斜面，斜面的长度达到试管总长度的 1/2～2/3 处，一般用棉塞。用于菌种保存的菌种做成柱状的短斜面培养基，柱状长度 2～3cm，斜面长度 1～2cm 或更短，一般用乳胶塞。

4. 检查

把培养基放在 25℃培养箱中培养 24h，观察是否有杂菌生长，检查灭菌是否彻底。如果没有污染细菌、霉菌等杂菌，即可放置在塑料筐中，等待试管中的冷凝水完全没有以后才使用。

5. 接种

为缩短菌种长满斜面的时间，可以采取斜面上两点接种的方法。接种时，在斜面培养基表面的上、下部各 1/4 处接 1 块菌种，接种块大小为（3～5）mm×（3～5）mm，这样可将菌种长满斜面的时间缩短 1/3 左右。

三、菌种培养

萌发菌的试管菌种在 22～25℃培养箱中 15～20d 即可满管。培养过程中要注意天天观察，挑出污染杂菌、菌丝体生长缓慢、菌落畸形等不正常的试管。保留菌丝浓密、洁白、健壮的试管做生产用的菌种。

保藏的菌种最好接种在短斜面培养基中。短斜面试管菌种塞上乳胶塞后，菌种可以在冰箱冷藏室内保存1～2年。

第三节　萌发菌原种的生产

原种的生产时间要根据栽培种的生产时间来确定，一般是栽培种生产时间提前2个月进行生产，早做准备提前长满。生产数量也是根据栽培种的数量确定，每瓶原种可以转接30～50袋栽培种，每生产10 000袋栽培种就需要200～300瓶原种。

一、培养料配方

配方1：细杂木屑（粗2～4mm）70%，麸皮25%，黄豆粉2%，过磷酸钙1%，石膏1%，葡萄糖1%。

配方2：棉籽壳70%，玉米粉5%，米糠20%，玉米粉3%，石膏1%，蔗糖1%。

配方3：细木屑45%，玉米芯粉30%，麸皮20%，黄豆粉2%，碳酸钙粉1%，石膏1%，葡萄糖1%。

配方4：玉米芯粉75%，麸皮20%，豆粕粉2%，碳酸钙粉1%，石膏1%，葡萄糖1%。

配方5：细木屑45%，棉子壳30%，玉米粉2%，麸皮20%，碳酸钙粉1%，石膏1%，葡萄糖1%。

配方6：细木屑30%，棉子壳20%，玉米芯粉25%，豆粕粉2%，麸皮20%，碳酸钙粉1%，石膏1%，葡萄糖1%。

配方7：阔叶树树叶粉75%，麸皮20%，玉米粉2%，碳酸钙粉1%，石膏1%，葡萄糖1%。

配方8：细木屑30%，阔叶树树叶粉45%，玉米粉2%，麸皮20%，碳酸钙粉1%，石膏1%，葡萄糖1%。

配方9：小麦30%，阔叶树树叶粉57%，碳酸钙粉1%，石膏1%，葡萄糖1%。

配方10：小麦50%，细木屑47%，碳酸钙粉1%，石膏1%，葡萄糖1%。

二、培养料灭菌、接种

先将细木屑、棉子壳、玉米芯、树叶粉等原料在1%葡萄糖水溶液中浸泡24h，小麦在清水中浸泡24h，然后将培养基其他原料加入拌匀。含水量以用手抓一把培养基用力握，指缝间见水而不下滴为合适。含水量控制在63%～65%即可。

用玻璃或塑料菌种瓶、罐头瓶装培养料，每瓶装至瓶肩，料中间用直径1～2cm的圆木棍打1个洞。把瓶表面用清水洗干净，晾干。用瓶盖、棉塞、薄膜封口。

原种的生产数量少，一般用立式中型高压锅进行灭菌，每一锅的灭菌数量为40～50瓶，或100～200瓶。灭菌压力为0.13～0.14MPa，温度123～125℃，时间为1～2h。压力降为0以后，打开锅盖，余热烘10～20min，取出，放入冷却室冷却。原种的灭菌一般不要使用常压设备进行灭菌。

完全冷却以后，放入接种室进行接种。先在菌种瓶表面喷洒70%～75%乙醇进行消毒，再进行接种操作。

一般每支试管可以接种5～10瓶原种。接种锄挖断试管斜面培养基，直接接入预先打好的孔中，用少量培养料盖住。再把瓶口封住。

三、菌种培养

原种的数量比较少，可以在大型的培养箱内，或小型的培养室内进行培养。接种完毕以后，将菌种瓶搬到培养室或培养箱中进行培养，上架完成以后，再用70%乙醇进行喷洒，注意喷洒到瓶盖口部和四周。培养温度为23～25℃，避光。一般35～50d能够满瓶。

第四节 萌发菌栽培种的生产

天麻种子萌发菌栽培种的数量主要根据栽培面积进行计划。每平方米栽培面积需要栽培种2～3袋，菌袋的大小为17cm×（25～30）cm，装湿料质量为750～1 000g。

萌发菌栽培种务必要在天麻种子成熟前1～2周内准备好，需要购买菌种的生产者也必须确定自已需要菌种的时间，让菌种生产者早做准备把菌种生产培养好，若待天麻种子完全成熟以后再去购买萌发菌菌种，将无法满足时间上、季节上的要求，因为天麻种子成熟后必须立即进行播种。

我国南北方的海拔高度不同，各地天麻开花、结果、成熟的物候期完全不一样。一般5—8月是天麻种子成熟期，在蒴果成熟一个采收一个。天麻种子寿命不长，不宜久放，种子采收后，应立即播种在萌发菌菌种之中，最好边收边播，以提高种子的发芽率。如果不能马上播种，可将种子放入纸袋中，放在3～5℃的冰箱冷藏室中保存，保存不能超过21d，种子萌发率会随着时间的延长逐渐下降，有直到完全失去活性完全不萌发的风险。所以，萌发菌必须提前准备好。

一、培养料配方

配方1：阔叶树叶80%，麸皮15%，玉米粉2%，磷酸二氢钾1%，石膏1%，碳酸钙0.5%，硫酸镁0.5%。

配方2：细木屑80%，麸皮15%，玉米粉2%，磷酸二氢钾1%，石膏1%，碳酸钙0.5%，硫酸镁0.5%。

配方3：细木屑40%，阔叶树叶40%，麸皮15%，玉米粉2%，磷酸二氢钾1%，石膏1%，碳酸钙0.5%，硫酸镁0.5%。

配方 4：细木屑 40%，棉子壳 40%，麸皮 15%，玉米粉 2%，磷酸二氢钾 1%，石膏 1%，碳酸钙 0.5%，硫酸镁 0.5%。

二、培养料灭菌、接种

先将细木屑、棉子壳、玉米芯、树叶粉等原料在 1%葡萄糖水溶液中浸泡 24h，小麦在清水中浸泡 24h，然后将培养基其他原料加入拌匀，含水量以用手抓一把培养基用力握，指缝间见水而不下滴为合适。含水量控制在 63%～65%，pH 6～7 即可。拌料 3～5 次，尽量拌均匀。

用塑料菌种袋装培养料，每袋装料 750～1 000g，袋中间用直径 1～2cm 的尖木棒打 1 个洞。套上口圈、盖上通气盖，表面杂物用干布条搽洗干净，放在灭菌框内。也可以插入 1 个塑料接种棒，并留在菌袋内，到接种时将其取出，直接接入原种。

栽培种的生产数量很大，一般用大型高压锅进行灭菌，每一锅的灭菌数量为 1 000～10 000 袋。灭菌压力为 0.13～0.15MPa，温度 123～126℃，时间为 3～4h。自然降压到 0.1MPa 时，可以排气，压力降为 0 以后，打开锅盖，余热烘 10～20min，取出，放入冷却室冷却。栽培种的灭菌也可以使用常压设备进行灭菌，层架式摆放菌袋，100℃，灭菌时间 16～24h。一定不要采用堆码式灭菌的方法（图 5-1）。

图 5-1　萌发菌菌种培养料的常压灭菌

在冷却室完全冷却以后，放入接种室进行接种。先在菌种袋口表面喷洒70%～75%乙醇进行消毒，再进行接种操作。

一般每瓶原种可以接30～50袋栽培种。接种锄挖取菌种，直接接入菌种袋预先打好的孔中，用少量培养料盖住。再把瓶口封住。

萌发菌菌丝本身的生长速度较慢，为缩短培菌时间，最好在培养基中间打洞接种，接种时用种量宜大，在洞内及培养基表面都应接满原种，这样可以减少杂菌感染率，并可以缩短培菌时间。

三、菌种培养

萌发菌的生产数量很大，可以在大型的培养室内进行培养，春季生产气温较低，可以用空调进行升温；初夏生产，气温常常超过25℃，需要进行降温。接种完毕以后，将菌种瓶搬到培养室或培养箱中进行培养，上架完成以后，再用70%乙醇进行喷洒，注意喷洒到菌种袋盖口部和四周（图5-2）。

培养温度为20～25℃，避光。空气相对湿度要低于70%，湿度大、下雨较多的地区要采取降低湿度的措施，如用干石灰吸潮，用空调降低湿度等方法。一般40～50d能够满袋。

图5-2　菌种的培养架

四、注意事项

萌发菌栽培种的生产数量大，生产期间气温较高，培养时间长，培养室较为开放，一定要注意污染的防治。

检查：每天专人进行观察，查看菌种萌发、菌丝体生长情况。发现有局部、少量的污染出现，及时进行处理，并把污染的菌袋移除培养室。

预防杂菌：培养菌种前，培养架、空间、墙面、地面、工具等用三氯异氰尿酸钠溶液、硫酸铜溶液全面喷洒处理 2～3 次，稍微通风后才放入菌袋进行培养。每间隔 7～10d 用 70％的乙醇溶液喷洒菌袋口部，严格控制外部的杂菌感染菌袋。

预防高温：萌发菌栽培种在 5—6 月生产，海拔较低的地方容易出现 25℃，甚至 30℃的高温，一定要注意降温，采取严格的降温措施控制温度。大型菌种生产厂要预备发电机，防止停电带来的无法降温的风险。

预防烧菌：培养前期菌丝体生物量较少，发热量较小，可以每天通风 1～2 次，每次 10～30min。培养后期，菌丝体生长量超过培养料体积的 1/2，菌丝体发热量大，应该加强通风，2～3 次/d，每次 30～50min。温度过高，空调降温速度慢，可以用排气扇强制排气降温。堆码式培养菌种要及时减少堆码的层数，拉开每一排菌袋的距离，防止烧菌。

预防虫害：培养室内有昆虫出现时，一定要及时使用杀虫剂杀灭，防止昆虫带来的杂菌污染风险。老场地菌蝇、菌蚊很多，生产前一定要多次使用表面活性剂、生物农药杀灭。

菌种运输：要采取各种措施防止烧菌和污染。减少运输距离，就近供应、购买菌种。有条件的最好使用冷藏车运送菌种。长距离运输不要采用堆码的方式装车。晚上低温运送菌种比较安全。

第五节　优质萌发菌菌种的鉴别

一、萌发菌栽培种质量标准

母种：菌丝洁白、浓密、少量绒毛，前端整齐，气生菌丝较少，培养基表面菌丝均匀、平整，在无光条件下发出微弱的绿白色荧光。菌丝体表面无分泌物出现。无暗斑，无色素，无异味出现。

原种：菌丝体洁白、浓密、均匀、健壮有力，前端生长整齐，在无光条件下发出微弱的绿白色荧光。菌丝体表面无分泌物出现。菌丝体紧贴容器内壁，不干缩，无分泌液。无杂色斑，无色素和异味出现。

栽培种：菌丝体洁白、浓密、均匀、健壮有力，前端生长整齐，在无光条件下发出微弱的绿白色荧光。敲击有弹性，声音清脆。菌丝体表面无分泌物出现。菌丝体紧贴容器内壁，不干缩，无分泌液。无杂色斑、无色素、异味出现。菌袋无破损，通气盖脱落，透气海绵完整。

二、萌发菌菌种质量检测方法

萌发菌栽培种质量的好坏直接关系到天麻栽培的产量。栽培种的主要质量问题是内部杂菌污染，对一些隐性的杂菌污染，一般的菌种生产者、天麻栽培者都无法识别。生产者和购买者都必须对使用的菌种质量进行检测，使用质量合格的菌种。

可以采用肉眼直观检测和显微镜观察、培养的方法进行检测。

外观：菌丝体颜色要正常，无杂斑、杂菌。栽培种切面菌丝体均匀一致，无空心、无杂色菌丝。

强度：菌种袋长满菌丝体后有一定的强度。用手敲击有清脆的声音。

味道：打开的菌种有其特殊的清香味道，无酸味、臭味、霉味。

显微镜镜检：取各级菌种的菌丝体进行制片观察，菌丝形态单一，无细菌、杂菌的菌丝。

培养检测：在无菌状态下，菌种袋表面用酒精棉球擦拭2～3次以后，用无菌的刀片切开薄膜，把栽培种中的菌丝体转接到试管培养基上进行培养，长出的菌丝形态单一，与标准的萌发菌菌丝一致，无杂菌生长。

菌种购买者一定不要到有红色、白色链孢霉污染的厂家购买菌种。菌种生产厂家也一定要严格控制污染，杜绝链孢霉在生产场地和菌种中出现。

第六章　天麻种子人工授粉技术

天麻栽培使用小块茎即米麻、白麻做种源，培养在蜜环菌的菌床上，长出新的米麻和白麻及个头更大的箭麻，属于无性繁殖栽培方法。在长期的无性繁殖栽培过程中，由于温度、湿度、水分、土壤条件、病虫害的影响和变化，促使天麻块茎的生长发育能力和繁殖的机能逐渐退化。天麻块茎的产量一代比一代低，品质一代比一代差，个体形态从椭圆体变成长条状，单个重量越来越轻。

天麻的有性繁殖栽培就是让天麻开花，人工授粉受精后产生的有性繁殖的种子，再让种子萌发发育成米麻、白麻进行栽培的方法。由于天麻花朵的特殊结构，花粉下面与柱头之间有一个间隔状的萼片，使得花粉无法自然掉落在柱头上面进行自然授粉，需要有专门的昆虫钻入花朵以后才可能被授粉，因此在自然状态下天麻开花后的授粉率是非常低的。人们在野外观察到的天麻，开花以后结的蒴果往往都是空壳，很难看见成熟的种子。因此，必须对天麻进行人工授粉。

人工授粉的目的是把花粉放在柱头上面进行授精，使子房膨大、结果，产生种子。每株天麻上有 30～80 朵花，每朵花结 1 个蒴果，每个蒴果内有 2 万～3 万粒种子。理论上每粒种子都可以萌发成为原球茎，原球茎又可以产生大量的米麻和白麻，完全可以解决规模化栽培的麻种需求。

种麻需要的数量主要是根据商品天麻的栽培面积进行计划。每平方米的栽培面积需要的蒴果数量为 1～2 个，每个箭麻上可以保留 20～30 个蒴果，1 个箭麻开花后获得的种子就可以满足

$20m^2$ 的栽培。

目前天麻有性繁殖成功的方法是将天麻的种子拌入萌发菌中，萌发出芽生长，经过1年左右的时间就可以长成白麻，1.5～2年时间可长成箭麻，并且能生成很多米麻。天麻的有性繁殖栽培可防止天麻种栽的退化，提高天麻的繁殖率和产量。通过人工授粉杂交，可培养出优质和高产的天麻品种。

第一节　培育天麻种子场地的选择

一、培育天麻种子场地的选择

培育天麻种子场地可以选择现成的房间，也可以在驻地附近建设温室大棚。

室内场地：可以选择交通方便、避风、通风透气、宽敞明亮的住房、厂房或办公房。地面为硬化的地面，有窗户或排气装置。

室外大棚：室外场地需要交通方便、宽敞平坦。用钢筋、钢管、木材、竹竿、竹子、板条等搭设一个简易荫棚，高度为2.0～2.5m，宽度和长度按照生产量大小的需要来确定，一般为10～$30m^2$。大棚顶部盖薄膜和遮阳网。棚的周围要建篱墙，以保证棚内荫蔽度在70%左右，并保证种子园不受畜禽的破坏。

设施：塑料瓶、塑料筐、泡沫箱等，数量依据生产量来确定。

二、场地选择的注意事项

室内场地要清理杂物，用石灰水对地面、墙面、天花板消毒。不要有宠物、家禽、家畜进入。一般不要选择地下室、位置低矮的一楼，这里面空气潮湿，适合天麻栽培，但不适合进行人工授粉。

室外场地四周不应与蔬菜地接壤，以防止蔬菜病虫害传入侵染天麻花茎植株。要求土壤疏松，不积水。若土壤不好，也可用其他能保湿利水的固定物代替。

第二节　箭麻的选择与定植管理

一、箭麻的采集

箭麻的来源有野生、栽培两个途径。可以通过采集或购买获得。

野生的箭麻：上年秋天在野外采集到的大个头箭麻，可以储存起来做种麻。当年春天在野外采集到的出薹的箭麻可以带回室内进行培育，开花授粉。野生的箭麻数量有限，获得属于偶然，无法满足商业化、规模化生产的需求。

野生箭麻的收集渠道，一个是自己上山采集，也可以收购他人采集的野生箭麻。野生箭麻数量有限、季节有限，要采用多条途径广泛大量地收集。

采挖野生天麻要掌握 4 点规律：一是完全掌握当地野生天麻的分布情况，自己不了解的就请当地的采集高手帮助采集；二是了解天麻喜欢在什么环境下生长；三是细心观察林相；四是仔细采挖，分类处理。

天麻生长靠蜜环菌，蜜环菌是天麻的寄主。蜜环菌的菌索寄生在树桩、腐烂的树枝、林下枯枝落叶上，向四处伸延，寻找“食物”，碰见天麻就缠住不放，尖端先侵入天麻的表皮，当深入到天麻消化细胞层之后，蜜环菌又被天麻的消化细胞吃掉，成为天麻成长壮大的营养。当天麻年迈体弱时，“老母”又被蜜环菌几乎全部吃掉，只剩下“老麻皮”，又叫天麻壳子。所以采挖野生天麻找到蜜环菌菌索和“老麻皮”也是一个很好的线索。

天麻喜欢生长在夏季阴凉多湿，冬季积雪深厚，阔叶树木繁茂，枯枝落叶层厚，地面覆盖度大，阴面山坡中部，海拔在500～2 500m的山区。植被条件，多数生长在栎类、柞、桦、椴、榆、枫木等林下，特别是在青冈树林下较多。

细心观察土质。天麻喜欢生长在土质肥沃，通透性好，土层深厚的腐殖土中。野生的“窝子麻”都是在这种条件下形成的。

采挖野生天麻在春、夏、秋3季均可进行。在秋天、冬天和早春，天麻茎秆未发育（即未抽薹），处于埋在地下的状态。可以在当地野生天麻的分布区域进行寻找。如果在采伐2年后的采伐区里找天麻，需先观察枯阔叶树茬的阴面，顺树根两边破土寻找，找到天麻后，挖时破土要小心，防止创伤天麻。然后向左右其他树根开挖，范围要大些，挖到树根尾梢。发现箭麻、白麻、米麻和天麻壳子都要拣出来，实在拣不出来的小米麻，要把它重新放回生有蜜环菌的树根旁就地埋上，然后覆6cm厚的腐殖土，再覆盖10cm厚的枯枝落叶，打下自己的标记，待明、后年再来挖取。野生天麻取回后，把箭麻留作开花结果的种麻。中、小白麻和米麻做栽培用的麻种。

3—6月采挖野生天麻比较好找。因为这时多数箭麻已抽薹出土，一般薹高在1.0～1.5m，有红秆天麻、绿秆天麻，花序高10～30cm，大老远就能发现。发现后仔细采挖，采挖的天麻要用竹制提兜并加垫苔藓或腐殖土保护，以免碰撞及风吹、日晒，以保持种麻新鲜无损。种麻采回后，要及时栽种，不宜存放过久。据实验：5月上旬至下旬栽种的野生天麻，当年12月收获，所获天麻的个数是下种个数的3倍以上。栽种时间越晚，增加的个体数越少。在产品重量方面，5月上旬至6月上旬（开花盛期）栽种，都能获得一定程度的增产；栽培期越晚增产幅度越小。到果熟期则不宜再栽种。

野生天麻的箭麻，开花结果后获得的种子具有野生的优势，抗御不良自然条件的能力比较强，是非常好的育种原始材料。用其种子进行萌发和栽培，商品麻的产量较高。

栽培的箭麻：大规模生产，可以选择栽培场地的箭麻做种麻。用于生产有性种子的种麻一定要用个头大的箭麻。选择种麻的时间在 11—12 月。在收获上季栽培的天麻时，选择个体发育完好、无机械损伤、健壮、无病虫危害、顶芽饱满、重 100g 以上的箭麻做培育种子的种麻。据研究，种麻大小与天麻植株开花结实有密切的相关性，种麻个体愈大，结的蒴果愈多，种子质量愈好（表 6－1）。

表 6－1 种麻大小与平均开花数及成果率的关系

种麻重（g）	茎粗（cm）	株高（cm）	穗长（cm）	有效开花数	株有效成果数	成果率（%）
100～150	0.9	95	25	45	41	90
150～200	1.1	115	33	66	59	90
200～250	1.1	115	35	75	67	89
＞250	1.3	124	39	96	89	93

种麻选好后，要及时定植，不宜放置太久，以免失水，影响抽薹开花。但在较寒冷的地区，需要将箭麻置于保持一定湿度和温度的地方，不要立即定植，待春季解冻后才可定植。

箭麻的种类尽量有多样性，包括不同的物种和品系，如红秆天麻、乌秆天麻、绿秆天麻、杂交天麻等。地理位置也要多样性，应该多点采集，如海拔差异、距离差异、种源差异等。有遗传多样性的种源，便于进行异花授粉、杂交育种，获得更加优质的天麻种源。

二、箭麻的保存

秋天获得的种麻可以用塑料筐、泡沫箱进行储存过冬，用河沙、沙土覆盖掩埋，适当浇水，箭麻分散放在沙中。沙表面用薄膜覆盖，放于干净卫生、保温的地下室或避光、无风的一楼室内保存。到春天顶芽开始发红、生长时及时进行定植。

注意不要过于潮湿，以免腐烂。

春天采集到的材料可以及时进行定植。

三、箭麻的培育方法

箭麻本身储存有丰富的养分，完全能满足抽薹、开花、结果和种子成熟的需要，故定植箭麻时可直接定植在土壤、沙土、河沙等基质内，不需用菌材伴栽。

室内场地定植采用容器定植，用泡沫框、塑料筐、塑料箱、塑料盆等，容器单排摆放，行距 50～80cm。容器里面先装上一层 10～20cm 厚河沙、沙土、土壤，将箭麻顶芽朝上摆放，间距 10～12cm，覆土 3～10cm。用清水将土或沙浇透。盖上薄膜进行培养，花茎长出以后去掉薄膜。

室外场地在定植前将地整平，做宽 30～60cm 的畦，两畦中间留 50cm 宽的人行导，以便授粉操作。栽箭麻时顶芽朝上，向着人行道。箭麻株距 10cm 左右。在箭麻顶芽旁插上树枝做标志，然后盖土 5cm 左右。覆盖的土壤一定要疏松，没有石块，以防止机械压力影响出苗。

开春后，当气温回升到 12℃以上时，箭麻顶芽开始萌动；当气温达 15℃时，顶芽陆续出土，花茎伸长。这时需在原标志的位置插上 1 根长 1.5m 左右的竹竿，将伸长的花茎捆缚在竹竿上，以防止植株倒伏。

箭麻抽薹过程，即花茎从出芽到伸到最长的时间一般为 20～40d，随季节和温度而定（图 6－1）。

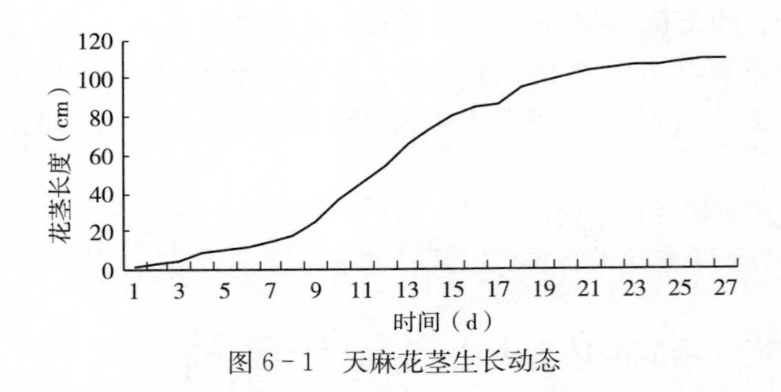

图 6－1　天麻花茎生长动态

四、注意事项

箭麻抽薹后的管理需要注意以下几点：

（1）防风。在大风来临前，要加固篱墙，增加挡风设备，以防吹倒花茎。

（2）防晒。过分日晒，地温过高会烧坏花莛，易使花朵严重失水，影响授粉和结实。

（3）防暴雨。降雨过大，易冲坏或冲掉花朵，增加授粉难度。

（4）防止动物为害。天麻花茎非常脆弱易断，要防止鼠及畜禽等动物的破坏。

（5）防病虫害。开花时节，气温较高，加之空气相对湿度也较大，正是各种害虫、病害易发的季节。此时的天麻主要被蚜虫、介壳虫、伪叶甲和腐烂病等危害花茎、花朵，应及时用乐果、多菌灵等农药喷洒种子园及周围环境，做好防虫防病工作。

（6）保湿。如气温回升快导致土壤缺少水分，应注意经常喷水，使授粉场地内空气相对湿度保持在 70％～80％，土壤含水量保持在 15％～16％。

（7）通风。在室内育种时，如果空气湿度过大，天麻植株和花序都易感染真菌和蚜虫。因此，在室内湿度较大时，可以选择中午温度较高时进行通风换气。

（8）打尖。在天麻花序基本上全部展开后，可将其顶端的几朵花蕾打掉。这些花授粉后结实率低，种子细小，发芽串低，将其打掉可减少植株养分消耗，使下面的蒴果营养充足，种子数量增多、质量提高。一般每个花序上有50～80朵花，全部授粉蒴果太多，箭麻中储存的营养物质无法满足大量种子发育的需求，所以1个花茎上只需要保留20～25朵花即可，数量减少以后，种子发育良好，萌发率高，生命力强。

室内箭麻育种可以减少许多管理上的麻烦，但必须经常注意温、湿度的调节，要有一定时间的通风透气。如果育种量较小，可用木箱、盆钵等定植箭麻，人工授粉，同样可以收获种子。

第三节　人工授粉技术

一、箭麻开花

天麻花朵的构造较为特殊，其花药或称花粉块在合蕊柱的顶端，由药帽盖罩着，呈黏润状的团块，而柱头在合蕊柱的基部呈膨大的形态。所以花粉块不能自动散出以完成自花授粉，必须借助外界条件才能完成其授粉。在野生状态下，天麻的授粉是借助个体较小的土蜂来完成的。而小土蜂的活动同气候变化及环境状况有关，在自然环境条件下（如林荫、草丛中）活动频繁，而在人为的荫棚中活动较少，晴天活动多，雨天活动少。如遇阴雨天气，天麻盛开的花就得不到授粉，或授粉率很低，而在室内根本就无法得到昆虫的传粉。所以，在天麻有性繁殖中，要想获得质好量多的种子就必须进行人工授粉。

天麻花序于头年冬季形成，翌年夏季抽薹开花，开花顺序由下而上。天麻开花的花期历时为 3～10d。箭麻大小不同，温度季节不一样，花期历时差异大。低温有延缓天麻花茎、花序轴生长，减少天麻单花日开放量的作用。

据观察，柱头具有接受花粉能力的时间为 2～3d。如果花开后 3d 内没有授上粉，以后就不可能授上粉。同时，花粉全部变成粉状后，无法用工具挑取，意味着失去了受精的能力。因此天麻的人工授粉，必须严格掌握时机，在开花前 1d 至开花后 3d 内完成。在花粉块成熟、柱头都处于较旺盛的生理活动时授粉，才能保证较高的结实率。过早或过迟授粉，都会降低结实率。花粉块成熟的标志是：花粉块松软膨胀，将药帽盖稍顶起，在药帽盖边缘微现花粉，整体有较强的黏性。

授粉时间一般选在上午 10 时至下午 4 时为好。天麻花开放后，柱头黏度最大时为授粉最佳时机，雨天及露水未干时不宜授粉。

二、人工授粉的方法

授粉所需要的工具，一般是用尖嘴镊子、牙签、钢针或竹针等工具。天麻的花为下粗上细的茶壶嘴形状，花开时嘴张开。授粉时用左手无名指和小指固定花穗，拇指和食指捏住刚开放的花朵，右手拿牙签或手术镊子。先将花朵的唇瓣去掉或压片，看到花蕊有发亮的匙形柱头，这发亮的东西是黏液，柱头的最上边为带盖的花粉块，花粉块里边是授粉的花药（即精子）。左手轻轻握住花朵基部，右手用镊子慢慢压下花的唇瓣，或将唇瓣夹掉，夹时不要伤到柱头表面，以免碰掉花粉块，让柱头露出。再用镊子或竹针自下往上挑开药帽，粘住花粉块，把它粘放在柱头上。授粉后要做记录。授上粉的子房颜色变深，蒴果变大，如果没有变大，说明子房没有授上粉（图 6-2、图 6-3）。

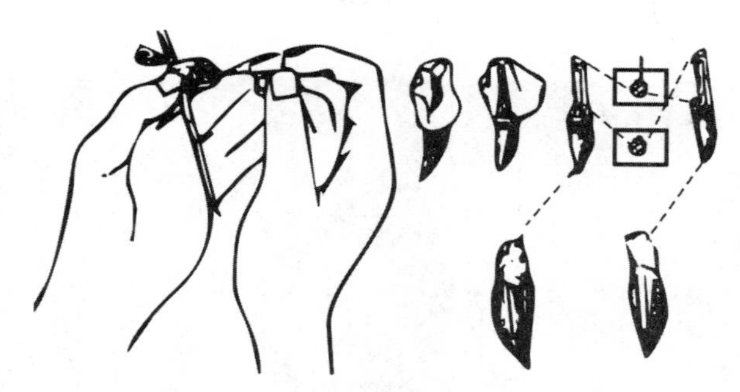

图 6-2　天麻人工授粉示意图

图 6-3　花粉块放的位置

一般授粉后 17～22d 蒴果成熟，果序轴的疏导功能丧失，蒴果开裂，种子成熟。蒴果的成熟时间主要取决于气温，气温低成熟时间长，气温高成熟时间短。要根据各地的条件仔细观察蒴果的成熟度，及时采收（图 6-4、图 6-5）。

注意事项：

必须注意花粉成熟的时间，花粉成熟时才能进行人工授粉。

用大针、牙签等尖锐工具挑放花粉，不要刺破花柱底部的柱头表面和子房。

图 6－4　生长过程中的蒴果

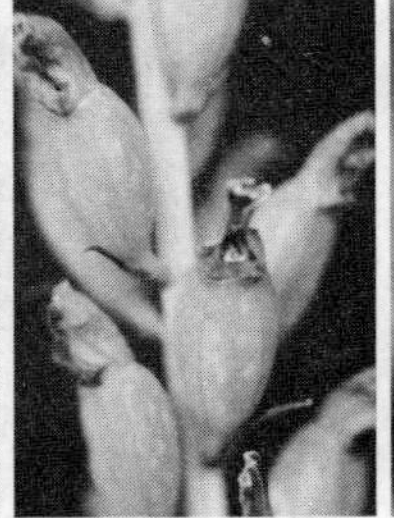
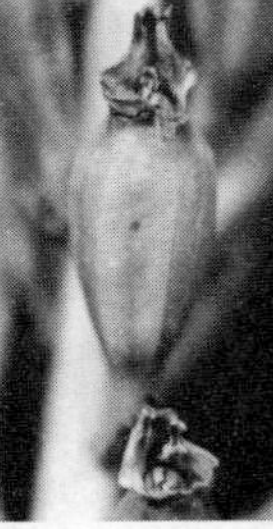

图 6－5　蒴果的成熟、开裂

必须采用异株异花授粉，这样产生的种子生命力强，繁殖系数高，后代的抗病力和抗寒性强。

在柱头上有黏液时进行人工授粉最为合适。

三、天麻杂交的方法

为天麻授粉时，可以同株用同一朵花授粉，也可以采取同株异花或异株异花授粉。还可采用不同类型天麻的花互相授粉。这种授粉所得的种子往往会在生产上表现出意想不到的效果。长期大量的实践证明，异株异花授粉的结实率好于同株同花授粉。

杂交授粉是在不同品系之间进行授粉，如红秆天麻×乌秆天麻，乌秆天麻×绿秆天麻，乌秆天麻×红秆天麻，杂交天麻×红秆天麻，杂交天麻×乌秆天麻，杂交天麻×杂交天麻。经过多重杂交以后，可以有效防止麻种的退化，并筛选出优质、高产的天麻新品系。

第四节　天麻种子的采收与保存

一、天麻种子的采集方法

天麻授粉以后，花被逐渐萎缩，子房迅速膨大，种子在15～20d达到成熟。未授上粉的花朵，花凋谢以后子房略有膨大，蒴果内的种子不具有种胚，细胞全部为透明状态。授粉后的蒴果下部颜色逐渐深暗，纵缝线日益明显，表示蒴果即将成熟。天麻蒴果是从果穗下部向上部陆续成熟的。当果壳上6条纵缝线刚开裂时，即为种子的最佳采收期。若推迟1d采收，其纵缝线会大量开裂，种子便由此逸出，随风散落。因此一定要适时采收。

采收种子时，可将开裂蒴果邻近的3～5个尚未开裂的蒴果一同剪下（因这些即将开裂的蒴果中也具有较高的发芽率），装入纸袋、信封等种子袋，带回室内摊晾，记录蒴果数；当留在植株上的蒴果又出现开裂时，再将其连同邻近的3～5个蒴果收回，直到最后的蒴果收完为止。一般情况下，1株天麻可采收天麻蒴果30～50个。

二、天麻种子的保存方法

一般情况下，天麻种子是随时采收，随时播种，不宜久贮。在常温下，天麻种子很容易失去活力。在30℃气温下，天麻种子贮存1d就可能失去发芽力；但在冷凉山区，天麻种子在常温下，可以保存 4～5d 而不失去活力（图 6-6）。

图 6-6　采收的蒴果和种子

特殊情况下，如需短期贮存天麻种子，可将种子装入玻璃器皿内，置于 2～4℃的冰箱中保存 5～7d，贮存过久将失去活力。如果天麻蒴果采收时比较嫩，果子未出现开裂，保存时间可以达到 2 周。

如果异地播种，就有一个运输的过程，应将采收的较幼嫩的天麻蒴果放入冷藏箱内，保持箱内湿度 5～7℃。如果短途运输，也可将天麻蒴果放入隔热性能好的纸箱或者泡沫箱内，再用塑料瓶盛装冰块放入箱内，适时更换冰块，保持箱内温度 5～7℃，这样在 4～5d 内仍可保持种子活力。

第七章　天麻“0”代麻种的生产技术

天麻栽培首先要生产麻种，生产上一般用有性繁殖种子生产的白麻作为栽培用的“0”代麻种。生产过程是把天麻开花结果后收获的种子立即与萌发菌菌丝体混合培养，播种在有蜜环菌的菌床上，让种子萌发成为原球茎，原球茎与蜜环菌接触发育成米麻，米麻继续生长成为白麻，一般需要培养8～16个月时间，就可以得到能够用于栽培的大白麻，即为通过有性繁殖达到的“0”代种麻。用“0”代麻种进行大规模的商业化栽培，可以获得优质高产天麻，最高产量可以得到10～19kg/m^2。

麻种的生产量要根据商品天麻的生产面积来确定，商品天麻栽培每平方米需要麻种300～500g，或更多。

天麻麻种的生产场地最好选择在室内、大棚等设施内，保证单产很高，按时有足量的麻种生产出来供商业化栽培。也可建立设施，用纯培养的方法进行工厂化生产，随时向生产基地提供麻种。

第一节　场地选择

一、选择场地原则

交通：场地交通要便于大量运输材料、生产管理和麻种的销售。

通风条件：要求生产场地能够有良好的通风条件，不要选择密闭的房间。

光照：麻种生产一般不需要光照，要求用黑色窗帘遮掩窗户。室内有工作照明灯即可。

面积：场地面积主要根据生产量的大小来确定，一般 10～30m² 的面积可以生产 1 000kg 以上的麻种。

地面：地面要求硬化，便于消毒处理。

消毒：室内场地要清理杂物，用石灰水对地面、墙面、天花板消毒。不要有宠物、家禽、家畜进入。

一般不要选择地下室、位置低矮的一楼，这里面空气潮湿，麻种培养过程中容易发生杂菌感染，出现大面积的麻种腐烂现象。

室外大棚四周不应与养殖场、蔬菜地接壤，以防止杂菌、害虫传入侵染麻种生产场地。要求土壤疏松、不积水。若土壤不好，也可用其他能保湿沥水的固定物代替，如洗干净的河沙、砂岩粉碎后的沙石、蛭石、膨润土等。

二、场地的选择

规模化生产麻种，最好选择在室内、大棚内进行。

培育天麻种子场地可以使用现成的房间，生产规模大的生产者可以在基地附近建设温室大棚。

专用厂房：一般厂房要用常规的钢结构泡沫墙板建成，地面硬化，面积根据需求确定，一般 200～500m²。室内安装制冷设备或大功率的空调，对室内温度、湿度进行有效控制。室内安装培养架，层高 50～60cm，层架宽度为 40～80cm。

室内场地：可以选择交通方便、避风、通风透气、宽敞明亮的已经建成的闲置住房、厂房或办公房。地面要硬化，有窗户或排气装置。

室外大棚：室外场地需要交通方便、宽敞、平坦。用钢筋、钢管、木材、竹竿、竹子、板条等搭设一个简易大棚，高度为3.0～4.5m，宽度6～8m，长度按照生产量大小的需要来确定，一般为100～200m^2。大棚顶部盖薄膜和遮阳网。大棚内部的地面要人工或使用机械压平、压紧实，用石灰粉消毒。棚内还应该开设排水沟。棚的周围要建篱墙，以保证棚内荫蔽度在70%左右，并保证种子生产场地不受畜禽的破坏。

第二节　设　　施

一、培养设施

麻种生产最好在能够相互隔离的容器内培养，直接在地面培养容易发生污染、积水、虫害，导致减产或绝收，影响天麻的商业化生产。

容器为塑料盆、塑料筐、泡沫箱、大塑料袋等，数量依据生产量来确定。底部没有孔洞的，用电钻打孔，每个框打5～10个孔，便于漏水。不要使用木质容器，因木材在高湿环境中感染杂菌、被蜜环菌侵染以后容易朽烂。

一个（40～50）cm×（50～60）cm的容器，可以培育出3～7kg的麻种。

二、培养架

临时生产麻种的房间，可以用砖块砌2～5层做成基座，用石灰消毒，将容器放置于基座上进行生产。

为了增加空间利用率，可以在室内、大棚内搭建层架。

长期使用的麻种培养室，可以用钢材搭架，层宽40～60cm，层距50～60cm，长度根据房间、大棚的空间确定。因为层架承载的物体重量大，要求每隔1m焊接1根立柱。

第三节　播　　种

一、时间

天麻有性种子的播种期即是种子的成熟采收期。由于各地海拔高度和温度等条件的差异，天麻开花抽薹有早有晚，故种子成熟采收期也有一定的差别，相应的播期也不完全一致。一般播种期在 5 月初至 7 月底。

二、准备工作

蒴果种子：购买或自繁。天麻的每个蒴果中有种子量 3 万～5 万粒，发芽率为 10%～80%。种子萌发后的原生球茎如不能及时与蜜环菌共生结合，会因得不到营养而死亡。因此，只有少数种子萌发后能形成幼麻，多数种子无效。为了取得高产，需要扩大天麻种子的播种量。一般每平方米可以播种 3～5 个蒴果的种子。很多生产者播上 10 个以上的蒴果种子，实际上是浪费。

萌发菌菌种：在播种前 10d 准备好萌发菌菌种，3～5 袋/m^2。自己无法生产的要向菌种生产厂家提前 2 个月预定，提前运到生产场地。

预萌发：收获硕果以后，立即将种子播种在萌发菌菌种混合培养物上，放在 22～25℃条件下培养，5～10d 即可播种。

蜜环菌菌种：在播种前 10 天准备好萌发菌菌种，每平方米 2～5 袋（瓶）。自己无法生产的要向菌种生产厂家提前 2～3 个月预定，提前运到生产场地。

蜜环菌菌材：提前 20～30d 砍好青冈树菌材，树枝、树干菌可以使用，室外自然晾干。数量为 10～20kg/m^2，长 10～30cm、直径 5～10cm 的段木 20～40 根。采用箱式、袋式栽培的，根据箱、袋的宽度锯成小段，长度10～30cm。直径超过10cm的原木，要劈开成为2片或4片，直径超过20cm的用圆盘锯切成宽度不超过5～8cm的木条。圆形的菌材在接种前进行砍口处理，方法是间隔10～15cm，在木段两侧的树皮上不对称地砍个斜口，口深1.0～1.5cm，深度要完全砍破树皮达到树干木质部。接种时在砍口处摆放菌种。

蜜环菌菌棒：在播种前3个月，即当年的2—3月，在干净的沙土中培养好蜜环菌棒。

沙土：河沙、岩沙、生土等。容器内要求的厚度为20～30cm，根据生产的面积计算沙土的用量。播种前1～2个星期做好准备，阳光下暴晒2～3d，备用。

药品：硝酸铵或硝酸钾。用量为5～10g/m^2。配成1%～2%溶液，在播种时喷洒在菌材上。

播种器：把矿泉水瓶的底部、口部剪掉，呈圆筒状。用单层纱布包住一端，再用橡皮筋或绳子捆牢固。

三、方法

提前3～5d将天麻种子与萌发菌菌种拌和。方法是将萌发菌菌袋撕破，放入干净的塑料袋中，用手将菌种块搓散，尽量搓成最细小的状态。将天麻种子放入播种器中，均匀撒在萌发菌菌丝体中，用手搅拌混合均匀，放入大塑料袋、泡沫箱中，密闭。置于20～25℃的室内环境中培养。每1～2袋萌发菌菌种用3～5个蒴果种子，蒴果准备充足的也可以加大用量。

用1%的硫酸铜溶液对培养室场地全面喷洒，包括地面、床架、墙面、天花板等处，打开门窗通风1～2h。再用石灰粉在地面、床架上撒一层。用石灰水在木质、竹质材料上刷2～3次。

在泡沫箱、塑料筐、大塑料袋等容器底部垫1层10～20cm厚的沙土，摆放青冈树菌材，可以密集摆放，或间隔2～3cm摆放，或摆放 5 根蜜环菌材，菌材间隔 10cm。

喷洒硝酸铵或硝酸钾溶液 2～3 次，每次用 1%～2%的溶液 0.50～1.0kg/m^2。

有已经发好蜜环菌菌索的菌棒，在 2 根新菌材之间摆放 1 根。没有现成蜜环菌菌棒的，直接在新菌材的砍口处摆放蜜环菌菌种块，用量为 2～3 瓶/袋。用细树枝、木屑填充大菌材之间的空隙。

把提前准备好的萌发菌菌种与天麻麻种的混合培养物，均匀撒在蜜环菌菌床上，覆盖 7～10cm 的沙土，表面平整。

容器高度超过 40cm 的，可以再摆 1 层菌棒，再播 1 层麻种后覆盖。

播种完毕以后，从沙土表面进行浇水，使沙土全部呈湿润状态。

浇水完成以后，在沙土表面覆盖 1 层黑色薄膜。室外大棚生产的可以覆盖 1 层遮阳网。

四、注意事项

大多数生产者常常采用树叶、腐殖土等进行培养。大规模的生产发现，实际上完全可以不用树叶进行麻种的培养。原因之一是树叶容易被蜜环菌菌丝体、萌发菌菌丝体、杂菌等彻底分解，成为完全腐烂的状态，导致原球茎、麻种、白麻受杂菌感染；原因之二是树叶的比重轻，收集困难且单价高，规模化生产成本高；原因之三是树叶、腐殖土通透性差，天麻种子萌发率降低，麻种数量少，生长缓慢，白麻产量低。树叶栽培的效果远不如用纯段木或使用木屑的效果好。

如果萌发菌菌种与天麻麻种的混合培养物没有准备好，可以现场混合均匀，立即铺在蜜环菌菌床上，立即进行覆土。

第四节 管 理

一、水分管理

播种后菌床的管理方法与蜜环菌菌棒培养的方法基本一致。

菌床内应经常保持潮湿，除播种时在沙土中灌足水外，播种后还需注意经常检查沙土湿度的变化。大棚内生产的，秋天雨水过多时，应适当遮雨。并将四周排水沟疏通，以保证表土水及时排放。

室内生产的要保持沙土土粒不发白。根据具体情况，每 15～20d 应该补水 1 次。检查水分时，要挖开内部的沙土，下面的沙土全部都要保持湿润状态。

要防止容器底部不积水，每次补水不能一次性补足，要少量多次进行浇水、喷水。

冬天温度低、湿度大，可以减少补水的次数和每次的数量。

春天随着气温的升高，要逐渐加大用水量和补水的次数。

二、温度管理

天麻种子适宜的发芽温度是 22～25℃，如果播种初期温度较低，应加盖塑料薄膜或覆盖稻草，以提高地温。7—8 月气温较高时，要在菌床上搭遮荫棚，并在四周洒水以降低温度。在较凉爽的山区可不用搭遮荫棚。

三、通风管理

每天可以打开门窗对室内通风 1～2 次。

前期温度高，可以每间隔 3～7d 揭开沙土上覆盖的薄膜通风

10～20min。随着温度的降低，可以减少通风的次数和时间。

四、空气湿度管理

夏、秋季，阴雨、绵雨季节，要加强通风，减低室内的相对湿度。

五、杂菌控制

沙土表面有霉菌、黏菌出现时，要揭开薄膜，使表面沙土变干，抑制杂菌的生长。

有杂草发芽长出来时，应该及时拔掉清除。

第五节 采　收

天麻种子播下后，麻种培养过程中一般不能翻动，翻动会导致已经与蜜环菌菌丝体接触好的米麻、白麻之间形成物理距离，米麻、小白麻远离蜜环菌后，断了营养来源，就会萎蔫、死亡，新的细分枝与母体断开也会死亡，严重影响到白麻、米麻的生长。在播种当年，如果各方面条件均较好，11 月至 12 月底，气温低于 10℃，天麻进入第一次休眠前，萌发的原球茎会发育成大量的米麻，少量小白麻，但不能形成箭麻。翌年开春后，蜜环菌已经长满菌材，大量为天麻供给养分，米麻、白麻会快速生长。到次年 11—12 月，天麻进入第二次休眠时即可挖开菌床进行收获（图 7－1）。种麻培育经历的时间为 1 年半，即头一年 5—7 月播种，翌年 11 月收获。

收获时，撤去菌床周围的保护设施，用手或铁铲拔去表面的盖土，拔土时要小心仔细，以免碰伤天麻，再用手慢慢往下刨；当露出天麻时再用手指、刷子细刨，理出天麻麻种的原生位点，取出大小天麻，去掉黏附的泥土。这样取完一处后，再取出菌床继续刨挖天麻，直到全菌床取完为止。用这种繁殖方法产出的箭麻和米麻在菌床中呈放射状的集丛群，个体之间是相互连接在一起的。米麻呈块状团，有无数个。

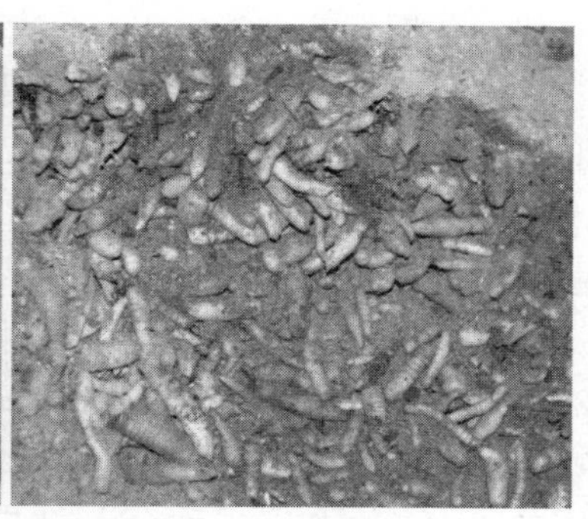

图 7-1　米麻、白麻及其临时存储

将挖出的天麻运回室内分选。一般箭麻（商品麻）产量占总产量的 30%左右，米麻和白头麻各占 35%，这为无性繁殖栽培提供了大量的种源。

此时收获的米麻、大白麻就是大家通常所说的“0”代麻种。

收获后或购买得到的麻种，不能够立即播种的，可以埋在新鲜的沙土中，用清水浇湿沙土，盖上薄膜，可以临时存放 20～30d。

第六节　天麻块茎的纯培养技术

在沙土中开放式生产麻种，容易受到自然条件变化和突发恶劣天气、人为因素等的影响，导致麻种数量减少、品质没有保证。有条件的生产者可以建设工厂，用纯蜜环菌菌丝体在无杂菌的容器中培育天麻麻种，获得脱毒、无杂菌、优质、供应时间和数量可靠的麻种，以满足天麻规模化栽培、订单式生产的急迫需求。

样品的采集：采集天麻栽培场中的新鲜白麻、小米麻，用无菌滤纸包裹，短时间内带回实验室。

准备工作：用报纸包裹镊子；在数十个三角瓶中装入100～200mL水，薄膜封口，蛭石按1∶2的比例加水，装入菌种瓶中，盖上瓶盖，放入高压蒸汽灭菌锅中，121℃，灭菌25min，冷却，备用。

蜜环菌纯菌种的培养：使用的容器为250～500mL的三角瓶、500mL的罐头瓶、750～1 000mL的组织培养瓶。培养基为木屑、麸皮、琼脂混合培养基，灭菌后接种培养。全部长满蜜环菌菌索，备用。

样品的处理：新鲜白麻、米麻放在培养皿中，用流水冲洗20～30min，用柔软的细毛刷轻轻搅动，清洗掉表面的泥沙、杂物后倒掉明水，放在无菌的吸水纸上，吸干水分。再放在无菌的培养皿中，在超净工作台内用75%乙醇浸泡处理1min，迅速用无菌水清洗，再用75%乙醇浸泡处理1min，迅速用无菌水清洗，如此3～4次。再用无菌水清洗20～30次。用无菌吸水纸吸干白麻、米麻表面的水分。

接种：彻底消毒后，接种到生长了蜜环菌菌丝体的培养基上，每瓶接种3～5个米麻、小白麻。在培养基上先挖一个小洞，用无菌的尖镊子轻轻夹取小麻种，放入小洞中。

培养：接种完毕，将经过高压蒸汽灭菌的蛭石冷却后，均匀铺盖在培养基表面，覆盖上白麻、米麻，置于恒温培箱（室内）22～25℃暗培养。观察接种米麻后的培养基上白麻、米麻是否继续生长，即是否出现出新芽或萌发类似萌发菌的白色菌丝，观察是否出现污染（图7-2～图7-4）。

图7-2　接种米麻后的蜜环菌培养基变化

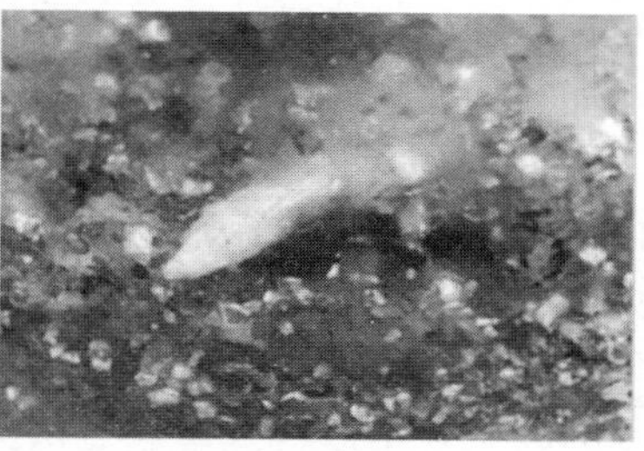

图 7-3　接种培养 60d 后米麻的出芽情况

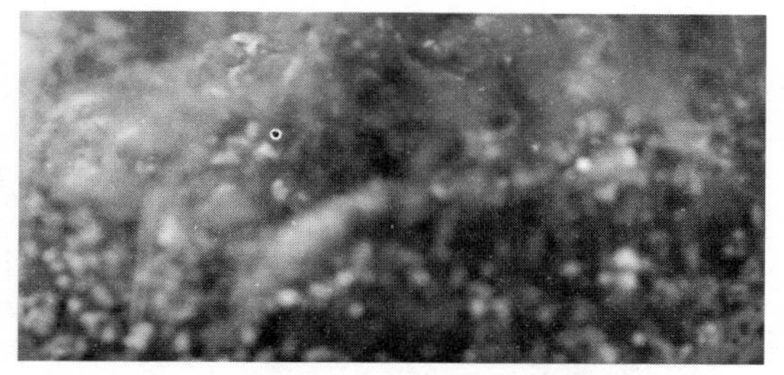

图 7-4　接种培养 80d 后米麻的出芽情况

长满蜜环菌菌丝体的培养基在接种新鲜白麻、米麻后，会由于白麻、米麻处理不彻底，培养基上出现真菌污染。培养 3 个月后，培养基出现消解现象，并与锥形瓶壁分离，长满蜜环菌的培养基颜色由棕黄色变为褐色，随着时间的推移逐渐向黑褐色靠近，最终培养基老化干死呈黑褐色，在只有蜜环菌的情况下，白麻、米麻不会生长。

在无污染、只有纯蜜环菌菌丝体存在情况下，接种严格消毒的、无菌的白麻、米麻会很快开始出芽生长。接种白麻、米麻后 1～2 个月，清晰可见培养基上白麻、米麻出芽生长 11～15mm，再继续培养半个多月后，米麻出芽生长长度 22～25mm，较前两个月米麻生长速率加快，芽尖形状清晰可见。

在培养基长满蜜环菌且菌丝体性状优良时，进行天麻块茎的纯培养，即米麻的组织培养，原始材料进行彻底清洗、消毒，白麻、米麻在只有蜜环菌存在的情况下快速出芽增殖，继续生长成为种麻。

用新长出的无杂菌麻种，继续转接在新的纯蜜环菌种瓶内进行扩大培养。如此循环，建立无杂菌的繁殖体系，实现工业化、大规模生产商品无杂菌麻种。

工厂化生产无杂菌的天麻麻种，完全可以改变开放式生产麻种的高风险生产方式。该方法的建立，可以帮助生产者建立天麻麻种的脱毒、纯培养，建立工业化、规模化的室内麻种商业化生产基地。

第八章　天麻设施化栽培技术

天麻栽培常用的方法有无性繁殖、有性繁殖两类方法。无性繁殖栽培法是用天麻的营养器官即白头麻、米麻做麻种，栽培在蜜环菌菌床上，在种植过程中，只需增加天麻块茎的重量和数量就达到了生产的目的，故这种栽培法也称为“营养繁殖法”。在我国天麻生产发展过程中，曾经历了“天麻窖栽法”“天麻地上窖畦栽法”“天麻箱栽法”“天麻盆栽法”“天麻瓶栽法”“天麻切段栽培法”“天麻树蔸栽培法”“天麻人防地道栽培法”“天麻池栽法”“天麻坑栽法”“利用稻草、茅草、玉米芯栽培天麻”“天麻半地下平畦栽培法”“天麻有性繁殖四下池伴栽法”等方法，使天麻栽培效果不断提高。无性繁殖栽培后获得的箭麻作为商品麻出售，还有大量的米麻、白麻就留作下一个批次的栽培用天麻麻种，这样不断的循环，天麻麻种的种性越来越退化，天麻块茎由原来的短椭圆形变得越来越长，单产越来越低，品质直线下降，生产效益越来越低下。

发现天麻种子萌发菌以后，开启了天麻的有性繁殖栽培技术。采用箭麻培育、开花、人工授粉、结果、收获天麻种子。天麻种子用萌发菌培养原球茎，播种在蜜环菌菌床上进行商业化栽培，使单位面积的产量越来越高，天麻品质稳定，这种有性繁殖栽培方法是目前普遍使用和推广的、生产效果较好的主要方法。

几十年来，在技术上解决了天麻种子萌发的技术难题，发展了高产的有性繁殖技术，单位面积产量也达到了很高的程度，新鲜天麻的单位面积产量在 10～20kg/m^2，经济效益 200～300 元/m^2，甚至更高。但是，天麻的栽培周期很长，一般需要 1～2 年的时间，栽培过程中的光、温、水、肥、气、生物等因素受自然条件的限制性比较大，需要对这些生长条件进行有效的控制，给天麻一个最佳的生长环境条件，控制不利的因素，才能够获得好的生产效益。

传统的天麻栽培场地是在室外，除少量在地下室、防空洞、山洞内进行栽培的以外，占全国天麻栽培面积99%以上的都在空闲的荒地、林地、耕地等场地进行露地栽培，甚至野外场地，地上都没有设施和覆盖物等保护措施。露地栽培天麻，排灌设施简陋，无法防止风、霜、雨、雪、冻和病虫害的威胁，完全靠天吃饭，经常因为雪灾、冻害、洪灾、旱灾、野生动物的危害等，造成大面积的天麻感染病虫害，高比例的箭麻不是被虫吃掉就是腐烂在地里面。这样的栽培方式无法保证规模化生产的单产、总产和天麻的质量，遇到自然灾害，大面积歉收、绝收，损失惨重。大多数栽培者的生产经济效益都十分低下，没有达到预期的目标。

为了克服露地栽培的缺陷，近10年来，各地科技工作者结合本地的自然条件，经过试验、示范，建立了天麻设施化栽培的系列技术，并进行了大面积推广应用，使栽培者取得了良好的经济效益。

设施化栽培天麻是在人工建设的房屋、钢架大棚、竹木架大棚等设施内进行的。设施内对天麻生长的各种环境条件加以有效的控制，减少各种有害生物的危害，使天麻栽培达到高产、稳产、优质、高效的目的。设施化栽培技术进一步发展，可以建设成人工控制温、水、湿、光、肥、气、生物等条件的工厂化设施，实现天麻的工厂化、周年化生产。

第一节 场地和原料准备

一、场地选择

栽培天麻的场地适当与否，与天麻栽种后的生长好坏及产量高低有很大关系。场地选择适当，就能给蜜环菌和天麻的生长提供良好的自然环境，如温度、昼夜温差、湿度、水分等，有了好的环境条件，才能充分发挥各种技术措施的作用。

一般要选择地势平坦、交通便利、有水源、背风向阳的地点建设栽培场地。

（一）地势

规模化生产天麻，选用地势平坦、排水方便的地点。海拔高的点优于海拔低的地点。

根据天麻对环境的适应性及各地栽培经验，在海拔较高、温度较低、湿度较大的地区，山区海拔越高越好，海拔在1 500m以上的，宜选用无荫蔽的向阳的平地；海拔1 100～1 600m的中等地带，应根据当地小气候条件，宜选无荫蔽的向阳山坡或稀疏林间；在800～1 000m的高温干燥地区，夏季有连续高温干旱的地区，应选半阴坡林间或阴坡林间栽培较好。为便于管理，有野生天麻的产区，种植者可以在比野生天麻着生地带低100～200m的场地栽培天麻。据调查，人工栽培天麻生产区的海拔高度较野生主产区平均低200m，温度高1.5～2.0℃。

在土壤排水性好、渗透性强的情况下，可选缓坡种植；如土壤渗透性差，则要选坡度较大的山坡，一般不宜选用地势陡峭的场地种植天麻。

地势低洼，排水不畅通，离小溪、小河近，易发山洪、泥石流，上坡松散的坡积物多等地点不宜选作生产场地。

（二）土壤

规模化栽培天麻选用河沙、砂岩粉碎后的沙石、生土、荒土等最好。有丰富的腐殖质、疏松、排水及保湿性能好的沙质壤土的生荒地为好。耕地中的熟土不宜进行商业化栽种天麻。

大量实践表明，生荒地与熟地栽培天麻的产量有较大差异，生荒地栽种天麻较熟地增产。原因有二，一是熟地多年耕作，其有害微生物含量远远高于生荒地，因而增加了其他微生物与蜜环菌的竞争，而生荒地中蜜环菌基本上可保持优势菌种的地位，能充分保证对天麻的营养供给；二是生荒地有机质多，土壤疏松，通气、排水、保湿等性能好，土壤中残存的植物体，如树根、竹根、枯枝落叶等都可为蜜环菌的生长提供良好的营养基础。

林间生荒地栽种天麻除具有上述优越条件外，还具有受气候影响小，温、湿度相对稳定的优势，有利于蜜环菌及天麻的生长发育。

栽种天麻不宜原窖连栽，连栽次数越多，产量越低。这种情况在天麻产区经常出现，但不被人们所重视。原窖连作导致减产的原因主要有两个：一是蜜环菌在生长过程中本身会分泌抗生素等抑制自身生长的物质，连作会导致这些物质的积累；二是连作会导致病虫害等的发生，使蜜环菌生长减弱，导致天麻病虫害的发生率增高。

（三）交通条件

选择有硬化道路的田块，便于原料的运输，人员的往来，产品的收获运输等。

（四）水、电条件

有良好的自然水源的地点比较好，如水塘和深井、沟渠。不要选择无水源、需要长距离运水的地点。因为需要用电锯等工具处理原料，生产场地最好要使用 380V 的动力电源供应。

（五）风

注意观察当地的风口、方向。生产地点最好要远离自然地形中的风口，不要建设在迎风面上。因为搭建的设施一旦被地形风吹开、吹垮后损失就会十分惨重。

二、原料准备

菌材：一般使用的树种主要是各种栎类树木，木质坚硬，营养物质丰富，能够长时间供应给蜜环菌和天麻生长所需的营养物质。单层栽培木材的用量是 10～20kg/m²。栽培使用前 20～40d 砍好树，就地剃掉枝叶，锯成 30～40cm 的短木段，便于运输和摆放，自然风干（图 8－1）。段木截面用 1%～2%的石灰水、硫酸铜溶液刷洗 1～2 次，防止杂菌的侵入。播种时切面有 1～2mm 的细裂纹。1cm 直径以上的树枝也要收集起来，用于天麻栽培。

段木的需求量为 20～30kg/m²，长 30～40cm，直径 5～10cm，需 30～40 根。直径超过 10cm 的原木，要劈开成为 2 片或 4 片；直径超过 20cm 的用圆盘锯切成宽度不超过 8cm 的木条。未切破的圆形菌材在接种前进行砍口处理，方法是间隔 10～15cm，在木段两侧的树皮上不对称地砍一个斜口，口深 1.0～1.5cm，伤及树干木质部。接种时在砍口处摆放菌种。

图 8－1　木段砍好后进行晾晒

规模化栽培一般不使用树叶，树叶收集成本非常高；而大量在蜜环菌菌床中使用很容易带来杂菌的污染。同时，实际操作也很麻烦，费工费力，得不偿失。

沙土：一般使用河沙、砂岩破碎后的沙土、荒地的泥土等。栽培厢面使用的厚度要求 20cm，每亩栽培的有效面积按照 $400m^2$ 计算，沙土的用量为 $100\sim120m^3$。播种前要提前运送到栽培场。

覆盖材料：用遮阳网、微膜、剪破的编织袋等材料作为覆盖材料，用量为 $500\sim600m^2$/亩。很多生产者用树叶、木屑、松针、树枝等进行覆盖，常常会带来各种杂菌的污染，同时增加购买和覆盖操作的成本，轻易不要使用。

水管系统：规模化栽培时，为了管水方便，并减少用工量，应该在栽培场安装水管系统。可在设施内安装微喷带，每亩的成本为 120～150 元。有条件的生产者可以在设施内安装喷淋装置，便于水分的管理，目前的成本一般为 400～600 元/亩。低海拔地点栽培最好在设施顶棚上安装喷水装置，便于在夏天 30℃以上的天气进行喷水降温。

三、麻种准备

商业化栽培天麻所用的种麻，最好是用箭麻开花、授粉、结果以后获得的种子在萌发菌菌丝体上萌发的原球茎，在蜜环菌菌床上培育得到的“0”代白麻和米麻。用“0”代白麻栽培 1 次收获箭麻后余下的大、中型白麻也可以做麻种，2 代以后的白麻属于多代的无性繁殖体，已经有退化的可能性，不要再做麻种。这里所说的种麻选择，主要是指对白麻的选择。

选择种麻时应注意以下几点：

（1）白麻个体如手指头大小，重量以 10～30g 为好，太大的白麻往往是一种退化的表现，并不是很好的种麻。米麻虽然是很好的繁殖种源，繁殖系数很高，但栽后第二年才能形成白麻或箭麻。

（2）种麻以黄白色、新鲜、无失水现象为好。

（3）无病虫害，特别要剔除有介壳虫害、有腐烂变黑、外形细长的种麻。因介壳虫不易被发现，一旦转入栽培畦中，会引发全畦甚至全场虫害。变黑色的白麻，内部有腐烂的细菌、霉菌侵染，容易在栽培过程中腐烂掉。细长的麻种，已经退化的风险很高。

（4）种麻表面无蜜环菌菌索侵染的，因为被侵染过的天麻，有的是因生理退化而被侵染菌索，有的是上一年的种麻，因未完全被蜜环菌所寄生而消化掉。

（5）种麻表皮完整，无擦伤、破口、烂皮。收获天麻种麻时，往往是用竹筐、竹提篮、塑料箱或塑料桶运回室内，经过挑选后又装运到场地栽培，这样倒来倒去，幼嫩的麻种很容易受伤，有时目测虽看不见伤斑，但栽种后碰伤之处便会出现黑斑进而开始腐烂。因此，必须轻拿轻放，严防机械损伤。

选择麻种还应注意，无性繁殖多代后，天麻会出现退化现象，栽种后接菌慢，接菌率降低，结果导致产量降低，这种天麻不能做种麻；野生种麻为无性、有性各代混合体，其间混杂有一定数量的有性一代、二代后代，所以采挖回来的野生种麻往往还可以继续做种使用 2～3 年，仍可获得高产。人工培养的有性繁殖“0”代白麻、米麻的生活力最强，产量比多代无性繁殖的种麻要高 1～3 倍。因此，有性繁殖“0”代的白麻，是无性繁殖栽培中生产商品天麻最理想的种麻。迫不得已的情况下才使用 1 代或 2 代麻种，拒绝使用 3 代麻种。

四、蜜环菌菌棒的准备

商业化栽培天麻，如果全部购买蜜环菌栽培种进行生产，成本较高。因为每平方米需要 3～4 瓶（袋）菌种，成本在 10 元以上，每亩需要投入 5 000 元以上。生产者可以提前 3～6 个月购买少量的蜜环菌栽培种，接种在菌材上，到天麻栽培时，将发好蜜环菌菌丝体、菌索的菌棒接种新的菌材，可以节约大量的成本。这种方法也是传统栽培者经常使用的。

将准备好的菌材锯断，成为统一的规格，长度一般为 30cm、40cm、50cm，越短操作越方便。超过 10cm 的菌材，破开成为 2 片，超过 20cm 的菌材，破开成 3～4 片。不要使用巨大的菌材（图 8－2）。

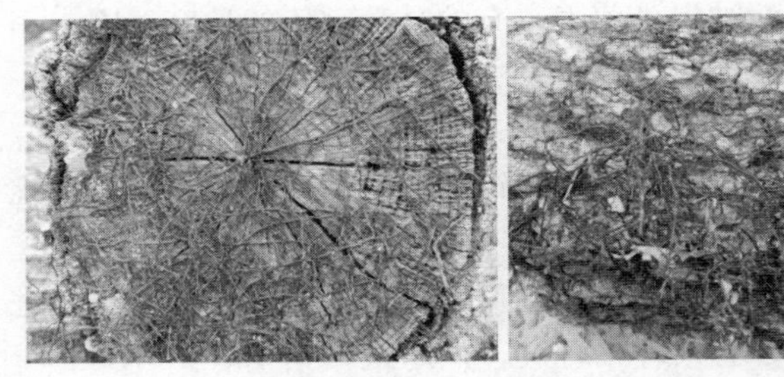

图 8－2　蜜环菌菌索长满菌材表面和截面的情况

可以在地面挖深坑、浅坑、或平地等方式进行发菌（图 8－3～图 8－5）。具体采用哪一种方法，根据生产者自己的条件确定，最好在设施内、室内进行发菌。野外培养蜜环菌受自然条件的影响大，菌索质量可能较差。

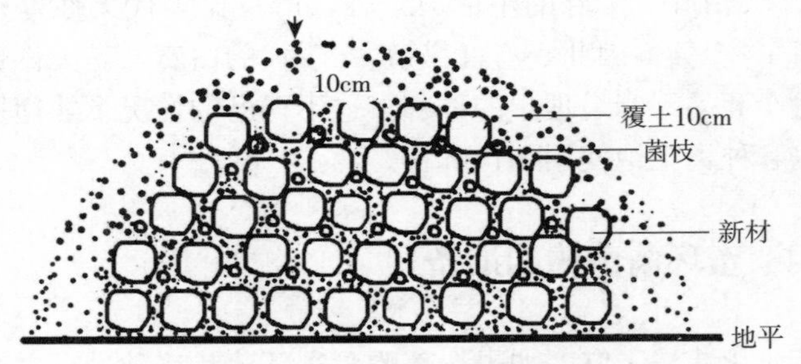

图 8－3　地面培养蜜环菌菌棒

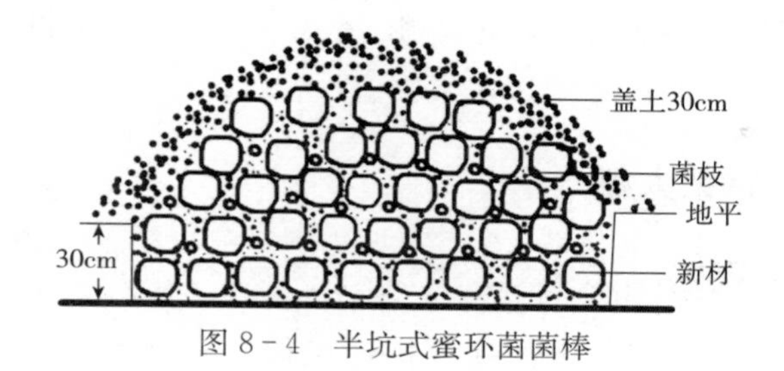

图 8-4　半坑式蜜环菌菌棒

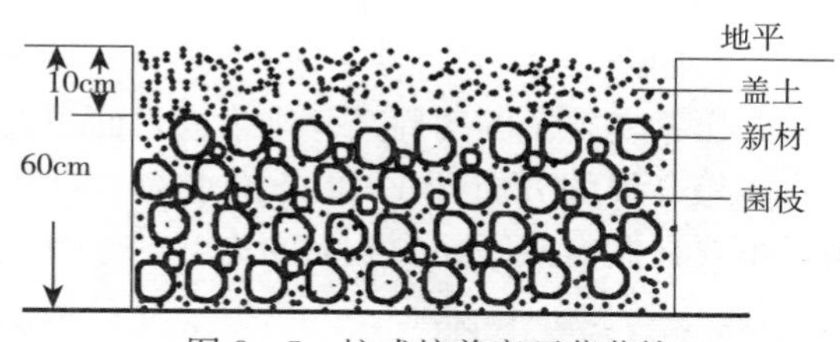

图 8-5　坑式培养蜜环菌菌棒

干旱少雨的地区，可以采用深坑式，多雨的地区、地势低洼的地点一般要采用平地式、浅坑式。四周都要开好排水沟，防止夏季暴雨淹、积水，导致蜜环菌菌索的死亡。

将地面、坑底部平整，压实，用石灰等进行消毒处理。地面铺一层沙土，厚度 4～8cm。把菌棒密集排列在沙土上，喷 2～3 次硝酸钾或硝酸铵溶液。播种蜜环菌菌种，每平方米用 2～3 袋（瓶），盖上一层 5～8cm 厚的沙土，继续摆放一层菌材，喷水，播种。如此码放菌棒，可以堆码 4～5 层菌材，表面为龟背形，预防松散的沙土垮塌。最外层覆土 20～30cm。播种完成后，浇透水。覆盖薄膜即可。每 10 天检查 1 次，根据失水的情况补足沙土中的水分。

第二节　设施建设

设施化栽培天麻的主要特点是选择现有的设施或搭建新的设

施进行栽培，包括玻璃温室大棚、钢架大棚、竹木大棚和房间等设施。

一、钢架大棚

（一）高棚

用钢材、木材、水泥柱等搭建架体，彩钢盖顶。棚高 3～6m，面积根据地势来确定，一般占地 1～5 亩。四周敞开，用遮阳网、钢丝网等围四周。

地面平整，压紧实在。棚四周开好排水沟，面积大的在大棚中轴线上垂直于等高线的方向开 1～2 条排水沟，即沿坡顶向坡的外侧开沟，不要在棚内开等高线方向的沟（图 8-6）。

图 8-6　钢架大棚

（二）拱棚

在山区很难找到数十米宽，几亩、几十亩面积的小平地，常常是 10m 以内的阶梯或梯田、缓坡地，这样的地点，可以根据地势的情况，搭建适当宽度的拱棚进行生产。

用钢管搭成拱形架，钢管直径 5～10cm。钢管间距 1.0～1.5m，棚高 2.0～2.5m，棚宽 6～8m，不要太宽，以防大雪压塌大棚。长度根据地势确定。顶部用遮阳网＋薄膜盖严。每个大棚外均要开排水沟。地面平整，压紧（图 8-7）。

图 8-7　钢架大棚外观和内部栽培方式

二、竹木大棚

（一）高棚

用竹竿、木材、水泥柱等搭建架体，并盖顶。立柱直径 20～40cm，棚高 2～3m，面积根据地势来确定，多为 30～50m^2，不要太大。四周用遮阳网、钢丝网等围上。棚四周均要开排水沟。上坡方向开一条 50cm 深，宽 50～80cm 的大沟，便于防止山洪对大棚的冲刷和破坏。地面平整，压紧实（图 8-8～图 8-10）。

图 8-8　木架大棚结构

图 8-9　竹架大棚

图 8-10　竹架大棚内部的栽培方式

（二）拱棚

用竹竿搭成拱形架，竹竿间距1.0～1.1m，棚高2.0～2.5m，棚宽4～6m，不要太宽，以防大雪压塌大棚。长度根据地势确定。顶部用遮阳网＋薄膜盖严。棚四周均要开排水沟。地面平整，压紧。

（三）矮棚

在高海拔的山区，地势陡峭，风很大。无法找到大面积的平坦土地，可以在地平面有1m以上的地方搭建矮棚。棚高80～100cm，棚宽80～120cm，长度不限。棚四周均要开排水沟。

材料为竹、木、钢筋均可。立柱长度130～140cm，间距100～120cm，在地面打孔，把立柱插入地下30～40cm深，四周压紧实。立柱之间在顶部用横条连接，用直径1.0～1.5cm的竹竿、竹片，用钢丝、铁丝在交叉处捆结实。在上面盖上遮阳网，再加上薄膜。冬天把薄膜遮盖严实，防止冻害，夏天把四周的薄膜卷在棚的顶部，可防止雨水。

矮棚四周要开好排水沟，防止雨水侵入棚内的蜜环菌菌床上。

（四）平棚

材料为竹干、木、钢管、水泥柱等均可。立柱直径10～20cm，立柱长度250～300cm，间距300～400cm，在地面打孔，把立柱插入地下50～80cm深，四周压紧实。立柱之间在顶部用软钢丝连接，呈十字方格网状，用钢丝、铁丝在交叉处捆结实。在方格网上面盖上遮阳网。雨水多的地区可以在上面加盖上薄膜，四周不要围薄膜（图8－11、图8－12）。

棚四周均要开排水沟。面积大的大棚内，要开2条十字交叉的大排水沟，便于排水。将地面平整、硬化以后就可以栽培。

图 8-11　钢结构平棚

图 8-12　竹木结构平棚

三、室内栽培

利用农村大量闲置的住房可以进行室内栽培。一般使用一层、负一层进行，二楼以上不便物资、沙土等的搬运，不宜使用。

也可以用钢材板房材料搭建新的栽培场地，在其中大面积栽培。

四、玻璃温室

新建玻璃温室投入过大，可以利用现成的玻璃温室栽培天麻。由于有政府多年资金支持，各地都投巨资建设了大量的温室，但由于种种原因，多处于闲置的状态。玻璃温室结构牢固、顶部和四周严密封闭，保温保湿，不怕风吹、雨淋、日晒、雪压、霜冻，是非常完美的栽培设施。但是，由于玻璃温室结构好、密封性强，体积很大，散热、换气性能不够好，室内温度在35～40℃，多适合冬季的蔬菜类植物生长，对蜜环菌和天麻这些只适合28℃以下生长的生物却不适宜。因此，要利用玻璃温室栽培天麻，就必须有强大的通风换气设备，顶部有可以自动控制遮盖的遮阳网，在夏天能够使室内的温度稳定降低在30℃以下才能够进行天麻的生产。

玻璃温室要建在地势较高的地方，四周开好排水沟，便于泄洪。

第三节　播　　种

一、播种季节

栽培季节对天麻产量有重要影响，适宜的栽培时期是夺取天麻高产的关键措施之一。低海拔地区一般在冬季进行栽培，高海拔地区以春季栽培为主。设施化栽培可以克服自然条件的限制，播种期可以根据设施建设的情况、各种菌种、原料等的准备情况，在5—7月天麻种子成熟时用天麻种子直接播种栽培，10月至翌年5月可以使用“0”代麻种进行播种（图8-13）。

用“0”代麻种栽培，以第一年的10月开始到翌年4月栽培

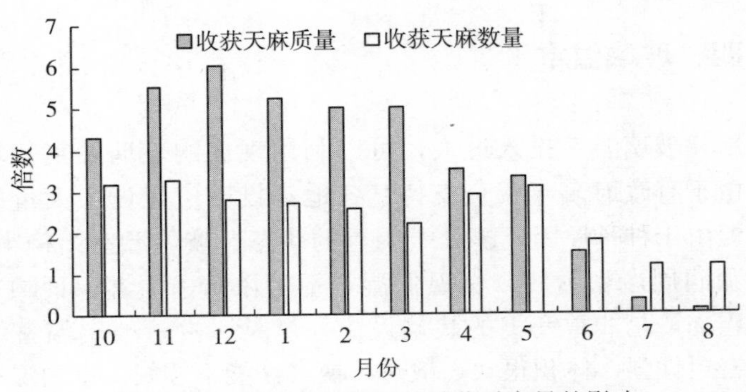

图 8-13　自然条件下播种季节对产量的影响

的天麻产量最高；4 月以后，气温渐渐升高，栽培越晚，产量越低。11 月以前下种，此时的气温较适合蜜环菌生长，处于长势较旺的时期，蜜环菌便可侵入种麻皮层细胞，进行消耗种麻体内营养的活动。若此时天麻体内代谢旺盛，便会引导蜜环菌向麻体深层中柱细胞深入，停止蜜环菌消耗麻体营养的活动，而转化为麻体吸收蜜环菌营养的过程。但是，这时的实际情况是，由于气温逐渐降低，已不再适宜天麻生长，种麻体内代谢活动逐渐减弱，将要进入休眠，故不能达到诱导菌体深入的目的。蜜环菌休眠温度较天麻低，使菌体较长时期处于吸收种麻体内营养的生理阶段，会导致种麻失去过多养分。另一方面在未进入休眠前过早下种，种麻未停止代谢活动，即使蜜环菌不反消化种麻，种麻体内的代谢活动也会消耗掉自己的部分养分。反之，下种过迟，种麻体内代谢活动开始后，长时间不接受蜜环菌的营养供给，也会消耗较多的自身营养，影响种麻以后的发育，从而影响它的繁殖产量。

只有在蜜环菌生长发育缓慢下来，天麻进入休眠的时期，才是天麻的最适栽培期，一般是在 10 月下旬到翌年的 4 月期间。在南方不太寒冷的地区，10—11 月栽种较好，因为种麻入土既可防冻，也可减少贮藏的麻烦。在北方严寒地区，种麻入土易受冻害，因而在春季 4 月栽培为宜。能够完全控温的工厂，可以全年进行栽培。

二、播种方法

建设好栽培场地后，把地面整平，用工具把表土压紧实，然后进行播种。设施化栽培天麻的具体方法有白麻麻种全新料栽培法、白麻麻种全蜜环菌菌棒栽培法、白麻麻种半新料栽培法、天麻种子菌种菌材一次性栽培法、天麻种子全菌棒栽培法等。

（一）白麻麻种全新料栽培法

这种方法是把蜜环菌菌材、蜜环菌菌种、白麻麻种一起同时下地的栽培方法。

设施内栽培天麻不用挖沟、挖窖。直接在地平面进行铺料。畦（厢）宽度设为80～90cm，不要太宽，便于操作。走道宽度为30～35cm，尽量宽一点，便于管理操作。

建挡板：用建筑装修工程上用的塑料板按照厢面的宽度要求在四周建挡板，挡板的高度为15～20cm。四周用短竹签、尖木签固定（图8-14）。

图8-14　挡板和栽培厢面

消毒：先用0.1%～0.15%的二/三氯异氰尿酸钠溶液喷洒1遍，再用石灰粉撒1遍。播种前，再用1%的硫酸铜溶液喷洒1次，对地面、架材等进行消毒。

摆放菌材：先在地面铺5～8cm的沙土，将菌材摆放在其上，大菌材间距为5～10cm，小菌材摆放在大菌材之间。用沙土填充满菌材下部，不要留有间隙。

施肥：在铺好的菌材上喷2～3次1%～2%的硝酸铵或硝酸钾溶液。

蜜环菌播种：每平方米用种量为3～5瓶（袋）蜜环菌栽培种。把菌袋撕破，菌种瓶剪破，取出菌种，在消毒后的塑料盆中，扮开成小块。在菌材上均匀摆放，在每个砍口上摆放1块菌种，间距为5～10cm，紧贴菌材。

摆放麻种：每平方米的麻种用量为300～500g，每根菌材放10～15g重的白麻5～6个，间距5～6cm；或放米麻10～12个，间距2～3cm，具体根据白麻麻种的大小来确定。种麻摆放的位置是在蜜环菌菌种块附近0～2cm。不对称地放在菌材的两边，两边麻种的位置故意错开，以协调蜜环菌供应天麻的养分。白麻顶芽向上向外稍斜，尾部靠近菌材的菌索密集处，若菌材较少或菌索较少，就要补充一些菌枝来增加蜜环菌的数量（图8-15）。

图8-15　摆放麻种

覆土：摆上麻种后覆盖沙土，厚度为10～15cm。填鲜沙土至与菌材上部的树皮相平时，再放1层鲜菌材，用土填实菌材与鲜麻之间的空隙，最后盖厚土层。

浇水：覆土后立即用清水将厢内的沙土浇透水。

覆盖：用遮阳网或剪破的蛇皮袋、黑色微膜等覆盖在沙土表面，以保水保湿（图8-16）。

图8-16　畦面的覆盖

采收：白麻栽培可以一年一挖。春天播种的，采挖期在10—12月，商品箭麻的比例在70%以上，其余为白麻、米麻，可另行移栽。

（二）白麻麻种全蜜环菌菌棒栽培法

这种方法是把蜜环菌菌棒预先培养好，到秋天、冬天白麻麻种收获后，在菌床上直接摆放白麻麻种的栽培方法。麻种埋入土中后，已经有大量蜜环菌菌丝体和菌索生长，麻种很快就可以与蜜环菌菌丝接触，蜜环菌菌丝可以供给其生长发育的营养，天麻生长更快，产量会更高。只是需要提前半年占地，延长了生产周期。

搭棚：平地，消毒，建厢。方法同前。

准备：春天3—4月先砍树，锯断，干燥。砍口后即可播种。

蜜环菌菌棒培养：在厢内铺1层沙土，密集排列菌材，喷2～3次1%～2%硝酸钾或硝酸铵溶液，将蜜环菌菌种播在菌棒上面，覆土。浇透水以后覆盖。

天麻麻种播种：挖开蜜环菌菌棒上的覆土，摆放白麻麻种，重新覆土、浇水、盖膜。

采收：第二年秋天可以采收，箭麻的产量在80%以上。

（三）白麻麻种半新料栽培法

这种方法是把蜜环菌菌棒预先培养好，到秋天、冬天白麻麻种收获后，在菌床上添加新菌材、摆放白麻麻种的栽培方法。菌床已经有大量蜜环菌菌丝体和菌索生长，麻种埋入土中后，麻种很快就可以与蜜环菌菌丝接触，蜜环菌菌丝可以供给其生长发育的营养，天麻生长更快，产量会更高。当菌材上的蜜环菌与种麻建立营养关系时，蜜环菌也同时传入新鲜菌材；到原菌材的营养被吸收殆尽时，新菌材就能为蜜环菌提供养料，因而能够保证天麻的生长。只是需要提前半年占地，延长了生产周期（图8-17）。

蜜环菌菌棒培养：春天3—4月先砍树，锯断，干燥，搭棚，平地，消毒建厢。在厢内铺1层沙土，密集排列菌棒，喷2～3次1%～2%硝酸钾或硝酸铵溶液，将菌种播在菌棒上面，覆土。浇透水以后覆土。

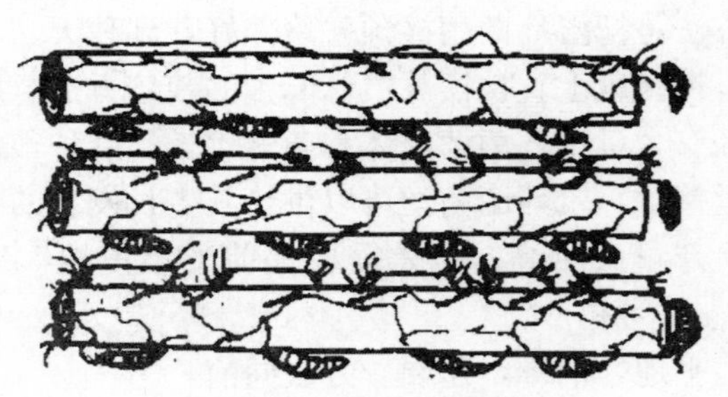

图8-17　半新料栽培方法

播种：挖开覆土，每间隔1根菌棒拿掉1根，补充1根新的菌棒，压实，摆放上白麻麻种，重新覆土。取出的蜜环菌菌棒在新菌床上摆放，间隔1根摆放1根新菌棒，再摆放上白麻麻种。覆土。以后的操作同上。

采收：第二年秋天可以采收。

用这种方法栽培天麻，到收获时新加进去的新菌材，尚未完全腐烂，因此蜜环菌的生长仍较旺盛。可以利用这些菌棒做新菌床的蜜环菌菌种。

（四）天麻种子菌种菌材一次性栽培法

这种方法是把菌材、蜜环菌菌种、萌发菌菌种、天麻麻种等一次性下地的栽培方法。箭麻春天开花、授粉、结果在5—7月收获天麻种子后，立即与萌发菌混合培养，预培养7～10d，很快就进行播种。先在栽培床上摆放新菌材、接种蜜环菌菌种，撒上天麻种子与萌发菌菌种的混合培养物，覆盖沙土。第二年秋天可以收获少量箭麻，第3年春天可以大量采收箭麻。这种方法节省了白麻麻种的培养时间，缩短了天麻的栽培周期，是一种快速生产天麻的方法，现在有很多生产者都是用这种方法进行商业化生产。

具体操作与天麻白麻种子的生产方法相同。采收期为第三年春天。

（五）天麻种子全菌棒栽培法

这是一种在春天把蜜环菌菌材预先接种蜜环菌菌种培养成蜜环菌菌棒，5—7月天麻麻种成熟收获以后立即与萌发菌菌种混合，预培养7～10d，播入已经长满蜜环菌菌索的菌棒的栽培方法。

第二年秋天不采收，到第三年春天才采收。总产量中可以获得70％以上的箭麻，同时收获的米麻、白麻也是“0”代麻种，可以用于麻种销售和规模化栽培。

三、注意事项

开厢（畦）的方向问题：在山区栽培天麻，再平坦的地方都会有一定的坡度，特别要注意排水问题。建畦（开厢）的方向要特别注意，一定要垂直于等高线方向，即要顺坡方向。不能沿等高线方向水平开厢，这个方向的沟内积水无法排除，导致天麻菌床内积水，排水不畅通，积水量大、时间久了就会导致天麻的腐烂，使已经长大的天麻烂掉，损失惨重（图 8－18）。

图 8－18　垂直于等高线开厢与平行于等高线开厢

天麻栽培后要防止人畜践踏。冬季盖上树叶或枯枝，春后 3—4 月去掉枯枝落叶，靠光照提高地温，促进蜜环菌的生长传播。在夏天高温干旱季节，可砍一些树梢覆盖、遮阳；秋后阴雨连绵，气温下降，要揭去遮阳物，增加光照提高地温，增大地表蒸发量，降低土壤湿度。要定期检查土壤湿度和天麻生长情况，若土壤干旱，要浇水或加厚遮荫物，若土壤过湿，要去掉一部分遮阳物。

第四节　管　　理

一、水分管理

天麻及蜜环菌的生长繁殖，都需要有足够的土壤湿度。久旱、土壤湿度不够时应及时淋水，并盖草保湿。干旱会造成天麻新生幼芽大量死亡，尤其在天麻生长最旺的 7—8 月，损失更大。合适稳定的土壤湿度才能保证幼麻正常发育。

如窖内水分过多，造成土壤板结，透气性差，将导致蜜环菌缺氧而死亡和天麻块茎的腐烂，使其他微生物活动猖獗。在天麻产区，人们常言“宁旱勿涝”，说明水分过多对天麻生产的危害是非常严重的。

二、温度管理

在夏季气温达30℃时，必须切实做好防暑降温工作。在我国南方，高温天气常与高湿相伴，天麻最易发生病虫害。在高温干燥天气中，既要防高温，又要勤浇水防干旱。

南方地区在10—12月栽培天麻，可能会遇到降雪及寒潮等连续低温天气，如不及时防冻，下地后的种麻易遭冻害，可使局部组织坏死，甚至导致整个麻体腐烂。北方地区4月春栽，也常有持续低温返潮，危害地下种麻。所以，天麻栽培后必须加盖薄膜或干草，保温防冻，注意温度变化，注意调节的措施，以免造成减产或失收。过低或过高的温度都会对天麻的生长发育不利。

三、通风管理

在设施内栽培，平均气温高于20℃后，可以将栽培床表面的薄膜、遮阳网揭开，放在走道内，使栽培床处于通风状态。晚上要打开大棚的两端门窗进行通风降温，白天可以卷起大棚四周的薄膜。平均气温低于20℃，可以2～3d揭开薄膜适当通气。冬天温度低，要掩盖薄膜，以保温为主。阴雨、绵雨季节，在无雨日要打开两端门窗，加强通风。

四、空气湿度管理

在设施内栽培，设施比较密闭，要结合通风管理，降低栽培床表面和设施内的空气湿度，减少病虫害的发生。阴雨、绵雨季节，在无雨日要打开两端门窗，加强通风，降低湿度。

五、杂草控制

设施化栽培的棚内光线很弱，加上遮阳网、黑色微膜的覆盖，一般不会大量发生杂草。大棚边缘的栽培床有少量杂草发生，在杂草幼嫩的阶段要及时拔掉。一般不需要使用除草剂进行处理。

六、杂菌控制

设施内栽培天麻，湿度、温度高而稳定，天麻栽培床表面容易发生多种黏菌、霉菌和大型真菌的危害。要及时对其进行控制和杀灭，不能任其自由发生和蔓延。具体方法见第九章内容。

要防止人、畜践踏及山鼠、蚂蚁、病、虫等的为害，每个生产环节中都必须注意这些问题。

第九章　天麻病虫害防治技术

第一节　天麻的主要病害

天麻设施化栽培过程中的病害，主要是栽培床的黏菌、霉菌、大型真菌的危害，天麻块茎容易发生腐烂病、烂窝、空窝等病害，天麻茎秆容易发生日烧病。

一、黏菌危害

天麻设施化栽培的空间比较密闭，很多栽培者在厢面上覆盖各种有机物，如木屑、树枝、藤蔓、稻草等，吸水后含水量高。天麻培养过程中，在厢面经常会有大面积的黏菌发生。开始为黏滑的黄色、鲜黄色液体，黄色液体状态不断扩展、面积增大，表面逐渐变干、收缩，颜色变白，干后成为近白色的粉状，最后变为黑色粉状、灰状。先是点状发生，2～3d 后形成一大片，严重者可能会布满整个的天麻栽培床面。

常见的物种：煤绒菌 *Fuligo septica*（L.）F. H. Wigg.、Prim. fl. holsat.（Kiliae）：112（1780）var. *septica*、*Fuligo septica* var. *flava*（Pers.）Morgan、*Fuligo rufa* Pers、*Fuligo candida* Pers. 等。

分类学地位：原生动物界（Protoctista），阿米巴门（Amoebozoa），黏菌亚门（Mycetozoa），内孢黏菌纲（Myxogastrea），柱黏菌亚纲（Columellnia），绒泡菌目（Physarida），绒泡菌科（Physaraceae）。

形态特征：子实体小。复囊体成堆垫状，宽1.5～3.0cm或更大，厚1～3cm；颜色多样，有白、赭、绿、粉红、暗红褐、黄紫等色。皮层有石灰质，较厚而脆，易分离。孢丝无色，纤细，与淡黄色的石灰团相连接，孢子堆灰黑色（图9-1）。

图9-1　天麻栽培床上的黏菌

生态习性：黏菌在有机物丰富、潮湿环境、阴暗环境最容易发生。春季至秋季生于腐木、植物体、树叶、青苔、土壤、沙石、垃圾上。由孢子、原生质体（即变形体）通过空气、水、土壤、昆虫、覆盖材料、变形体自身的快速运动等进行传播。世界各地均有分布。

生长条件：适宜黏菌生长的温度为20～30℃，空气相对湿度为95%～100%，pH 5.5～6.5。设施化栽培天麻的大棚内高温、高湿、通气不良，床面有水珠或薄的水层，这些特别适宜黏菌的爆发性生长。

危害：黏菌为原生动物，黏菌细胞为没有细胞壁的原生质团，形状不固定，呈黏液状，可以在任何固体、液体表面爬动，生长迅速。可以吞噬细菌、真菌菌丝、真菌孢子等，危及蜜环菌菌索和菌丝的生长，大量繁殖也会导致天麻块茎的腐烂，形成孢子以后会长期在栽培场地停留、休眠，遇到夏天、秋天高温高湿的条件以后又会大面积发生。

防治方法：发现少量地点出现后，立即用干石灰粉盖住，通风，保持干燥。把厢面上覆盖的有机物去掉，转移到栽培场地外烧掉。或用0.1%～0.2%的洗衣粉、0.2%～0.3%食盐溶液轻喷2～3次，每次喷洒后迅速吹干，即可杀灭。

二、霉菌危害

天麻栽培是一个开放式的系统，在蜜环菌培养及天麻与蜜环菌共生栽培的过程中，易受到土壤、木段原料中的各种腐生性霉菌感染，造成天麻栽培失败。这些竞争性霉菌主要是各种土生性丝状真菌。

栽培床表面的覆盖物、沙土上容易滋生多种霉菌，如：

木霉 *Trichoderma* spp.；

青霉 *Penicillium* spp.；

根霉 *Rhizopus* spp.；

毛霉 *Mucor* spp.；

曲霉 *Aspergillus* spp.；

枝顶孢 *Sarocladium strictum*（W. Gams）Summerb.，in Summerbell，Gueidan，Schroers，Hoog，Starink，Arocha Rosete，Guarro & Scott，Stud. Mycol. 68：158（2011），同物异名为：*Acremonium strictum* W. Gams，Cephalosporium artige Schimmelpilze（Stuttgart）：42（1971）]。

胡桃肉状杂菌 *Diehliomyces microspores*（Diehl & E. B. Lamb.）Gilkey，*Mycologia*46：790（1954），文献中的学名错误拼写：*Diehiumyces microsporus*）等。

这些霉菌在栽培床表面发生后，会深入到栽培床内部，危害菌材和天麻块茎，导致感染和绝收。

危害症状：霉菌容易在栽培床表面的覆盖物、沙土上生长，进入栽培床内部后在菌材或天麻表面呈片状或点状分布，部分发黏并有霉味，影响蜜环菌及天麻的正常生长，易造成天麻腐烂，严重影响产量。这些霉菌对天麻危害很大，如不及时防治，会造成严重损失甚至绝收。防治杂菌侵染，必须贯穿于整个天麻生产过程，每个环节都不能放松。

防治方法：防治杂菌感染的关键是充分满足蜜环菌所要求的环境条件，促使蜜环菌旺盛生长，使其在生态中占据优势种的地位，从而抑制杂菌的生长。具体防治措施如下。

（1）栽培床表面消毒，播种操作完成以后，最好在栽培床表面撒上石灰粉，适当通风以后再覆盖薄膜。以后定期通风，保持沙土表面处于比较干燥的状态，控制栽培床表面的霉菌感染。

（2）遮盖物的选择和消毒处理，尽量不要使用树叶、树枝、木屑等容易感染霉菌的材料覆盖栽培床表面。用旧的遮阳网、薄膜覆盖栽培床的，遮阳网、薄膜事先要用消毒剂消毒，可用0.1%的二氯异氰尿酸钠溶液喷洒2～3次，晾干以后再覆盖。

（3）培养场地及周围环境的选择，杂菌传播途径很多，以土壤传播较普遍，特别是多年耕作的土壤，一般都带有杂菌。有的小环境杂菌发生较严重，有的却很轻。在选择培养场地时，一定要选择环境中不带杂菌或少带杂菌的生荒土地。在设施化栽培场地，平整地面后，应该在荒地开挖沙土，用于地面的平整和天麻的栽培，尽量避免使用熟土覆盖菌材和厢面。

（4）严格菌种的使用，如菌种被污染并混有杂菌，杂菌繁殖扩大的速度就会加快，造成大面积污染。因此，严禁将带有杂菌的一、二、三级菌种用于生产。特别是使用已经长了菌索的菌棒进行栽培时，要特别注意挑选菌棒。有些蜜环菌生产者生产的菌种中有大量可以流动的液体，在运输过程中容易溢出菌种瓶，当菌种瓶重新摆正后，外面的液体会倒灌入瓶内，把菌种瓶外面的杂菌带入，接种后在菌床上就容易滋生杂菌，建议天麻栽培者不要使用有大量液体的蜜环菌菌种。

（5）培菌床不宜过大过深，菌床大小必须合适，菌床上菌材的根数不宜过多，以避免造成损失。特别在地下积水、透气不良的条件下，十分有利于厌气性杂菌的生长，应注意避免。

（6）创造满足蜜环菌生长所需条件，抑制其他杂菌生长。加大蜜环菌菌种的用量，使蜜环菌在菌床上迅速生长，在很短时间内能旺盛生长并占据优势地位。这样，其他杂菌就会因得不到足够的营养而无法生存。

三、大型真菌危害

设施化栽培天麻过程中，在天麻栽培床、裸露的菌材上容易发生多种大型真菌（图 9－2），如：

裂褶菌 *Schizophyllum commune* Fr. ［as ‘Schizophyllus-communis’］，*Observ. mycol.*（Havniae）1：103（1815）。

彩绒革盖菌（云芝）*Trametes versicolor*（L.）Lloyd，*Mycol. Notes*（Cincinnati）65：1 045（1921）［1920］，文献中常引用的是该物种的同物异名 *Coriolus versicolor*（L.）Quél.，Enchir. fung.（Paris）：175（1886）。

假蜜环菌 *Desarmillaria tabescens*（Scop.）R. A. Koch & Aime，in Koch，Wilson，Séné，Henkel & Aime，*BMC Evol. Biol.* 17（no. 33）：12（2017），过去的文献引用的是该物种的同物异名：*Armillaria tabescens*（Scop.）Emel，Le Genre Armillaria（Strasbourg）：50（1921）；*Armillariella tabescens*（Scop.）Singer，Annls mycol. 41（1/3）：19（1943），均为不合法的学名。

光柄菇 *Pluteus cervinus*（Schaeff.）P. Kumm.，*Führ. Pilzk.*（Zerbst）：99（1871）。

白栓孔菌 *Antrodia albida*（Fr.）Donk，*Persoonia* 4（3）：339（1966），同物异名：*Trametes albida* Lév.，in Zollinger，Plantae Javanicae：no. 2089（1847）。

薄孔菌 *Cerioporus mollis*（Sommerf.）Zmitr. & Kovalenko, *International Journal of Medicinal Mushrooms* (Redding) 18 (1): 33 (2016), 同物异名: *Trametes mollis* (Sommerf.) Fr., Hymenomyc. eur. (Upsaliae): 585 (1874)。

烟色黑管菌 *Bjerkandera fumosa* (Pers.) P. Karst., *Medd. Soc. Fauna Flora fenn.* 5: 38 (1879)。

多孔菌 *Polyporus* spp.;

平菇 *Pleurotus* spp.;

脆柄菇 *Psathyrella* spp.;

鸟巢菌 *Nidula* spp.;

田头菇 *Agrocybe* spp.;

脆柄菇　鸟巢菌

云芝　多孔菌

图 9-2　天麻栽培床上的部分大型真菌

鬼伞 *Coprinus* spp.；

鬼笔 *Phallus* spp. 等。

在木段上、厢面上形成大量的子实体，与蜜环菌争夺营养物质，使蜜环菌菌丝生长势减弱，天麻无法得到充分的营养供应，导致减产。

其中假蜜环菌的菌丝及菌索类似蜜环菌的菌索在菌材表面呈扇形分布，且不发荧光，这类杂菌能抑制蜜环菌的生长，使天麻得不到养分而死亡。正确区分杂菌与蜜环菌是防止杂菌感染的基础。杂菌与蜜环菌的主要鉴别特征见表 9-1。

表 9-1　蜜环菌与杂菌的区别

项目	蜜环菌	杂菌
菌丝	白色至粉白色	白色或其他颜色
菌丝在菌材上的形态和分布	菌丝大多分布于树皮内，粉白色；菌丝用手捻有滑润感，在菌材表皮外看不到，只有在菌材上菌索的断面处，温湿度适宜时才长出菌丝	菌材表面明显看到一束束、一片片的纯白色菌丝，有的能布满整段菌材
菌索在菌材上的形态及分布	菌材表面有不规则网状，外形似树根，呈圆形	有的杂菌在菌材表面呈扇形分布，菌素扁圆
发光情况	发光	不发光
生活习性	兼性寄生	多系腐生

防治方法：以树枝、木材为传染源的杂菌很多，特别是干腐的段木，适宜许多大型真菌的孳生，如各种多孔菌。因此，选择培菌或栽培用的树枝、段木，要求树材新鲜，无杂菌，有朽烂的树枝、树干、已经有大量杂菌存在的旧木材、木屑、树叶不能使用。段木砍下来以后，截面要用 1%～2%的石灰水清洗 1～2 次，杂菌发生严重的地区，要使用 1%～2%的硫酸铜溶液清洗 1 次，防止大型真菌从菌材侵入，感染菌棒。在菌材上砍口时，要

间断性地对工具机械消毒处理，砍好口以后及时放在菌床上进行接种，不要砍口后久放不接种。

及时清除杂菌：在培养蜜环菌、天麻块茎的过程中，如发现有杂菌生长，属局部小范围的，可将杂菌子实体拔掉，用石灰水、硫酸铜溶液处理段木生长杂菌的部位，抑制段木内部杂菌菌丝的生长。在菌床上露出土面的菌材，一定要及时用沙土进行覆盖，不能长时间暴露在空气中培养杂菌。对不能拔除的少数被杂菌污染的菌材，可挖出、销毁，更换新的菌材。

四、块茎腐烂病

出现块茎腐烂病的天麻块茎表皮部萎黄，中心腐烂，块茎内部恶臭；有的块茎组织内部充满了黄白色或棕红色的蜜环菌菌索；有的块茎会出现紫褐色病斑；有的块茎用手捏之渗出白色浆状浓液。其主要原因是由多种病原菌引起。高温、高湿可导致此类病严重孳生蔓延。当种麻受到虫害、机械损伤时，也可加重此类病的发生。

1. 黑腐病

引起天麻黑腐病的主要病原菌为尖孢镰刀菌 *Fusarium poae* (Peck) Wollenw.，inLewis，Maine Agr. Exp. Sta. Bul. 219：256（1913）。分类学地位属于：菌物界（Fungi），子囊菌门（Ascomycota），盘菌亚门（Pezizomycotina），粪壳菌纲 Sordariomycetes，肉座菌亚纲 Hypocreomycetidae，肉座菌目 Hypocreales，赤丛壳菌科 Nectriaceae。

引起天麻黑腐病另外的病原菌的病原菌还有绿色木霉 *Trichoderma viride* Pers.，Neues Mag. Bot. 1：92（1794），白环锈伞 *Agrocybe praecox*（Pers.）Fayod，Annls Sci. Nat.，Bot.，sér. 79：358（1889）等病原菌。

形态特征：尖孢镰刀菌在 PDA 培养基上菌落白色，菌丝茂密旺盛，底部淡紫色或蓝紫色。镜检可见大量镰刀形分生孢子，菌丝白色，常腐生在蜜环菌菌材表面，呈片状分布，生长速度快。由菌材感染天麻球茎，染病球茎早期出现黑斑，即称之为黑斑病，染病后期球茎出现腐烂，严重时部分至全部天麻变黑色，味极苦，对天麻栽培危害严重（图 9-3）。

图 9-3　天麻黑腐病

防止方法：挑选好种麻，切忌将带病种麻栽入培养好的菌床中，如发现有局部甚至极小部分腐烂和微小黑斑的种麻，均应弃之不用。选择好优质菌材和培育好适宜的菌床。加强田间管理，控制好湿度和调节好温度。防止积水浸渍或干旱发生。严禁在发生腐烂病害的场地及其周围继续栽培天麻。

2. 锈腐病

引起天麻锈腐病的病原菌为泥赤丛壳菌 *Ilyonectria destructans*（Zinssm.）Rossman，L. Lombard & Crous，in Lombard，vander Merwe，Groenewald & Crous，*Stud. Mycol.* 80：217（2015），过去的文献使用的是该物种的同物异名：*Cylindrocarpon destructans*（Zinssm.）Scholten，Neth. JlPl. Path. 70（suppl. 2）：9（1964）；*Ramularia destructans* Zinssm.，Phytopathology 8（11）：570（1918）]。分类学地位属于菌物界，子囊

菌门，盘菌亚门（Pezizomycotina），粪壳菌纲（Sordariomycetes），肉座菌亚纲（Hypocreomycetidae），肉座菌目（Hypocreales），科未确定。

在PDA培养基上培养，子座体茶褐色，气生菌丝初为白色，后为褐色。厚垣孢子串生或呈结节状，茶褐色，直径6～16μm，分生孢子梗单生或分枝，圆柱形，卵圆形，多具乳头状突起，无色透明有隔膜。连作栽培床和多代无性繁殖、种性退化的天麻染病严重，病原菌沿中柱层维管束侵染，染病天麻横切面中柱层出现小黑斑，种麻最严重。

发病症状分为两种类型：一类是湿腐型，病部呈现水渍状病斑，不生锈斑，病部扩展迅速，造成腐烂，但无臭味产生；二类是软化型，病部呈失水状，表面皱缩，部分常变褐，生锈斑。

防治方法：此病一旦发生，无药剂可以治疗。预防方法有，严禁在同一地方连栽培天麻，若因栽培场地所限无法转场，则必须换新的填充料；避免使用多代无性繁殖退化麻种．大力推广有性繁殖种麻；把好种麻质量关，严禁带病麻作种栽培；搞好栽培管理，创造适合天麻生长的生态环境条件。

3. 褐腐菌

天麻球茎变褐腐烂病的病原菌是黄瓜灰霉病菌 *Botrytis cinerea* Pers.，*Syn. meth. fung.*（Göttingen）2：690（1801）。分类学地位属于：真菌界，子囊菌门，盘菌亚门，锤舌菌纲（Leotiomycetes），锤舌菌亚纲（Leotiomycetidae），柔膜菌目（Helotiales），盘核菌科（Sclerotiniaceae）。

危害症状：受害初期表面形成灰褐色，中部下陷的圆形病斑，病斑可多个愈合成不规则褐色大斑块。球茎内部腐烂成白色乳浆状物，但表皮仍然保留。当湿度大时，病球茎表面长出灰白色菌丝，并形成菜籽大小的黑色菌核，菌核周围有菌丝缠绕，附着在病麻表面，容易剥离。

防治方法：

（1）严格选择栽培地。选地要适当，若地势低洼，土质黏重，通透性不良，易发生块茎腐烂病。

（2）严格挑选种麻和菌种。在选种时，如发现有腐烂的种麻，即使腐烂点很小也不能用；有杂菌的菌种不能使用。切忌将带病种麻栽入栽培床中。

（3）严格对培养土及填充物的处理。选干净、无杂菌的腐殖质土、树叶、锯木屑等疏松填充物，使用前最好要进行堆积、消毒、晾晒，栽培时要填满空隙，不宜压实，不要漏填，要使天麻播后营养充足，生长良好。

（4）严格田间管理控制。适宜的温度和湿度，避免栽培床内长期积水或干旱，这对于防止腐烂病的发生极为有效。

五、蜜环菌生理性病害

（一）症状

天麻和蜜环菌之间是一种共生的营养关系。天麻生长所需水分小于蜜环菌。当土壤中含水量大时，适宜蜜环菌生长而不适宜天麻生长，使蜜环菌生长优势增强，而天麻生长则受到抑制，从而打破了蜜环菌的正常生理侵染，既可侵染母麻，又可侵染新生麻，并能侵入天麻块茎中柱层，导致天麻溃烂；同时在不利于天麻生长的条件下，蜜环菌索亦可由母麻通过营养茎侵入新生麻。新生麻腐烂后，体内充满蜜环菌索，粗壮的菌索附在天麻块茎表皮层，可分泌一些化学物质，引起表皮层溃烂，颜色变黑，严重影响天麻的产量和品质。

（二）防治方法

选择排水良好、通气性较好的腐殖质土或沙壤土做栽培地，并选择有性繁殖生产的白麻、米麻作种麻，增强天麻生长势，提高天麻抗逆能力。在栽培过程中，应注意开设排水沟，特别是连续暴雨后，栽培穴内积水时应及时排除积水。在秋末冬初季节，除要排好积水外，还应经常抽穴检查。若发现天麻被蜜环菌危害时，应提前采收。

六、天麻烂窝

发生条件及症状：天麻烂窝主要是由高温引起的一种生理性病害。高温使麻体生理活性受阻，开始时新生麻体颜色变暗，光泽消失，继而造成不同程度的坏死。

防治方法：选择气候凉爽的高海拔地区作为发展天麻的重点基地，在低海拔气候较热的地区，要尽量选择遮荫条件好、凉爽湿润的场所栽培天麻，以利安全越夏。若因场地选择不当，夏季栽培床温降不下去，可将麻栽培床及时转移到凉爽的场地管理。迁移时，要小心将菌材连同已发窝的麻体一并迁到新的场所，尽量保持菌麻结合状态。越夏期间加强水分管理，可于每天 13：00 之前，14：00 之后，少量多次浇水，通过水分的蒸腾吸热作用，把栽培床温降低到 28℃以下。加厚覆盖物厚度，或在地下水位低的地方挖栽培床。可以得到降低和稳定床栽培床温度的效果。选用窄床小栽培床栽培，改善天麻栽培床通风透光条件，使天麻栽培床温度控制在 28℃以下。加强湿度管理，避免高湿度。

七、天麻空窝

发生症状：天麻空窝是指由于种麻受害而引起腐烂的一种生理性病害。引起烂种空窝的原因，一是在挖天麻和运输种麻过程中因机械损伤造成的；二是收获天麻时间过晚，在收获或贮藏中受到冻害；三是使用了带病种麻。

防治方法：起麻时防止挖伤碰伤；选择好的健壮种麻，在太阳光下晒至发白，既可以杀灭部分病菌，又可减少水分，便于种麻的运输和贮藏，并易发芽。运输种麻防止过大包装，避免挤压受伤。天麻生长后期，要控制好水分和温度，防止高温高湿引起病害腐烂。起挖种麻要仔细进行检查和筛选，剔除带病、可疑的种麻。

八、天麻茎秆日灼病

天麻花茎抽薹出土后，由于遮荫不当，太阳光直射植株会引起日灼病。

危害症状：在天麻箭麻培育过程中，当天麻茎秆出土后，花茎向阳面受强光照射，受害部位颜色加深、变黑，甚至逐渐死亡。如果遇到阴雨连绵的天气，空气湿度过大，不通风，就易染霉菌，导致茎秆倒伏。

防治措施：最好在室内培育箭麻（开花、授粉、结果），能较好地避免阳光直射，预防病害。露天培育天麻种子时，育种圃应选择树荫下或遮荫的地方，并在箭麻旁插竹竿，将天麻茎秆绑在竹竿上，使花茎在受到轻微危害时不致倒伏。

第二节　天麻的虫害

一、蝼蛄

蝼蛄是节肢动物门（Arthropoda），昆虫纲（Insecta），直翅目（Orthoptera），蟋蟀总科（Grylloidae），蝼蛄科（Gryllotalpidae），蝼蛄属（*Gryllotalpa*）昆虫的总称。蝼蛄俗名地狗、拉拉蛄、地拉蛄、天蝼、土狗等。蝼蛄分布广泛，食性很杂，昼出夜伏，有趋光性，嗜好香甜的食物，春秋两季活动频繁。成虫和若虫在天麻栽培床的表土层下挖洞、开掘纵横交错的“隧道”，咬食天麻块茎，使天麻与蜜环菌断裂，破坏天麻与蜜环菌之间的养分供应关系，使天麻块茎失去营养来源，同时带来大量的杂菌感染。蝼蛄1年发生1代，4月开始活动，6—7月为交尾期，产卵在天麻栽培床下25～30cm深处，卵经25d左右即孵化成乳白色若虫，再经15d后在夜间出来活动。以成虫或若虫在土中越冬。蝼蛄对天麻的为害平时不易发现。

防治方法有2种。

1. 灯光诱杀

利用蝼蛄趋光性强而飞翔能力弱的特性，设置黑光灯诱杀成虫，黑光灯置于厢面上方20～30cm处，不宜过高。在天气闷热、降雨前的夜晚开灯诱杀效果很好。

2. 毒饵诱杀

将5kg谷秕子煮成半热，或将5kg麦麸、饼粕等混合炒香后，加上90%美曲膦酯150g兑水成30倍液制成毒饵，选择无风闷热的晚上，将毒饵撒在蝼蛄活动的“隧道”中进行诱杀。

二、金龟子（蛴螬）

金龟子的分类学地位属于鞘翅目（Coleoptera），金龟总科（Scarabaeoidea），为该科所有物种的统称。其幼虫（蛴螬）是主要地下害虫之一，危害严重，常将植物的幼苗咬断，导致枯黄死亡。蛴螬是金龟子幼虫的总称，俗称地蚕、土蚕等，我国发生种类多、分布广。蛴螬在畦床内嚼食天麻块茎，将块茎咬成空洞，或破坏正在发育中的天麻顶芽，一方面降低商品品质，另一方面造成天麻块茎的病害，最终带来严重的减产，严重的导致烂窝、空窝。蛴螬还可以在菌材上蛀洞越冬，损毁菌材。

防治方法：在播种或栽植前，用50%辛硫磷乳油30倍液喷于栽培床内底部和四壁，再用此液拌于填充沙土中。若在栽培后发现发生虫害，可用该药700～1 000倍液灌注地下。有条件的地方，可在天麻栽培场地附近设置电灯、马灯、黑光灯诱杀蛴螬成虫。

三、粉蚧类

粉蚧为小型吸汁昆虫，分类学地位属于同翅目（Homoptera），粉蚧科（Pseudococcidae），粉蚧属（Pseudococcus），分布全球，适应各种环境。雌虫卵圆形，行动迟缓，长约1cm，体外有白色黏粉。主要危害各种果树、花卉、多肉植物等，常群集于枝、叶、果上，以吸取植物汁液为生，严重时会造成植株死亡。粉蚧雌虫和幼虫群集在叶背。雄成虫中胸有1对发达的前翅，体末有发达的生殖鞘。危害农作物、果树、园林、森林和牧场。粉蚧主要为害天麻块茎。一般是由菌材、新材等木棒带入栽培床内。冬季以若虫或成虫群集于天麻块茎或菌材上越冬，群体危害天麻，使天麻块茎颜色加深，并影响块茎生长，使块茎瘦弱。为害后，天麻长势减弱，品质降低。

防治方法：粉蚧较难防治，主要采取隔离消灭措施。在选择培育菌材时，首先选用场地周围没有或较少介壳虫的地带，选用没有介壳虫的木材培养菌材尤为重要。如仅仅是个别栽培床发生虫害，应将该栽培床挖开，用1%洗衣粉+1%食盐溶液喷洒，杀灭粉蚧幼虫后，把菌材全部转移销毁，栽培床弃之不能再用。如种植区成片遭受危害，则整个种植区都不能再发展天麻生产。凡有介壳虫发生的地方收获的天麻，一律不能继续用做种麻，应全部加工成商品麻使用。

四、蚜虫

为害天麻的蚜虫种类较多，均属同翅目，蚜总科（Aphidoidea）的昆虫，俗称腻虫、蜜虫、天游子。蚜虫也是地球上最具破坏性的害虫之一。其中大约有250种是对农林业和园艺业危害严重的害虫。蚜虫的大小不一，身长1～10mm不等。蚜虫在世界范围内的分布十分广泛，但主要集中于温带地区。蚜虫物种的多样性在热带比在温带要低得多。蚜虫可以进行远程迁移，主要是通过随风飘荡的形式来进行扩散。其繁殖能力极强，每年发生 10～30 代，生活在麦田、草地等处。5—6 月以成虫和若虫群集于天麻花茎及花穗上，刺吸天麻组织的汁液。天麻植株被害后，生长停滞、矮小、畸形，花穗弯曲，影响开花结实，导致果实瘦小、成熟的种子数量稀少。

防治方法：当蚜虫暴发时，可用 2.5％鱼藤精、40％硫酸烟碱 800～1 000 倍、0.04％苦参碱 400 倍、48％乐斯本乳油 1 000 倍、20％灭扫利乳油 2 000 倍、5％来福灵乳油 2 000 倍、50％抗蚜威 2 000倍、50％灭蚜松 1 000 倍等生物或化学农药的溶液进行喷雾防治。

大规模进行天麻人工授粉的场地要远离桃树、李树等蚜虫越冬的寄主，远离春季油菜开花的地块。先清除场地周围的杂草，在场地四周喷洒蚜虫杀灭剂，减少越冬虫源及其迁入的机会。

五、白蚁

白蚁属于同翅目，白蚁科（Termitidae）昆虫，俗称白蚂蚁。为害天麻的白蚁种类主要是黑翅土白蚁、粗领土白蚁、黄翅大白蚁、黄胸散白蚁和家白蚁，其中以黑翅土白蚁最为凶狠，为害速度快、程度深、范围广。白蚁危害菌材，将菌材蛀成隧道，在栽培床内做蚁巢，把蜜环菌菌丝和菌材蛀食一空，对蜜环菌、天麻原球茎、块茎也会啃食，受害轻的减产，严重的会绝收。

防治方法：

1. 挖巢清场法

种植前，以种植场地的中央为圆心，以白蚁最大为害距离为半径，寻找并挖除所有白蚁巢穴。

2. 毒土隔离法

杀灭既定范围内所有白蚁后，在种植区域边缘挖掘 100cm

深、30cm 宽的深沟，将氯制剂（或煤焦油）与防腐油按 1∶1 配成混合剂，绕土混填，以达到阻止白蚁进犯的目的。

3. 清除菌材虫源

种植天麻时不宜使用带虫的木材培养菌材，如木材带虫，则需经药剂处理后才能使用。可用白蚁粉 50g 兑水 50L 配成溶液，或 90%晶体美曲膦酯 800 倍液，或 3%呋喃丹 1 000 倍液。装入木盆，浸泡菌材 15～30min；也可将菌材堆放在塑料薄膜上，用稀释药液淋湿菌材，另盖上塑料薄膜密闭3～5d；还可将菌材捆成把或装入纤维袋中，扔入池塘内淹没 12d。菌材经以上处理后，可有效地清除白蚁虫源。

4. 坑埋诱杀法

在有白蚁活动的地方挖掘土坑，填放其喜食植物包裹的毒饵。可用灭蚁灵 500mL 加玉米粉、松木屑各 500g 混匀制成毒饵诱杀，或用白矾适量拌入食物中（食物对白蚁的诱导力必须高于培养基质菌丝的诱导力），置于白蚁经常出入处，白蚁食后还会将剩余食物搬进洞内，其余白蚁吃后会相继中毒死亡；还可在诱来白蚁后，用灭蚁酚、灭蚁王、灭蚁膏等药剂来杀灭种植区域内的白蚁，或用 80%砷酸加 15%水杨酸、5%氧化铁混匀后直接施入蚁巢灭蚁。

5. 灯光诱杀

利用白蚁趋光性，在白蚁分飞的 4—7 月，每天早晚在有白蚁的地方设置诱蛾灯诱杀有翅白蚁成虫。

六、跳虫

跳虫属于弹尾目（Collembola）中无翅的低等小型害虫，俗称天麻虱子、烟灰虫、弹尾虫。为害天麻的跳虫种类主要有短角跳虫、棘跳虫和紫跳虫。跳虫一般以较高的湿度为生存条件，在 20～25℃下最活跃。长江以南春、夏季雨水多，为跳虫大量繁殖季节。跳虫 1 年可繁殖 6～7 代。冬天跳虫在土中照样危害天麻。

跳虫常常群集在菌材、菌种和天麻块茎上，数量巨大，从几十头到几百头、几千头，取食蜜环菌的菌丝、菌索和天麻球茎。在天麻栽培床内取食菌棒上的蜜环菌菌丝，抑制发菌；还携带病菌传播病害，破坏蜜环菌的繁殖及菌索的形成，直接危害萌发嫩芽的天麻生长点，嫩芽受害后生长不良或变色坏死。天麻块茎体表若有腐败伤口，棘跳虫就在伤口处聚集成堆为害，使天麻块茎腐烂形成凹洞，有难闻气味，常见棘跳虫把菌棒表层啃食光，伤口陈旧，使菌棒变黑。

防治措施：

1. 选择无虫场地栽培

无论是老栽培场地还是新场地，首先要细致观察是否有隐蔽跳虫虫源，选无虫场地栽培，避免其引发为害。

2. 场地施药预防

栽种天麻时，每平方米栽培床用5%辛硫磷颗粒剂10～20g拌适量干细黄土，撒施栽培床内栽培地面与栽培床的四周。

3. 挑选无虫麻种

凡发生过棘跳虫的种麻与菌材不能使用。特别要注意不盲目到外地调种、引种。

4. 适当处理菌棒

把菌棒集中堆放，喷洒25%氯氰菊酯2 000倍液，每堆放1层菌棒并均匀喷药1次，最后用农膜密封4～6d，防治效果显著；或用药液浸泡菌棒12min；对有虫源的菌棒、菌材，可挖出翻晒2～3d，使虫自行逃离。

5. 挖沟排水

挖沟排水，降低栽培床内湿度，使栽培床内湿度不利于跳虫生活。

6. 盛发期防治

一是揭开覆盖物，用20%氯氰菊酯乳油2 500倍液或4.5%氯氰菊酯乳油2 000倍液喷洒栽培床内，每平方米栽培床喷5kg药液，或配制毒土撒施栽培床内；二是用矿泉水塑料瓶制作简易漏斗，在栽培床内四角及对角线相交的正中间把药液灌入栽培床内，每平方米灌 1kg 药液；三是将喷雾器的喷头卸掉，在栽培床内各处多点灌药，分别把喷杆插入栽培床内，直至底材，喷入药液，每平方米喷入药液 1kg，均可取得理想的防治效果。

七、蛆虫

很多种昆虫的幼虫即蛆虫。蛆虫会为害天麻块茎，如蚊、苍蝇等的幼虫。被害天麻的块茎表面有明显的虫蛀空洞，在块茎上形成 1～3 条蛀道，蛀道直径 5～8mm，诱发病害发生引起烂麻，失去商品价值。在温暖潮湿和腐殖质、树叶覆盖多的栽培场地容易发生。在排水良好、沙土基质、通风良好的场地，蛆虫危害较少，烂麻也少。

防治方法：

1. 加强检疫

在引种、选种、调种过程中，要加强检疫，严禁携带虫源的麻种传入新的栽培区、栽培户。

2. 农业防治

杜绝使用老麻种、老菌棒、老场地栽培天麻。特别是要尽量避免在已经发生过蛆虫危害的地方连作。在采挖天麻、种植天麻时，发现受害天麻或蛆虫、幼虫、虫蛹时，要把场地和天麻等用杀虫药物喷洒处理，然后清理掉全部材料，再次喷洒药物，彻底处理场地后再进行栽培。

3. 药物防治

在春、秋两季成虫羽化至卵孵化初期，用 3%护地净颗粒剂 5～6g/m²，5%毒死蜱颗粒剂 3～5g/m² 与 10 倍的细沙、细土拌匀后撒在天麻栽培床的表面和四周，并覆盖 1cm 的细沙。用洗衣粉水、洗衣粉加食盐水溶液喷洒在栽培场四周积水中，杀灭污水中的虫源。用红糖：食醋：淘米水：美曲磷酯：木屑的比例为

100：100：200：0.5：5配制成诱杀物，装在塑料容器内，摆放在栽培场的各处诱杀成虫，防止蛆虫入侵栽培床。

八、蚂蚁

对蚂蚁可用灭蚁净药杀。也可用肉皮、肉块、鸡块、鱼骨头等埋入有蚁害的天麻附近，2d后拨开看，如发现蚂蚁聚集时，用热水浇杀。

九、伪叶甲

伪叶甲成虫为害天麻果实，在果实上蛀孔。天麻果期较短，而伪叶甲虫口数量不多，为害情况不严重，若发现有为害时，采用早晚人工捕捉即可。

十、其他

常见的其他虫害还有地蚕（地老虎，图9-4）、金针虫、白线虫、天牛、钱驼子、老鼠等。

图9-4　地老虎

防治方法：对这类虫害可用菜籽饼粉碎后拌入美曲磷酯撒于畦床上面，再进行药杀，或用毒饵诱杀。但应尽量少用或不用烈性农药。对畜禽应注意管理。对露出的天麻块茎应及时用培养料覆盖，防止招引害虫。

第十章　天麻加工技术

第一节　天麻的收获

一、收获时间

天麻繁殖分为有性繁殖和无性繁殖。

有性繁殖规模化生产，只需要一次性下种培养，操作次数少，省工省力，很多天麻产区都在推广这种生产模式。冬天采集箭麻，培育箭麻到春天开花，经人工授粉、结果，得到有性繁殖的天麻种子；把种子与萌发菌菌种混合，使种子萌发成为原球茎；在5—7月与蜜环菌菌种一起进行播种，18个月后，到第二年11—12月收获。如果播种期提前到4月下旬或5月上旬，种子萌发后能及时接上蜜环菌，播种当年11月便可形成适合于移栽的白麻和米麻，但收不到箭麻。此时需进行翻栽，否则栽培床内白麻和米麻生长密度大而出现拥挤，大多数因翌年接不上蜜环菌而死亡。

无性繁殖规模化生产，选用“0”代白麻做麻种进行繁殖，一般于冬季栽种的，第二年冬季或第三年春季采收；春季栽种的，当年冬季或第二年春季采收，冬季采收的为“冬麻”，春季采收的为“春麻”。

我国天麻的产区分布广，自然条件、栽培时间和方法等不尽相同，收获时间应根据当地的自然条件、栽培时间和方法等确定。总的原则是：在天麻停止生长或经过休眠将恢复生长前收获，既不影响天麻品质，又不会产生冻害，还有利于栽培。过早收获，天麻尚在继续生长，不仅降低产量，而且影响产品质量；过迟采收，易遭受冻害及地下害虫、鼠类的为害，并且在逆境条件下，蜜环菌会发生反消化，吸取天麻体内物质作为营养而影响天麻产量和质量。

我国北方或高海拔地区，天麻年生长时间短，一般在 9 月下旬至 10 月上旬就停止生长，在 10 月下旬就开始休眠，而冬季严寒易使天麻受冻，故应在 11 月上旬收获；南方及低海拔地区，天麻年生长周期较长，通常在 10 月下旬至 11 月上旬才停止生长，而冬季降温较迟，又不十分寒冷，天麻进入休眠的时间晚，可在 11 月下旬至 12 月收获，也可在翌年 3 月下旬前收获，用做种麻的就可随收随种。

二、采收方法

采收时，先将表层盖土或覆盖物去掉，在接近天麻生长层时，要慢慢刨土，发现天麻则顺着天麻着生处刨土，能取出的就先取出。然后再取出菌材收取天麻，应将栽培床内的米麻、白头麻和箭麻全部取出（图 10－1、图 10－2）。

由于收获时天麻已停止生长，生活力低，对外界的抵抗力差，容易感染杂菌而腐烂，因此，收获时除应防止天麻块茎碰伤

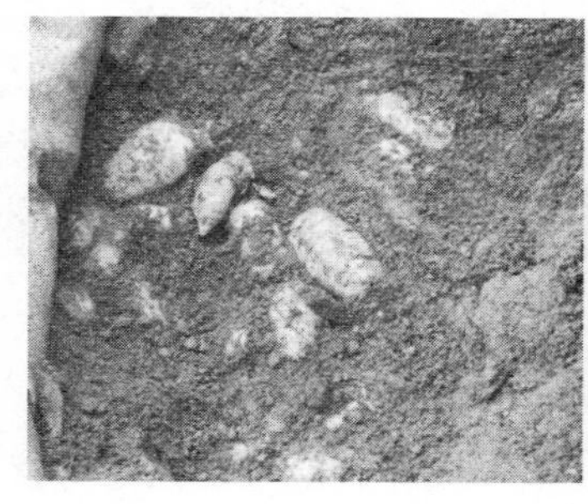

图 10－1　天麻的采挖

图 10-2　采挖出来的新鲜天麻

外，也不能用装过肥料、盐、碱、酸等的用具来装天麻，尤其不能装做种的天麻。待全部收完后，选出留种用的箭麻、白头麻和米麻，其余全部准备加工。

三、天麻收获应注意的事项

注意不要损伤麻体。采挖时应小心将表层遮盖物、培养料、沙土等扒去，掀掉菌材，将天麻轻轻取出，千万注意不碰伤麻体，特别是做种用的白麻和米麻。

注意四周的搜寻，不可忽视而漏掉天麻。因四周蜜环菌发育较好，天麻也较多，要在四周寻找干净。

收获的箭麻应及时加工，白麻和米麻应及时栽培或贮运。储藏时间长，会造成溶菌酶素减弱而降低天麻的生命力。

第二节　鲜销天麻的保藏与销售

传统的商品天麻是以干品加工为主。由于新鲜天麻的口感、营养价值等远远优于干天麻，天麻鲜品可以直接作为新鲜食材，在各种菜品中加入，做成凉拌菜、炒菜、炖菜、烧菜、汤菜等食品，这些消费方式是用干天麻无法实现的。近年来人们对天麻鲜品的接受程度越来越高，在市场上的销售量越来越大，价格也非常高，一般为60～180元/kg，是干天麻的3～5倍，栽培者可以通过鲜天麻的销售获得更高的经济效益。随着人们对新鲜天麻的需求增加，天麻鲜品销售量将会越来越高，并将成为天麻产品的一种主要消费方式，在市场上实现全年销售。

室内设施化栽培及人工调节温度和湿度栽培天麻，可以随时播种随时采挖，每一天都可以根据订单供应天麻鲜品市场。但是因为生产成本等因素，目前这种生产模式生产的天麻产品数量还非常少，无法满足市场需求。

现在我国商业化、规模化栽培天麻99%以上都是采用传统的方法，在室外、露地或简易的设施内进行生产。这些传统栽培方法收获的天麻都有季节性、远离消费市场、生产地点非常分散的问题，一般在春季、秋冬季两个短暂的时间采挖，离大都市的距离有数百到数千千米，每个单独的生产基地集中的生产面积都不太大，因此无法满足市场上一年四季对天麻鲜品的需求。为了解决供货时间短而市场需货时间长的矛盾，收获的天麻必须采取保鲜措施，延长天麻鲜品在市场上的供应时间，尽量满足市场全年对鲜货的巨大需求。

新鲜天麻的货架寿命很短，常温下不会超过1个星期，给天麻鲜品销售带来了技术困难。同时，新鲜天麻的销售要保证每天都有货源保证，在短时间内能够保鲜保质，运送过程中不能够腐烂变质，需要研究一些新的加工技术。

一、鲜天麻的保藏

1. 室内沙藏

少量生产的基地，新鲜天麻数量较少，如果进行鲜销，需要短时间保藏，等到集中收购的时间才能够进行销售。可以将采挖出来的天麻放在地下室、一楼的室内。地面和墙面用石灰水、石灰粉消毒处理后，把天麻直接用河沙、沙土掩埋，将沙土喷水保持湿润状态，表面覆盖薄膜。冬天可以保存 2～3 个月，夏天可以保存 1～2 个月。随时可以从中取出在当地进行鲜销。

2. 冷库保藏

对大量采集的鲜天麻，可在周转筐内垫一层薄膜，底层铺一层河沙或沙土，放入未清洗的新鲜天麻，再用河沙掩埋，然后喷水保持全部的沙土处于湿润状态，盖上薄膜，放在冷库中保藏。冷库事先用石灰粉、三氯异氰尿酸钠等消毒剂进行消毒处理。保持冷库内的温度为 0～4℃，空气湿度低于 60%。可以保藏 3～4 个月。随时可以从冷库中取出用冷藏车进行远距离鲜销。

沙土掩埋的方法不太适合规模化生产。需要大量储藏的，可以将新鲜天麻定量装入微孔保鲜袋中，整齐码放在架上，0～4℃条件下，保鲜袋处于通气状态，袋内湿度不过大，CO_2 浓度不过高，天麻呼吸畅通，会稍稍失水失重，可以保存 30～40d。

新鲜天麻不适合直接放在塑料袋内抽真空低温保存，袋内湿度过大，CO_2 浓度过高，天麻呼吸不畅通，7～10d 后就容易腐烂。

3. 冷冻保藏

家庭、餐馆购买的少量新鲜天麻，洗净以后直接装入塑料袋内，放在冰箱的冷冻室冷冻保藏。保藏时间可以在 1 年以上。该方法保藏的天麻，解冻以后因为细胞破裂较多，内部可能变软，不适合做凉拌菜、炒菜，可以切片后用于炖菜、烧汤等，营养物质、药用成分没有损失。

二、天麻保鲜液保鲜

国内机构在天麻保鲜技术方面获得授权的专利很少，以下选择介绍几种经过改进的方法。

方法 1 选取乳酸菌、草酸菌、醋酸菌等几种产酸菌种，通过制备培养液、接种、培养等步骤，采用静置厌氧发酵法生产有机酸产酸菌发酵液，使培养液的 pH 低于 2.5。把发酵液高压灭菌 10min，杀灭培养液中的微生物菌体，用于鲜天麻块茎的保鲜。保鲜加工步骤：①清洗鲜天麻，沥干表面水分；②以鲜天麻保鲜剂浸泡处理鲜天麻；③封装常温或低温储藏。该方法采用天然原料用微生物进行培养，产生了多种天然复合有机酸，无有害物质残留，保留了新鲜天麻的自然风味和品质，安全性好，其工艺简便，加工成本低，易于工业化生产，常温储存保鲜期在 2 个月以上，若采用真空包装 0～4℃低温储存，保鲜期可达 12 个月。

方法 2　保鲜液配方：柠檬酸 100～150g、乙酸 100～200g、异维生素 C 钠 20～30g、壳聚糖 60～80g、水 100～200kg；用该保鲜液浸泡杀青处理后的天麻。作用原理是保鲜液各成分间相互配合，产生了显著的协同增效的作用，可以使其主要有效成分在至少 24 个月内几乎保持不变，且至少 24 个月内其外在形态不发生任何腐败的现象；形态、颜色保留完整，同时也去掉了天麻本身的涩味，口感更好。保鲜液中的保鲜成分用量少，成本低廉的同时，几乎没有额外的有害成分产生，食用时与新鲜天麻几乎没有区别，绿色安全。

方法 3　保鲜液配方：柠檬酸 50～60g、乙酸 100～200g、山梨酸钾 20～30g、焦亚硫酸钠 0.1～0.6g、双乙酸钠 40～50g、水 100～200kg。用该保鲜液浸泡杀青处理后的天麻。用该保鲜剂处理天麻后，天麻中 SO_2 残留量低，且制备天麻保鲜剂的原料成本低廉。处理后的天麻产品色白、质硬，表观保鲜度高，天麻素、天麻多糖保存时间较长（1～6 个月）。

方法 4　采收、清洗天麻，在 0～6℃条件下预冷至 0～5℃，用天麻专用保鲜袋包装，直接堆码或装箱后堆码，存放于冷库内，贮藏期间，冷库的温度控制在 5±0.5℃，温度波动小于±0.5℃，相对湿度保持在 65%以下，CO_2 浓度保持在

10%～15%，O_2 浓度保持在 2%～5%。这个方法的有益之处在于：操作简单，容易实现；采用这个方法保鲜，可贮藏天麻 100d 左右，商品率可达 90%以上。

方法 5 制作复合保鲜液：按照重量份数，由夏枯草浸膏、蒲公英浸膏、蛋清提取物、壳聚糖和蒸馏水组成。将挑选后的鲜天麻放入复合保鲜液中浸泡，捞出，沥干，置阴凉通风处晾干；放入真空保鲜袋并充入新鲜保鲜剂，或放入 PE 保鲜袋中，贮藏。该方法应用于天麻保鲜，能延缓天麻腐败变质，可降低天麻的质量损失率、腐烂率及丙二醛含量、细菌菌落总数，能抑制天麻素的下降，保持良好营养价值和商品性状，色泽美观，口感佳，最长可以保鲜 12 个月以上，能平衡淡旺季需求，延长市场供应货架期，丰富产品结构，满足天麻鲜食消费需求。

方法 6 将采后的天麻清洗，用食用有机酸乙酸、柠檬酸、乳酸等浸泡，混合有机酸浓度为 1%左右。捞起待自然晾干后装入一定厚度的保鲜袋内，抽真空，热封口，然后用一定剂量的 $^{60}Go-\gamma$ 射线辐照天麻，将辐照后的天麻放置冷库，然后分 3 个阶段对天麻进行预冷，预冷结束立即保持冷库温度 2±0.5℃、相对湿度 85%～90%，贮藏过程中，每天定期充入臭氧 4 次，每次使保鲜库内臭氧浓度达到 80～120mg/L 时即可停止。该方法能有效避免天麻块茎腐烂病、杂菌感染等病害，保持天麻营养品质，降低辐照剂量，天麻有效贮藏期达 180d，商品率在 85%以上。该方法也适用于挖伤的天麻保鲜，是一种简单高效、绿色安全的天麻贮藏保鲜方法。

三、天麻杀青保鲜

新鲜天麻通过杀青后保存在塑料袋内，存放在超市的货架上进行销售，货架寿命可以延长到 2～3 个月。具体过程如下。

清洗凉干：将收购的新鲜天麻在加工厂内清洗，捞起，晾干表面水分，按重量分级（图 10－3）。

图 10－3　晾　干

装袋：定量装入保鲜袋内，如 100g/袋、200g/袋，或单个包装，用抽真空机抽真空、封口（图 10－4）。

图 10－4　单个包装的天麻

杀青：抽真空的鲜天麻袋放入沸水中煮沸 8～10min，具体时间根据天麻的大小而定。

冷却：杀青后的天麻立即放入冷水中流水冷却，直到天麻块茎内部完全冷透为止，从冷水中捞起，晾干（图 10－5）。

保藏：将杀青后的鲜天麻放在冷库中，0～4℃保藏。

运输：用冷藏车进行运送，发到全国各地的大型超市进行销售。

销售：放入超市的冷鲜柜中进行销售。

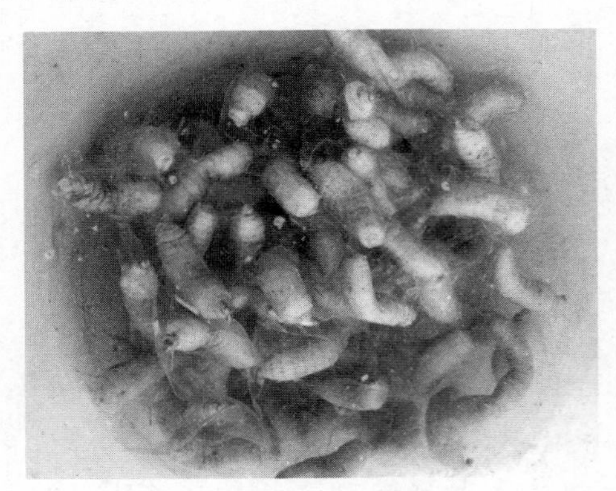

图 10－5　冷　却

四、天麻的速递销售

现采的、沙藏的、冷藏的新鲜天麻，均可以用快递进行鲜销。将单个未清洗的天麻用吸水纸包裹，整齐放在泡沫箱内，每箱装 1 000g 鲜品，用充气袋等软材料填满天麻之间的缝隙，盖 1～2 层吸水纸，盖上冰袋框，在冰袋框内装 1～2 个冰袋，盖上泡沫箱顶盖。密封即可发快递，可以保持 2～3d。

注意不要把冰袋直接与天麻接触，防止在运送过程中坚硬的冰块刺伤天麻，破坏外观，影响品质。也不要用矿泉水瓶做冰袋，直接放在天麻上容易碰伤、压伤天麻。

第三节　干天麻的加工技术

收获的箭麻和大白麻应及时加工，以保证质量。长时间堆放会感染病菌而腐烂，影响质量，造成损失。

一、传统的一般加工工序

（一）分级

鲜天麻分级的目的是为了便于加工和分等级销售。一般按天麻重量大小分级，有的分为1～4级，有的分为1～3级。鲜天麻等级标准介绍如表10-1。

表10-1　鲜天麻分级标准

等级	一级	二级	三级
重量	≥200g/个	150～200g/个	100～150g/个
形态	形态粗壮，不弯曲，椭圆形或长椭圆形	长椭圆形，部分麻体形态弯曲	形态较细长，弯曲
病虫斑痕	无病虫害	无病虫害	允许有少量病虫害
破皮创伤	无破皮创伤	无破皮创伤	允许有部分破皮创伤
色泽	黄白	黄白	黄白，允许有少量褐色
箭芽	箭芽完整	箭芽完整	允许箭芽不完整和有少量褐色

（二）洗净泥土

将分级后的天麻分别用清水洗净泥土。注意不要长时间泡在水中，以免天麻活性成分溶于水中，长时间浸泡的天麻加工后产品变黑，影响药用和质量。

少数地区有加工“明天麻”的习惯，这是因为出口或特殊需要，作法是用竹片、薄铁片或在砂石上刨皮，以除去鳞片与表皮，削去腐烂部分。据化学分析，除去鳞片和表皮后加工的天麻商品有效成分含量并无多大变化，即对药效无多大影响。一般无特殊要求的天麻商品，则不必去皮。

(三)蒸煮

蒸煮是天麻重要的加工工序。由于天麻的有效成分易溶于水，故以蒸的方法为好。将不同等级的天麻分别放在蒸笼中蒸5～30min，一级天麻蒸15～30min，二级10～15min，三级5～10min，等外品5min。具体时间以蒸至天麻无白心为度，可将天麻在光亮处照看有没有黑心或折断。

如采用煮的方法，可等水煮开后再将天麻放入锅内，小火维持，煮的时间要比蒸的时间短。如蒸煮时间过长，天麻变软，有效成分损失多会影响折干率和商品质量。一般6～7kg鲜天麻可加工1kg干品，折干率的高低与天麻类型、会无性繁殖代数的多少、产区、收获时间和加工方法都有密切关系。

水煮法一次性加工量巨大，适合大规模生产。由于水煮法会让天麻中的水溶性有效成分流失，损失一些药用成分，故采用蒸或煮的方法，要根据自身情况来定。

米汤水煮法：用5%的小米与清水在锅内煮沸，放入天麻，米汤水以淹没天麻为度。150～200g的大天麻煮10～15min，100～150g的中等天麻煮8～10min，100g以下的小天麻煮3～5min，不断翻动。当天麻煮透心后立即捞起。

明矾水煮法：用1%的明矾水煮天麻，方法同米汤水煮法。煮后捞起立即冷却。可以不再用明矾水浸泡处理。

(四)浸泡

将蒸煮后的天麻放在明矾水中浸泡一定时间或煮时在水中加明矾，以改善天麻商品外观质量。一般10kg鲜天麻加明矾200g。据化学分析，加工时是否使用明矾与天麻内在质量并无多大关系。

浸泡后的天麻为了快速烘干，可以切成2～3mm的薄片进行烘干。

（五）硫黄熏

将蒸后的天麻放入熏房，用硫黄熏 20～30min，熏过的天麻商品色泽白净，外观质量好，并可防虫蛀。

（六）烘烤干燥

烘烤天麻一般可用火炕、烤箱或烘干室，须注意火力不可太猛，否则容易造成外部干燥而中心仍很软，形成俗称的“溏心蛋”。开始烘烤时，温度以 50～60℃为宜，使天麻体内水分迅速蒸发；烘烤到七八成干时，取出压扁、再继续烘烤，温度掌握在 70℃左右，不能超过 80℃，以免造成天麻干焦变质。天麻干燥后及时取出，烘烤时间过长也会使天麻干焦变质。而干燥不及时则容易发生霉变、变黑甚至腐烂。如天麻数量大，也可用机械加工方法。

（七）炮制

天麻的炮制多采用干热或湿热法，少数地区有用姜汁、酒、麦麸作为辅料炮制。这里分别介绍干热和湿热炮制法中常用的方法：热沙烫切和湿热沙烫切同小异。热沙烫切是干热法将天麻大小分档，取适量河沙投入锅中，用中火翻炒至冒白烟，逐渐变干（80～120℃）时，投入天麻，小火维持热量，埋闷至天麻变软乘热切片。湿热沙烫切是在沙炒热变干（80～120℃）时，小火维持热量，倾入冷水，使沙湿润，再投入天麻埋闷至软，乘热切片。据化学分析，以干热炮制法为好。

二、各地民间常用的加工方法

天麻加工前必须先除去本身的残茎，注意保留箭芽，洗去泥沙，搓去菌索及鳞片，用清水洗净后上屉蒸。火力要强，屉盖要严密，以便迅速杀死麻体细胞，抑制麻体内的酶类活动，并可防止浆液外渗。大麻蒸 30min，小麻蒸 5～15min，以熟透（无白心）为度，如有气胀过大的可用竹针刺破排气，然后置火炕或烘干室烘干，也可晒干。一般 4～5kg 鲜天麻能加工 1kg 成品。

（一）民间常用的加工方法

火炕烘干：用火炕烘干天麻要严格控制温度，开始时火力不可过猛（燃料最好用煤或木柴），使炕温平衡上升，保持在 50～60℃。2～3h 后，使炕温逐渐升高，以便麻体内的水分迅速蒸发。如开始时温度过猛，麻体外层因水分迅速蒸发而形成硬壳，内部水分外散受阻，造成长时间不易干透。当麻体干到七至八成时，用木板压扁（注意不可用力过大，以防跑浆而损失到药效），然后继续上炕烘，此时温度以 50～60℃为宜，以防干焦变质（枯焦）。当干到八至九成时，离炕回潮（发汗），即堆放在低温处，用棉被或双层麻袋盖严，闷 10h 以上，使麻体水分外润，然后继续上炕烘至全干，炕温维持在 50℃左右。

烘干室烘干：将蒸透的药用天麻平摆在干燥盘内（注意不要重叠），密闭门窗，开始时温度控制在 40～50℃，逐渐升温至 70℃，并根据室内温、湿度的变化情况适时排气，烘干到七至八成时，压扁，停止排气，烘干为止。

（二）四川通江县民间的加工方法

将商品麻用清水洗净，再用稻草或谷壳搓去鳞片，洗净后趁湿放入无烟封闭式烘炕，用快火烘至麻体发软（熟透）无硬心时，打开封闭口，继续用微火烘（40～50℃），同时趁软将麻体捏扁（过大而有气胀时可用竹针排气），当烘至麻体发硬时，离炕回潮（发汗），变软后再放入烘炕中，用微火烘至干硬，至互撞发出清脆响声，再出炕堆 1 周左右。如麻体不再变软，即表示干透，可装箱贮放。

（三）湖北利川市民间的加工方法

先除去商品天麻的残茎，注意保留箭芽，洗去泥沙，用薄铁片刮去外皮（注意不要伤肉），立即投入清水中锅中，开火，水沸后按每5kg天麻加100g白矾于沸水中，以水没过天麻为度，边煮边用木棒轻轻搅动，使其均匀受热，煮到无白心为止（用竹针试扎或向亮处照看）。煮麻时最好按大、中、小麻分类煮。据测试，大天麻15～20min，小天麻7～9min就能煮透。熟度适宜，可显著提高天麻的成品折干率。煮天麻时对膨胀过大的可立即用竹针刺破，轻压扁排除水气。煮好的天麻要立即捞出投入清水中冷却，然后捞出烘干或晒干。干到八至九成时，用硫黄球熏1次（在炭火上加硫黄球，用黄泥70%～80%，硫黄20%～30%，加水团成鸭蛋大，晾干即成硫黄球），使天麻皮色变为黄白，起防虫蛀作用。晾至全干即为成品。

（四）湖北陨县民间加工方法

将细沙或柴草灰放入大锅内，烧火加热后再放入天麻翻炒，当天麻不断发出炸花声时，立即出锅放入冷水盆中，趁热用竹刀刮去粗皮及鳞片，洗净后放入明矾水中漂洗下，再用清水洗净，上屉蒸20～30min，以熟透为度。取出晒干或火炕烘干至六至七成时，用木板压扁（不可用力过大，以防跑浆），有气泡时用竹针刺破放气，然后用炭火炕或硫黄熏炕，烘至全干即可。

（五）山东省烟台市民间的加工方法

用清水洗净天麻体上的泥沙，按大、中、小分开，首先在锅内添加5%的小米清水，以淹没天麻为度。加热煮沸后再分别放入大、中、小天麻，大天麻（150g以上的）煮10～15min，中等的（100～150g）煮8～10min，小的（80g左右）煮3～5min，不断翻动，煮透时及时捞出天麻，用清水漂去天麻体上的浮沫后，再将天麻放在预先设置好的炕上。炕温度开始以50～60℃为宜，待烘2～3h后，再升至70～80℃，烘到六至七成干时，取出用木板压扁，最后用炭火加硫黄熏烘至全干，即成商品天麻。

也可用暴晒的方法进行加工，但所需要的时间太长，故很少采用。

三、天麻的精细加工方法

天麻要随收获随加工，因为存放时间长了，天麻易跑浆，降低折干率。尤其是春麻更不能存放时间太长。春季温度高，如不及时加工，还会腐烂。加工时，首先把收获的天麻用清水将泥沙冲洗干净，然后用布擦干水分，再放到锅里同细沙一道炒。根据锅的大小（头号或二号锅），每锅放细沙4.0～7.5kg，放箭麻1.5～2.5kg。要按天麻的大小分级加工（在加工过程中，如不按大小分级加工，就会造成有的已炒枯焦，有的还未炒好，影响成品质量）。加工时，灶里要烧大火，等锅里的沙子变红时（放入碎纸片、树叶等立即着火为宜），就将天麻放入锅中，用铁铲不断地翻动，时间要短，天麻炒得外焦内生，听到如烧玉米粒儿一样炸得响，等响声变小了，就立即取出，然后放到已准备好的冷水里，趁热用刀（刀的直径33cm左右的小竹子，劈成四至六开的竹刀。这种小刀用来刮天麻皮十分锐利，在天麻加工中常用）将粗皮轻轻刮去，洗净后放入明矾水中，漂10min左右取出。再放入空筐，晾干水分，分级放入烘筛中，置烘干室内的立体架子上。开始室内温度以50～60℃为好，烘烤2～3h后再升至70～80℃为好，待烘烤到六至七成干时，取出用木板压扁（若有胀气的，就用竹针刺破，放出气后再压扁）。最后，用炭火加硫黄熏烘至全干，即成半透明的乳黄色成品天麻。

这种加工方法的优点是：高温翻炒后，刮去的只是天麻的表皮，其表皮内部的纹痕依然完整，色泽鲜艳。同时，未经水煮，天麻内部的药用成分没有受到破坏，成品麻质量高，故有“雪天麻”之称。

四、鲜天麻直接烘干

天麻传统加工的方法总有一定的限制性。现在机械烘干机很多，价格很低，因此建议生产者采用新鲜天麻直接烘干的方法进行加工。

清洗：清水将收集的天麻洗干净。将分级后的天麻用手揉搓，或者用柔软的清洁球将天麻上附着的菌丝和其他斑块去除，保持白净的颜色，用水多洗几次，直到洗清水为止。晾干表面水分。

切片：用手工或多功能切片机切成 2～3mm 厚的薄片，单层摆放在清洗干净的专用隔板上。一般使用不锈钢、竹片做成的隔板。

烘干：将天麻片放入烘箱中，加热、通风烘干。升温速度为 4～6℃/h，升温不要太快。在 4～5h 内升到 60℃，再继续保持温度 2～3h，使天麻薄片干脆，取出。烘干机内可以趁热继续放入新鲜天麻烘干。

冷却：从烘干机内取出的天麻，放在干燥的室内稍微冷却。可以用工业电风扇吹 2～5min，快速冷却，防止回潮。

包装：趁热装入大包装袋内，密封保存。

五、天麻粉的加工

各种干天麻产品非常坚硬，长时间炖煮、熬汤以后还是难以咀嚼，无法被人体全部消化吸收。而天麻加工成粉状后，冲水以后即可全部食用，人体利用了其中的药效成分，同时利用了其中大量的多糖类物质、膳食纤维，因此适合各类人群消费，在未来市场上的需求量非常大。另外，天麻加工成粉以后销售价格更高，可以提高天麻生产的经济效益。天麻粉的加工方法有几种。

烘干：用于粉碎的天麻片，一定要彻底烘干，使天麻片的含水量低于5%以下。缓慢升温后，到60～80℃要保持5～6h。

小规模生产：将烘干后的天麻片立即用普通的破壁粉碎机粉碎，过100～300目筛后得到天麻粉，定量分装在PP塑料筒、塑料袋内。

大规模生产：先将烘干后的天麻片立即用普通粉碎机进行初级粉碎，再用1 000～6 000目的超细粉碎机进行二次粉碎，得到天麻的细粉。定量分装在在PP塑料筒、塑料袋内。

储藏：天麻的超细粉要放在0～4℃的低温冷库中储藏，销售。

家庭自己加工：把晒干的天麻片在微波炉内烘干3～5min，立即使用家用破壁粉碎机进行粉碎，过筛后得到天麻粉。

第四节 天麻产品的分级

一、新鲜天麻的分级

新鲜天麻销售过程中一定要分级。分级的标准一般按照大小分出等级。

特级天麻 5～6个/kg，150～200g/个，个头均匀。质量同一等天麻。

一级天麻 7～10个/kg，100～150g/个，个头均匀。块茎呈扁平状，长椭圆形；去粗皮表面黄白色，体结实，比重大，半透明状，芽白色；味甘性微温；无空心，无碎块，无炕枯，无虫蛀，无霉变。

二级天麻 10～14个/kg，75～100g/个，个头均匀。块茎呈长椭圆形，扁缩而表面弯曲；表面白色或黄褐色，体结实半透明状，断面角质状，芽白色或棕黄色；无空心，无碎块，无炕枯、虫蛀、霉变。

三级天麻　15～20 个/kg，50～75g/个，个头不均匀。块茎呈扁平长椭圆形，或扁缩而弯曲；表面黄或褐色；有空心、伤口、碎块，色泽较差，但无霉变、无虫蛀。

四级天麻　20 个/kg 以上，50g/个以下，个头不均匀。块茎呈扁平长椭圆形，或扁缩而弯曲；表面黄或褐色；有空心、碎块，色泽较差，但无霉变、无虫蛀。

二、干天麻的分级

加工后的天麻按商品质量规格进行分级。

一等：货干，块茎为扁平长椭圆形，表面无粗皮且呈黄白色，半透明，个体结实，无虫蛀，无霉变，无空心，不超过 32 个/kg。

二等：货干，块茎为扁平长椭圆形，表面无粗皮且呈黄白色，半透明，个体结实均匀，断面角质状，无虫蛀，无霉变，无空心，33～80 个/kg。

三等：货干，块茎为长椭圆形，略扁，有的弯曲，表面黄白或淡黄棕色，断面角质状，无虫蛀，无霉变。每千克在 80 个以上。允许有色次、空心、碎块，但不能有杂质、灰末等。

加工后的成品商品天麻应符合表 10－2 各项理化指标。

表 10－2　干天麻理化指标

项目	单位	指标
水分	%	≤10
天麻素含量	%	≥0.10
铅（以 Pb 计）	mg/kg	≤0.2

（续）

项目	单位	指标
汞（以 Hg 计）	mg/kg	≤0.01
砷（以 As 计）	mg/kg	≤0.5
硝酸盐	mg/kg	≤1 200

资料来源：湖北省《天麻生产技术规程》。

第五节　商品天麻的保存

天麻经加工后，必须妥善保存，严防虫蛀和霉变，以免影响产品质量。成品天麻制成后，要立即用内附白纸的无毒塑料袋封闭包装，或用 PP 塑料筒、塑料盒盛装，内部放入干燥剂。然后上面盖干净厚纸，存放于干燥处，以防回潮霉变。

商品干天麻最好放在 0～4℃的冷库内长期保藏。

参考文献

包燚，狄永国，操璟璟，等，2017. 四株昭通乌天麻共生蜜环菌的生理生化特征及其分子鉴定［J］. 中国微生态学杂志，29（7）：761-765.

包永睿，王帅，唐爽，等，2016. 基于指纹图谱结合多元统计分析的天麻总苷差异指标的研究［J］. 中药材，39（5）：1082-1085.

蔡永敏，张玮，2002. 天麻药名沿革考［J］. 中国中药杂志，27（10）：783-784.

蔡永萍，陈帮国，2001. 天麻的组织培养及快速繁殖［J］. 中草药，32（5）：445-446.

曹春雨，1999. 天麻促智冲剂对反复脑缺血再灌小鼠的脑保护机制研究［D］. 北京：中国中医研究院.

曹文芩，徐锦堂，1992. 蜜环菌子实体的液体培养［J］. 中药材，11：3-4.

曹亚芹，苏怡凡，陈虹，等，2008. 戊四氮致痫幼鼠颞叶和海马区 Cx43 的表达及天麻素干预［J］. 兰州大学学报，34（3）：53-56.

陈建国，2004. 大个体天麻高产优质栽培技术研究［J］. 作物研究，18（2）：103-104.

陈建设，侯昭强，文光玉，等，2015. 中国大陆天麻属一新分布种——细天麻［J］. 西北植物学报，35（7）：1482-1484.

陈陆，2008. 天麻复方降压胶囊的制备及其药效研究［D］. 成都：西南交通大学.

陈顺方，祁岑，黄先敏，2009. 天麻小菇属萌发菌生产技术［J］. 现代农业科技，15：110-110.

陈云云，刘忠庆，常琦，等，2002. 天麻降压胶囊治疗原发性高血压 81 例

临床观察 [J]．中医药临床杂志，14（5）：336－337.
陈祖云，王晓丽，宋聚先，2007. 贵州天麻遗传多态性的 ISSR 初步分析 [J]．中华中医药杂志，22（7）：436－439.
程芬，张焜，赵肃清，等，2009. 波密栽培天麻与野生天麻中三种有效成分的含量测定 [J]．中药材，32（7）：1028－1030.
程立君，刘健君，王世敏，等，2017. 4 个天麻品种种植效果对比研究 [J]. 农业科学与技术：英文版，18（10）：1856－1859.
戴维，王涛，赵丹，2018. 平武天麻产业发展存在的问题及措施建议 [J]. 南方农业，2：82－84.
邓晶晶，王传华，2017. 天麻生态型及“杂交品种”的生物学和化学特征研究进展 [J]．中药材，40（11）：2726－2729.
邓士贤，莫云强，1979. 天麻的药理研究（一）天麻素及天麻甙元的镇静及抗惊厥作用 [J]．云南植物研究，2：66－73.
丁家玺，陈世丽，周天华，等，2017. 天麻种质资源研究进展 [J]．现代农业科技，6：100－101.
董凯，梁世君，2014. 华亭县天麻大棚栽培技术 [J]．农业科技与信息，9：44－45.
杜贵友，陈楷，周文全，等，1998. 天麻促智冲剂治疗老年血管性痴呆临床观察 [J]．中国中药杂志，23（11）：695－698.
杜伟锋，陈琳，丛晓东，等，2011. 天麻化学成分及质量控制研究进展 [J]．中成药，33（10）：1785－1787.
杜伟锋，徐珊珊，王胜波，等，2011. 近红外光谱法测定天麻中天麻素的含量 [J]．南京中医药大学学报，27（6）：568－569.
段小花，代蓉，李秀芳，等，2011. 天麻酚类成分对脑缺血模型大鼠海马一氧化氮和一氧化氮合酶的影响 [J]．中华老年心脑血管病杂志，13（7）：653－655.
段小花，李资磊，杨大松，等，2013. 昭通产天麻化学成分研究 [J]．中药材，36（10）：1608－1611.
樊启猛，陈朝银，林玉萍，等，2013. 天麻的炮制研究与规范 [J]．中成药，35（8）：1737－1741.
范黎，郭顺星，1999. 天麻种子萌发过程中与其共生真菌石斛小菇间的相互作用［J］. 菌物系统，18（2）：219－225.
方宣启，王芳斌，周彬彬，等，2018. 非线性化学指纹图谱技术结合高效液相色谱法鉴别天麻产地及活性成分测定［J］. 中国实验方剂学杂志，24（11）：54－60.
封玉东，高为民，吕凤芝，2007. 天麻素注射液联合洛斯宝口服液治疗突发性耳聋72例疗效观察［J］. 中国中医药科技，14（6）：453.
高明菊，熊清泉，张文斌，等，2006. 昭通小草坝天麻GAP基地产品质量评价［J］. 中成药，28（4）：515－517.
高明菊，张文斌，马妮，等，2006. 天麻中二氧化硫的含量测定［J］. 时珍国医国药，17（5）：722－723.
葛进，刘大会，鲁惠珍，等，2016. 蒸制断生后真空冷冻干燥对天麻质量的影响［J］. 中国医院药学杂志，36（3）：180－186.
葛进，张磊，刘大会，等，2017. 产地、商品级别和干燥工艺对天麻品质影响研究［J］. 中药材，40（3）：637－640.
宫喜臣，2010. 天麻标准化生产技术［M］. 北京：金盾出版社出版.
关萍，高玉琼，石建明，等，2005. 不同产地野生及栽培天麻中天麻素含量比较［J］. 中国中药杂志，30（21）：1698.
郭顺星，范黎，曹文芩，陈晓梅，1999. 菌根真菌一新种——石斛小菇［J］. 菌物学报，18（2）：141.
郭顺星，王秋颖，2001. 促进天麻种子萌发的石斛小菇优良菌株特性及作用［J］. 菌物学报，20（3）：408－412.
郭顺星，徐锦堂，肖培根，1996. 蜜环菌隔膜发育的超微结构研究［J］. 中国医学科学院学报，18（5）：363－369.
郭顺星，徐锦堂，1990. 促进天麻等兰科药用植物种子萌发的真菌初生产物分析［J］. 中国中药杂志，15（6）：12－14.
郭顺星，徐锦堂，1990. 促进天麻等兰科药用植物种子萌发的真菌发酵液的抑菌作用［J］. 中国药学杂志，15（4）：200－202.

郭顺星，徐锦堂，1991. 促进天麻等兰科药用植物种子萌发的真菌酯酶同工酶研究［J］. 中国药学杂志，26（9）：524-526.
郭顺星，徐锦堂，1990. 兰科植物种子无菌萌发的研究［J］. 种子，5：36-37.
郭顺星，徐锦堂，1996. 蜜环菌的化学成分及应用研究［J］. 微生物学通报，23（4）：239-240.
郭顺星，徐锦堂，1993. 蜜环菌侵染猪苓菌核的细胞学研究［J］. 植物学报：英文版，1：44-50.
郭顺星，徐锦堂，1992. 蜜环菌索发育的研究［J］. 菌物学报，4：308-313.
郭顺星，徐锦堂，1990. 天麻消化紫萁小菇及蜜环菌过程中细胞超微结构变化的研究［J］. 菌物学报，20（3）：218-225.
郭学廷，聂永霞，2011. 天麻素治疗偏头痛的近期疗效［J］. 中华全科医学，09（4）：579-579.
郭营营，蒋石，林青，等，2014. 天麻中对羟基苯甲醇抗血小板聚集的作用及机制研究［J］. 时珍国医国药，25（1）：4-6.
韩春妮，何芳雁，田野，等，2014. 天麻提取物对记忆获得障碍模型小鼠胆碱能系统的影响［J］. 中国药业，23（21）：3-4.
韩春妮，何芳雁，田野，等，2014. 天麻总提物对小鼠学习记忆能力的影响［J］. 中国中医药信息杂志，21（9）：50-52.
韩春妮，林青，何芳雁，等，2013. 云南昭通 3 种天麻对小鼠脑缺血再灌注损伤的保护作用［J］. 云南中医中药杂志，34（10）：62-64.
郝帅林，张媛，魏艳杰，2017. 天麻素抗心肌氧化应激损伤的作用机制研究［J］. 中国现代医学杂志，27（9）：1-7.
狐小斌，张智慧，季鹏章，等，2016. 特异资源绿天麻和乌天麻光合色素合成特性研究［J］. 西南农业学报，29（3）：541-544.
胡胜傅，白凰，1958. 四川古苓的天麻栽培方法［J］. 中国中药杂志，4（1）：22.
胡文华，2003. 天麻病虫害及其防治［J］. 农学学报，5：19.
胡文华，2003. 天麻蜜环菌同步播种栽种法［J］. 农学学报，4：19.

胡昭庚，1999. 食用菌制种技术［M］. 北京：中国农业出版社.
黄俊华，王桂莲，1989. 天麻注射液、去天麻甙部分和天麻甙药理作用的比较［J］. 中国医学科学院学报，11（2）：147－150.
黄万兵，桂阳，朱国胜，等，2014. 贵州天麻主产区蜜环菌的分离及 rDNA-ITS序列分析［J］. 西南师范大学学报（自然科学版），39（6）：35－42.
黄万兵，朱国胜，钱珍珍，等，2016. 鲜天麻保存中相关生理特性的研究［J］. 中药材，39（7）：1525－1529.
黄万兵，2014. 贵州省天麻主产区蜜环菌多样性研究及优良菌株筛选［D]. 重庆：西南大学.
黄秀凤，唐红，1990. 合成天麻素对心肌细胞中毒性损伤的保护作用［J]. 成都中医药大学学报 2：27－28.
霍川，2011. 天麻品种现状及杂交种子生产［J］. 农业科技通讯，11：159－161.
季德，2016. 不同干燥加工方法对天麻药材质量的影响［J］. 中国中药杂志，41（14）：2587－2590.
季宁，2008. 蜜环菌优良菌株的筛选、鉴定及对乌天麻产量的影响［D］. 长春：吉林农业大学.
江本利，苏香峰，储甲松，等，2016. 蜜环菌培养影响因子的多因素分析［J］. 安徽农业科学，44（29）：1－2.
江维克，2018. 天麻生产加工适宜技术［M］. 北京：中国医药科技出版社.
姜玲，万蜀渊，王绍柏，等，2001. 乌天麻和红天麻及其杂种的同工酶分析［J］. 中药材，24（8）：547－548.
康明，李刚凤，霍蓓，等，2017. 德江天麻营养成分分析与评价［J］. 食品研究与开发，38（24）：128－131.
孔小卫，柳听义，关键，等，2005. 天麻多糖对亚急性老模型小鼠自由基代谢的影响［J］. 安徽大学学报（自科版），29（2）：95－99.
兰进，徐锦堂，2010. 天麻栽培技术百问百答［M］. 北京：中国农业出版社.
李长喜，2004. 天麻高效栽培技术［M］. 郑州：河南科学技术出版社.
李峰，朱洁平，王艳梅，等，2015. 天麻多糖对小鼠免疫性肝损伤的保护作用［J］．中药药理与临床，1：111-113.
李洪益，李虎杰，2003. 天麻病虫害的常见类型及其防治［J］．特产研究，25（3）：38-41.
李井文，魏江山，2018. 天麻素注射液对丛集性头痛抗氧化能力、炎症反应及免疫功能的影响［J］．西部中医药，31（11）：84-86.
李梁，张艺，成群芝，2004. 中药天麻产区生态环境分析与评价［J］．中国现代中药，6（6）：14-16.
李梁，1993. 人工栽培与野生天麻微量元素及营养源的实验研究［J］．四川中医，4：8-9.
李梁，2004. 天麻规范化生产标准操作规程［J］．中国现代中药，6（2）：13-16.
李瑞洲，刘守金，2000. 天麻采集加工方法考察［J］．安徽中医药大学学报，19（6）：44-45.
李世，苏淑欣，2008. 天麻高产栽培技术［M］．北京：中国山峡出版社．
李世全，1982. 天麻的生态和增产途径［J］．生态学杂志，3：52-53.
李世全，1990. 天麻栽培技术［M］．西安：陕西科学技术出版社．
李铜，姚梅，李蓉，等，2011. 天麻退化的症状、原因及防治措施［J］．陕西农业科学，57（4）：273-274.
李仙娟，罗晨曲，2000. 天麻不同炮制品中天麻素含量的比较分析［J］．中医药导报，6：39-40.
李秀芳，代蓉，李国花，等，2013. 天麻成分对羟基苯甲醛抗血小板聚集作用及急性毒性研究［J］．天然产物研究与开发，25（3）：29-32.
李秀芳，孙衍鲲，张维明，等，2011. 天麻酯溶性酚性成分对大鼠脑缺血/再灌注损伤的保护作用［J］．天然产物研究与开发，23（5）：842-845.
李云，王志伟，耿岩玲，等，2016. 基于 HPLC-ESI-TOF/MS 法分析测定乌天麻和红天麻中化学成分的研究［J］．天然产物研究与开发，11：1758-1763.
李云，王志伟，耿岩玲，等，2016. 天麻素注射液的药理机制及临床应用研究进展［J］．中国药房，27（32）：4602-4604.

李振斌，2016. 天麻林下仿野生种植部分关键技术的研究 [D]. 成都：成都中医药大学.

李志峰，王亚威，王琦，等，2014. 天麻的化学成分研究（Ⅱ）[J]. 中草药，45（14）：1976 - 1979.

李志英，2007. 缩短天麻栽培周期的研究 [D]. 武汉：华中农业大学.

林青，李秀芳，李文军，等，2006. 天麻提取物对血小板聚集的影响 [J]. 中国微循环，10（1）：33 - 35.

刘炳仁，2006. 天麻高产栽培新技术 [M]. 天津：天津科学技术出版社.

刘炳仁，等，2002. 天麻栽培与加工新技术 [M]. 北京：科学技术文献出版社.

刘成运，1981. 天麻食菌过程中细胞结构形态变化的研究 [J]. Journal of Integrative Plant Biology，2：10 - 14，92 - 93.

刘大会，龚文玲，詹志来，等，2017. 天麻道地产区的形成与变迁 [J]. 中国中药杂志，42（18）：3639 - 3644.

刘大会，2017. 天麻高效栽培 [M]. 北京：机械工业出版社.

刘涤瑕，郑德书，1993. 天麻无棒代料高产栽培技术 [J]. 中药材，9：7 - 9.

刘国卿，戴德哉，饶经玲，等，1974. 天麻成分香荚兰醇的神经药理研究 [J]. 中草药，5：33 - 36.

刘锦波，杨杰，郝建玺，等，2016. 天麻种子共生菌——萌发菌生产的关键技术 [J]. 中国农业信息，7：105 - 107.

刘明学，李梁，牛靖娥，2014. 天麻及其种质资源研究进展 [J]. 科技视界，26，：33 - 34.

刘明学，李琼芳，李梁，2009. 平武天麻 GAP 基地三种天麻变异类型质量评价 [J]. 现代中药研究与实践，23（5）：3 - 5.

刘能俊，1995. 提高天麻产量的有效途径 [J]. 中药材，10：489 - 492.

刘威，赵致，王华磊，等，2015. 不同树种菌材对贵州仿野生栽培天麻的影响 [J]. 北方园艺，10，：129 - 132.

刘威，2015. 天麻仿野生栽培关键技术研究 [D]. 贵阳：贵州大学.

刘小琴，汪鋆植，袁琴，等，2009. 天麻不同品种及不同组织中天麻素的含量比较［J］. 时珍国医国药，20（4）：908－909.
刘学湘，2003. 天麻的现代鉴别新技术［J］. 时珍国医国药，14（1）：54－55.
刘玉亭，1986. 不同因素对天麻产量的影响［J］. 中国中药杂志，11（6）：7－11.
卢刚，胡爱群，肖艳，等，2017. 中国兰科天麻属一新记录种——白点天麻［J］. 广西植物，37（02）：228－230.
鲁艳娇，王强，张伟，等，2015. 天麻苷增强小鼠免疫功能的实验研究［J］. 内科急危重症杂志，21（2）：141－143.
罗凡，1996. 天麻病害及其防治［J］. 食药用菌，6：33－35.
吕国平，王春芹，蔡中琴，2002. 天麻素注射液的药理及临床研究［J］. 中草药，33（5）：003－004.
马骏，孙海燕，钟爱民，等，2016. 不同 1－MCP 处理对汉中红天麻保鲜效果的研究［J］. 保鲜与加工，4：14－17.
马礼成，2013. 天麻原种室内袋式河沙高产栽培技术研究［J］. 食药用菌，1：42－44.
孟千万，赵志礼，宋希强，等，2008. 国产天麻属药用植物资源［C］. 中华中医药学会中药鉴定学术会议.
孟肖，张红瑞，高致明，2015. 栽培技术对天麻药材品质影响的研究概述［C］. 中国中药商品学术大会暨中药鉴定学科教学改革与教材建设研讨会.
宓伟，2010. 天麻增强小鼠免疫功能的实验研究［J］. 滨州医学院学报，33（4）：272－273.
区焕财，李宏涛，甘梦阳，等，2013. 天麻种植工艺及机械化生产技术体系探讨［J］. 安徽农业科学，21：8869－8871.
彭述敏，陈玉惠，敖新宇，2012. 蜜环菌与菌材不同组合对昭通乌天麻种子萌发及生长的影响［J］. 西南林业大学学报，32（3）：47－50.
彭述敏，2011. 昭通天麻共生优良蜜环菌的筛选及特性研究［D］. 昆明：西南林业大学.
齐学军，刘金敏，2010. 穴位注射天麻素注射液治疗后循环缺血性眩晕的疗效观察［J］. 中西医结合心脑血管病杂志，08（8）：937－938.

冉砚珠，徐锦堂，1990. 紫萁小菇等天麻种子萌发菌的筛选［J］. 中国中药杂志，15（5）：15－18.

冉砚珠，徐锦堂，1990. 紫萁小菇等天麻种子萌发菌生物学特性及种子共生萌发条件研究.［J］. 中草药，9：29－32.

饶毅，崔金国，魏惠珍，等，2007. 天麻药材中铜和镉的含量测定［J］. 中国实验方剂学杂志，13（6）：22－23.

任世兰，于龙顺，1992. 天麻对血管阻力和耐缺血缺氧能力的影响［J］. 中草药，6，：302－304.

容丽华，蔡传涛，2010. 不同菌材对天麻（*Gastrodia elata*）产量的影响［J］. 植物科学学报，28（6）：761－766.

容丽华，2010. 不同菌材对天麻（*Gastrodia elata*）产量和品质的影响研究［J］. 西双版纳热带植物园毕业生学位论文，28（6）：761－766.

桑希生，2004. 天麻降压胶囊对原发性高血压大鼠降压作用及其机制的实验研究［D］. 哈尔滨：黑龙江中医药大学.

山水，1995. 袋栽天麻高产新技术［J］. 中国农学通报，4：2.

申婷，肖纯，向彬，等，2017. 天麻成分对羟基苯甲醛抗血小板聚集的作用机制研究［J］. 中国药业，26（18）：4－7.

沈道修，张效文，1963. 天麻的抗惊与镇痛作用［J］. 药学学报，4：242－245.

施汉钰，崔巍，郑焕春，等，2014. 蜜环菌菌索生物学特性的研究［J］. 菌物研究，12（4）：229－232.

石子为，马聪吉，康传志，等，2016. 基于空间分析的昭通天麻生态适宜性区划研究［J］. 中国中药杂志，41（17）：3155－3163.

宋阳，李珊，李洁，等，2012. 天麻素对离体蟾蜍心脏活动影响的实验研究［J］. 中国民族民间医药，21（4）：46－47.

孙海燕，马骏，钟爱民，等，2016. 不同保鲜包装对天麻贮藏生理和效果的影响［J］. 食品工业科技，37（12）：329－333.

孙佳，朱迪，陆苑，等，2016. 天麻种植基地土壤与天麻中重金属及有害元素残留分析［J］. 中国实验方剂学杂志，12：32－36.

孙立夫，张艳华，杨国亭，2007. 蜜环菌生物种和地理分布概况综述［J］.

菌物学报，26（2）：306-315.

覃卫国，王绍柏，2011. 天麻栽培用材林的利用现状及对策［J］. 湖北林业科技，6：59-61.

汤凌浩，吕梅，洪岭，2007. 天麻素治疗突发性耳聋临床疗效观察［J］. 山东医药，47（18）：71.

唐春梓，廖朝林，林先明，等，2008. 天麻的研究现状与展望［J］. 中国现代中药，10（6）：10-12.

陶文娟，沈业寿，刘如娟，等，2005. 天麻糖复合物抗衰老作用的实验研究［J］. 生物学杂志，22（5）：24-26.

田好亮，李立，王勇，等，2014. 天麻微粉的毒理学安全性评价［J］. 中国卫生检验杂志，24（15）：2161-2164.

田紫平，肖慧，冯舒涵，等，2017. 天麻有效成分巴利森苷的降解规律分析［J］. 中国实验方剂学杂志，23（23）：18-21.

童毅，2019. 白赤箭，中国大陆天麻属新记录种［J］. 热带亚热带植物学报，19（3）：327-330.

童毅，吴磊，2019. 中国大陆兰科植物新资料［J］. 西北植物学报，39（04）：181-184.

汪鋆植，王绍柏，刘晓琴，等，2007. 栽培条件对无土袋栽天麻种麻质量的影响［J］. 中华中医药学刊，25（4）：724-726.

汪植，容辉，段和平，2007. 天麻多糖对小鼠免疫功能的影响［J］. 中国民族民间医药，2：112-114.

王彩云，侯俊，王永，等，2017. 天麻种子萌发菌研究进展［J］. 北方园艺，12：198-202.

王光明，张保贤，李钦，等，1994. 天麻袋栽技术的研究［J］. 中药材，7：3-5.

王加强，韩东娜，关碧琰，等，2005. 天麻素辅助治疗慢性顽固性癫痫的疗效观察［J］. 中国全科医学，8（14）：1181-1182.

王家银，2018. 昭通天麻规范化种植技术［M］. 昆明：云南科学技术出版社.

王进中，2018. 2018 年天麻市场行情看好［J］. 农村百事通，5：24.

王丽，马聪吉，刘大会，等，2017. 昭通天麻地下块茎产量与主要农艺性状的相关及通径分析 [J]. 中国中药杂志，42 (4)：644 - 648.

王丽，马聪吉，吕德芳，等，2017. 云南昭通天麻仿野生栽培技术的规范化管理 [J]. 中国现代中药，19 (3)：408 - 414.

王莉，王龙星，肖红斌，等，2007. 天麻指纹图谱模式识别研究 [J]. 中国中药杂志，32 (6)：536 - 538.

王莉，肖红斌，梁鑫淼，2003. 天麻化学成分研究（Ⅲ）[J]. 中草药，40 (7)：1186 - 1189.

王莉，2007. 天麻化学物质基础及质量控制方法研究 [J]. 中国科学院大连化学物理研究所.

王连塀，刘成运，1982. 天麻室内瓶栽法 [J]. 中药材，1：11 - 13.

王良叶，赵永烈，王谦，等，2014. 天麻素治疗头痛的研究 [J]. 医学信息 (28)：342 - 342.

王秋颖，郭顺星，2001. 天麻节料高产栽培技术的研究 [J]. 中草药，32 (12)：1121 - 1122.

王秋颖，郭顺星，2002. 天麻人工栽培技术 [M]. 北京：中国农业出版社.

王秋颖，郭顺星，2001. 天麻生长特性及其在栽培中的应用 [J]. 中国中药杂志 26 (5)：353.

王秋颖，郭顺星，2001. 天麻优良品种选育的初步研究 [J]. 中国中药杂志，26 (11)：744 - 746.

王绍柏，余昌俊，许启新，2011. 栽培天麻种群的退化及防控对策 [J]. 中药材，34 (10)：1490 - 1494.

王绍柏，余昌俊，周富君，2007. 天麻规范化栽培新技术 [M]. 北京：中国农业出版社.

王曙光，曹东，杨小洁，等，1997. 鲜天麻蜜膏对小鼠免疫功能的影响 [J]. 蜜蜂杂志，3：3 - 4.

王素文，1987. 天麻双扣膜栽培 [J]. 新农业，18：24.

王伟，文欢，张大燕，等，2018. 不同类型天麻的品质比较 [J]. 食品工业，1：305 - 308.

王亚威，李志峰，何明珍，等，2013. 天麻化学成分研究［J］. 中草药，44，21：2974-2976.

王永山，袁铸人，1989. 不同加工方法对天麻中的天麻素及其甙元含量的影响［J］. 中成药，3：18-19.

王永珍，李建新，1989. 不同菌材栽培天麻的质量研究［J］. 中国中药杂志，14（3）：15-18.

王昭君，习杨彦彬，刘佳，等，2007. 天麻素对快速衰老小鼠大脑组织衰老相关基因表达的影响［J］. 解剖科学进展，13（4）：353-357.

王昭君，2009. 天麻素与三七总皂甙对 SAM/P-8 小鼠脑衰老相关基因表达的影响［D］. 昆明：昆明医学院.

文欢，张大燕，王伟，等，2017. 不同保藏方法对鲜天麻保鲜效果比较［J］. 食品研究与开发，38（6）：201-205.

吴迪，邓琴，贾亚琪，等，2016. 德江天麻种植基地土壤养分含量分析及评价［J］. 贵州师范大学学报（自然版），34（2）：27-31.

吴会芳，李作洲，黄宏文，2006. 湖北野生天麻的遗传分化及栽培天麻种质评价［J］. 生物多样性，14（4）：315-326.

吴慧平，陆明荣，吴美娟，1990. 天麻对实验性癫痫豚鼠脑内儿茶酚胺含量的影响［J］. 南京中医药大学学报，6（2）. 49-51.

吴洁，2012. 天麻及其制剂神经保护机制探析［J］. 亚太传统医药，8（7）：38-39.

吴丽伟，2009. 天麻、蜜环菌化感现象及天麻连作障碍原因探讨［D］. 北京：北京协和医学院.

吴连举，关一鸣，潘晓曦，2015. 如何办个赚钱的天麻家庭种植场［M］. 北京：中国农业科学技术出版社.

吴连举，关一鸣，潘晓曦，2017. 天麻实用栽培技术［M］. 北京：中国科学技术出版社.

吴连举，关一鸣，王英平，2013. 天麻标准化生产与加工利用一学就会［M］. 北京：化学工业出版社.

吴连举，潘晓曦，郭靖，2015. 天麻栽培技术问答［M］. 北京：金盾出版社.

吴霜，李娴，韩春妮，等，2012. 天麻提取物对 OGD/RepPC _ （12）细胞存活率和游离 Ca～（2＋）的影响［C］. 全国中药药理学会联合会学术交流大会论文摘要汇编.

吴尊华，王绍柏，2011. 蜜环菌菌种的分离纯化复壮研究［J］. 中国食用菌，30（4）：17 - 19.

夏德术，刘仁合，1995. 仿野生天麻高产稳产栽培技术［J］. 湖北农业科学，6：62 - 63.

肖国鑫，谢丽玲，郝海利，等，2012. 波密县天麻品质的测定与分析［J］. 经济林研究，30（3）：66 - 70.

肖佳佳，2017. 天麻 HPLC 指纹图谱建立及判别分析［J］. 中国中药杂志，42（13）：2524 - 2531.

谢笑天，李海燕，王强，等，2004. 天麻化学成分研究概况［J］. 云南师范大学学报：自然科学版，24（3）：22 - 25.

谢学强，彭宗杰，2015. 菌材树种及用量对甘孜州野生乌天麻无性繁殖的影响［J］. 湖北农业科学，54（3）：654 - 657.

谢学强，2006. 甘孜州野生乌天麻驯化栽培初步研究［D］. 成都：四川农业大学.

谢学强，2011. 蜜环菌对甘孜州野生乌天麻有性繁殖的影响［J］. 湖北农业科学，50（17）：3562 - 3565.

谢学渊，晁衍明，杜珍，等，2010. 天麻多糖的抗衰老作用［J］. 解放军药学学报，26（3）：206 - 209.

谢云峰，龙盛京，1999. 5 种中药注射液对脂质过氧化及活性氧自由基作用的影响［J］. 海峡药学，11（3）：29 - 30.

徐锦堂，范黎，2001. 天麻种子/原球茎和营养繁殖茎被菌根真菌定殖后的细胞分化［J］. 植物学报（英文版），43（10）：1003 - 1010.

徐锦堂，郭顺星，范黎，等，2001. 天麻种子与小菇属真菌共生萌发的研究［J］. 菌物系统，20（1）：137 - 141.

徐锦堂，郭顺星，1989. 供给天麻种子萌发营养的真菌—紫萁小菇［J］. 真菌学报，44（3）：221 - 226.

徐锦堂，郭顺星，1991. 天麻与紫萁小菇蜜环菌的营养关系及其在栽培中的应用［J］. 医学研究杂志，10：31-32.
徐锦堂，郭顺星，1988. 天麻种子萌发菌——紫萁小菇［J］. 中国医学科学院学报，4：270.
徐锦堂，郭顺星，1990. 应用放射性自显影技术研究标记紫萁小菇侵染天麻种胚的过程［J］. 菌物学报，20（3）：218-225.
徐锦堂，兰进，贺秀霞，1995. 天麻有性繁殖播种方法［J］. 中国农村科技，3：12-13.
徐锦堂，冉砚珠，郭顺星，1989. 天麻生活史的研究［J］. 中国医学科学院学报，4：237-241.
徐锦堂，冉砚珠，牟春，等，1990. 天麻种子发芽营养来源的研究（简报）［J］. 中国医学科学院学报，6：431-434.
徐锦堂，冉砚珠，王孝文，等，1980. 天麻有性繁殖方法的研究［J］. 药学学报，15（2）：100-104.
徐锦堂，冉砚珠，1990. 紫萁小菇等天麻种子萌发菌分离方法的研究［J］. 中国药学杂志，25（3）：139-142.
徐锦堂，2000. 家栽天麻与野生天麻质量比较［J］. 中国药学杂志，35（8）：511-513.
徐锦堂，2001. 天麻营繁茎被蜜环菌侵染过程中细胞结构的变化［J］. 中国医学科学院学报，23（2）：150-153.
徐锦堂，2013. 我国天麻栽培50年研究历史的回顾［J］. 食药用菌，1：58-63.
徐锦堂，1993. 中国天麻栽培学［M］. 北京：北京医科大学中国协和医科大学联合出版社.
徐玉娥，2003. 中药天麻的研究现状. 中国野生植物资源，22（4）：12-14.
许启新，余昌俊，周富君，等，2010. 珍稀品种——绿天麻自交纯化栽培的初步研究［J］. 中药材，33（10）：1531-1533.
杨飞，王信，马传江，等，2018. 天麻加工炮制、成分分析与体内代谢研究进展［J］. 中国中药杂志，43（11）：37-45.

杨国会，李如升，郜作武，1999. 天麻速生高产栽培新技术研究初报［J］. 中国食用菌，2：19－20.

杨廉玺，张光明，谭官禄，等，2005. 昭通天麻的栽培方法-集中连续给菌法［J］. 现代中药研究与实践，19（6）：25－26.

杨赛男，戴斌，呙爱秀，等，2017. 真伪天麻的交叉响应特征谱研究［J］. 食品工业科技，38（19）：227－230.

杨世林，兰进，徐锦堂，2000. 天麻的研究进展［J］. 中草药，31（1）：66－69.

杨顺强，武婷，吴珊珊，2015. 不同包装方式对鲜天麻保鲜效果的比较［J］. 湖北农业科学，54（13）：3221－3224.

杨志平，秦丽媛，王玉川，等，2019. 利用 PCR 扩增快速筛选天麻萌发真菌小菇属 *Mycena* sp. 的研究［J］. 中国食用菌，38（1）：55－61.

叶红，沈映君，汪鋆植，等，2003. 天麻种子、种麻及商品麻的药理作用比较（Ⅰ）［J］. 时珍国医国药，14（9）：78－79.

叶红，汪鋆植，王绍柏，等，2003. 种麻及商品麻的药理作用比较Ⅱ［J］. 时珍国医国药，14（12）：730－731.

易思荣，肖波，黄娅，等，2013. 中药材天麻的现代栽培技术研究进展［J］. 中国现代中药，15（8）：677－679.

雍武，赵寅生，顾月华，2005. 不同干燥方法对天麻质量影响的比较研究［J］. 中成药，27（6）：673－676.

游金辉，谭天秩，匡安仁，等，1994. ～3H－天麻甙元和～3H－天麻素在小鼠体内的分布和代谢［J］. 四川大学学报（医学版），3：325－328.

淤泽溥，林青，李秀芳，等，2007. 天麻醋酸乙酯提取物抗 ADP 诱导的家兔血小板聚集作用及机制［J］. 中草药，38（5）：743－745.

于滨，左增艳，孔维佳，2014. 天麻细粉片毒性及安全性的实验研究［J］. 中国当代医药，21（21）：6－10.

于生，郭舒臣，姚卫峰，等，2017. 基于 ICP-MS 法的不同产地天麻中 20 种元素分析［J］. 中草药，48（17）：3619－3623.

余昌俊，王绍柏，刘雪梅，2010. 三峡地区天麻主要虫害无公害防控技术

[J]．中国食用菌，28（1）：60－61.

虞小燕，邓百万，陈文强，等，2016. 基于形态学特征和ITS序列分析秦巴山区天麻萌发菌的亲缘关系［J］．江苏农业科学，44（5）：245－248.

虞小燕，邓百万，陈文强，等，2016. 基于形态学特征和ITS序列分析秦巴山区天麻萌发菌的亲缘关系［J］．江苏农业科学，45（5）：245－248.

袁胜浩，王东，张香兰，等，2008. 天麻中天麻素含量的影响因子研究［J］．植物分类与资源学报，30（1）：110－114.

云南名特药材种植技术丛书编委会，2013. 天麻［M］．昆明：云南出版集团.

曾令祥，2003. 天麻主要病虫害及防治技术［J］．贵州农业科学，31（5）：54－56.

曾旭，杨建文，凌鸿，等，2018. 石斛小菇促进天麻种子萌发的转录组研究［J］．菌物学报，37（1）：52－63.

曾旭，杨建文，凌鸿，等，2018. 天麻种子与真菌共生萌发的蛋白组学研究［J］．菌物学报，37（1）：64－72.

曾勇，蔡传涛，2011. 不同海拔两种天麻仿野生栽培下产量和品质变化［J］．植物科学学报，1（5）：637－643.

张博华，刘威，赵致，等，2014. 贵州仿野生栽培红天麻的生活史及物候期研究［J］．中国中药杂志，39（22）：4311.

张德著，2013. 天麻（*Gastrodia elata*）的仿野生栽培实验及共生蜜环菌（*Armillaria*）的遗传多样性研究［D］．昆明：云南大学.

张国庆，陈青君，郭亚萍，等，2014. 北方地区天麻品种与栽培模式对产量的影响［J］．中国农学通报，30（4）：205－209.

张宏杰，周建军，李新生，2003. 天麻研究进展［J］．氨基酸和生物资源，25（1）：17－20.

张宏杰，2008. 天麻素联合甲钴胺治疗顽固性耳鸣［J］．现代中西医结合杂志，17（30）：4742－4743.

张家琼，2016. 昭通市昭阳区天麻仿野生种植技术［J］．现代农业科技，20：68－69.

张金芝，黄光清，郑卫红，等，2012. 天麻素对长春新碱诱导大鼠神经病理性疼痛的抑制作用［J］．中药药理与临床，6：44－46.
张雷，2003. 天麻的无性繁殖［J］．农学学报，6：18.
张梦娟，2007. 天麻多糖的提取、纯化及活性研究［D］．咸阳：西北农林科技大学．
张素玲，胡秋梅，周新巧，等，2012. 天麻素对利多卡因致惊厥作用的影响［J］．徐州医学院学报，32（2）：81－83.
张伟，宋启示，2010. 贵州大方林下栽培天麻的化学成分研究［J］．中草药，41（11）：1782－1785.
张炜，盛彧欣，张金兰，等，2007. 应用 HPLC-DAD/MS 技术评价中药天麻的质量［J］．药学学报，42（4）：418－423.
赵国举，任世兰，吴绍光，1984. 天麻、天麻素的镇静镇痛机制及抗炎效应［C］．全国药理学术会议．
赵俊，赵杰，2007. 中国蜜环菌的种类及其在天麻栽培中的应用［J］．食用菌学报，14（1）：70－75.
赵仁，2012. 天麻高效栽培［M］．昆明：云南科学技术出版社．
郑卫红，钱京萍，2005. 乌红天麻种麻对小鼠镇痛作用的实验研究［J］．湖北民族学院学报（医学版），22（4）：228－230.
郑晓君，叶静，管常东，等，2010. 兰科植物种子萌发研究进展［J］．北方园艺，19：206－209.
中华人民共和国卫生部药典委员会，2005. 中华人民共和国药典［M］．北京：化学工业出版社．
周昌华、韦会平，2009. 天麻栽培技术［M］．北京：金盾出版社出版．
周昌华，2004. 天麻栽培技术［M］．北京：金盾出版社．
周俊，杨雁宾，杨崇仁，1979. 天麻的化学研究——Ⅰ．天麻化学成分的分离和鉴定［J］．化学学报，37（3）：183－189.
周宁娜，段小花，何芳雁，等，2014. 天麻对缺血再灌注损伤模型血脑屏障保护作用及机制研究［C］．中华中医药学会中药实验药理分会 2014 年学术年会．
周天华，丁家玺，田伟，等，2017. 天麻基因组微卫星特征分析与分子标记开发［J］．西北植物学报，37（9）：1728－1735.
周天华，丁家玺，徐皓，等，2018. 天麻种质资源的SSR指纹图谱研究［J］．西北植物学报，38（5）：0830－0838.
周岩，曹殿波，韩燕燕，等，2011. 天麻对病毒性心肌炎小鼠心肌细胞保护作用的研究［J］．临床儿科杂志，29（8）：766－768.
周永志，庞小博，2007. 无公害天麻标准化栽培技术［J］．食用菌，29（2）：34－35.
周元，梁宗锁，张跃进，2005. 天麻开花及授粉特性研究［J］．西北农林科技大学学报（自然科学版），33（3）：33－37.
朱栋，王建国，李聪妮，2013. 天麻安全高产规范化栽培关键技术［J］．农业科技通讯，8：233－235.
祝洪艳，蒋然，何忠梅，等，2017. 不同乌天麻炮制品中天麻素、天麻苷元和天麻多糖的含量分析［J］．中国药学杂志，23：2062－2065.
邹宁，吕剑涛，宁立涛，等，2010. 天麻素抗疲劳和耐缺氧的实验研究［J］．上海中医药杂志，11：64－65.
邹宁，吕剑涛，薛仁余，等，2011. 天麻素对小鼠的镇静催眠作用［J］．时珍国医国药，22（4）：807－809.
Anderson J B，Korhonen K，Ullrich R C，1980. Relationships between European and North American biological species of *Armillaria mellea* ［J］. Experimental Mycology，4（1）：78－86.
Anderson J B，Ullrich R C，1979. Biological Species of *Armillaria mellea* in North America ［J］. Mycologia，71（2）：402－414.
Berube J A，Dessureault M，1989. Morphological studies of the *Armillaria mellea* complex：two new species，A. gemina and A. calvescens. ［J］. Mycologia，81（2）：216－225.
Cairney J W G，Jennings D H，Veltkamp C J，1988. Structural differentiation in maturing rhizomorphs of *Armillaria mellea* （Tricholomatales）［J］. Social Indicators Research，89（1）：79－95.
Chen S Y，Geng C A，Ma Y B，et al，2019. Melatonin Receptors Agonistic

Activities of Phenols from *Gastrodia elata* [J] . 9 (4): 297 - 302.

Chen Y, Dong H, Li J, et al, 2019. Evaluation of a Nondestructive NMR and MRI Method for Monitoring the Drying Process of Gastrodia elata Blume [J] . Molecules, 24 (2): 236.

Coetzee M P A, Wingfield B D, Harrington T C, et al, 2000. Geographical diversity of *Armillaria mellea* s. s. based on phylogenetic analysis [J]. Mycologia, 92 (1): 105 - 113.

Coetzee M P, Wingfield B D, Harrington T C, et al, 2010. The root rot fungus *Armillaria mellea* introduced into South Africa by early Dutch settlers [J] . Molecular Ecology, 10 (2): 387 - 396.

DONNELLY, D. M X, HUTCHINSON, et al, 1990. Armillane, a saturated sesquiterpene ester from *Armillaria mellea* [J] . Phytochemistry, 29 (1): 179 - 182.

Gao J M, Yang X, Wang C Y, et al, 2001. Armillaramide, a new sphingolipid from the fungus *Armillaria mellea*. [J] . Fitoterapia, 72 (8): 858 - 864.

Garrett S D, 1960. Rhizomorph behaviour in *Armillaria mellea* (Fr.) Quél. Ⅲ. Saprophytic colonization of woody substrates in soil. [J]. Annals of Botany, 24 (94): 275 - 285.

Garrett S D, 1953. Rhizomorph Behaviour in *Armillaria mellea* (Vahl) Quél: I. Factors controlling Rhizomorph Initiation by A. Mellea in Pure Culture [J] . Annals of Botany, 17 (65): 63 - 79.

Huai-Zhen T, Hong-Qing L I, Chih-Kai Y, 2010. *Gastrodia* R. Br. A newly recorded genus of orchidaceae in Guangdong Province [J] . Journal of Tropical and Subtropical Botany, 18 (5): 488 - 490.

Huang C L, Wang K C, Yang Y C, et al, 2018. *Gastrodia elata* alleviates mutant huntingtin aggregation through mitochondrial function and biogenesis mediation [J] . Phytomedicine, 39 (1): 75 - 84.

Huang W C, Wang Z W, Wei N, et al, 2018. *Gastrodia elatoides* (Orchidaceae: Epidendroideae: Gastrodieae), a new holomycoheterotrophic orchid from Madagascar [J]. Phytotaxa，349 (2)：167.

Jin，Xiao-Hua，Kyaw，Myint，2017. *Gastrodia putaoensis* sp. nov. (Orchidaceae，Epidendroideae) from North Myanmar [J]. Nordic Journal of Botany，35 (6)：730 - 732.

Li G F，Yin Q B，Zhang L，et al，2017. Fine classification and untargeted detection of multiple adulterants for *Gastrodia elata* BI. (GE) by near-infrared spectroscopy coupled with chemometrics [J]. Analytical Methods，9 (12)：1897 - 1904.

Li M，Du Y，Wang L，et al，2017. Efficient discovery of quality control markers for *Gastrodia elata* tuber by fingerprint-efficacy relationship modelling [J]. Phytochemical Analysis Pca，28 (4)：351 - 359.

Li Y，Wang L M，Xu J Z，et al，2017. Gastrodia elata attenuates inflammatory response by inhibiting the NF-κB pathway in rheumatoid arthritis fibroblast-like synoviocytes. [J]. Biomedicine & Pharmacotherapy，85：177 - 181.

Lung M Y，Huang P C，2010. Optimization of exopolysaccharide production from *Armillaria mellea* in submerged cultures [J]. Letters in Applied Microbiology，50 (2)：198 - 204.

Meng Q W，Song X Q，Luo Y B，2007. A new species of *Gastrodia* (Orchidaceae) from Hainan Island，China and its conservation status [J]. Nordic Journal of Botany，25 (1 - 2)：23 - 26.

Metusala D，Supriatna J，2017. *Gastrodia bambu* (Orchidaceae：Epidendroideae)，A New Species from Java，Indonesia [J]. Phytotaxa，317 (3)：211.

Nogales A，Aguirreolea J，María E S，et al，2009. Response of mycorrhizal grapevine to *Armillaria mellea* inoculation：disease development and polyamines [J]. Plant & Soil，317 (1 - 2)：177 - 187.

Obuchi T，Kondoh H，Watanabe N，et al，1990. Armillaric acid，a new antibiotic produced by *Armillaria mellea*. [J]. Planta Medica，56 (2)：

198－201.

Sc A H C B, 2010. Zone lines in plant tissues: Ii. the black lines formed by *armillaria mellea* (Vahl) Quel [J] . Annals of Applied Biology, 21 (1): 1－22.

Seok P R, Oh S J, Choi J W, et al, 2019. The protective effects of *Gastrodia elata* Blume extracts on middle cerebral artery occlusion in rats [J]. Food Science and Biotechnology, 28 (3): 857－864.

Ullrich R C, Anderson J B, 1978. Sex and diploidy in *Armillaria mellea*. [J] . Experimental Mycology, 2 (2): 119－129.

Wang Y, Shahid M Q, Ghouri F, et al, 2019. Development of EST-based SSR and SNP markers in *Gastrodia elata* (herbal medicine) by sequencing, de novo assembly and annotation of the transcriptome [J] . 3Biotech, 9 (8): 1－10.

Wargo P M, 1975. Lysis of the cell wall of *Armillaria mellea* by enzymes from forest trees [J] . Physiological Plant Pathology, 5 (2): 99－105.

Watanabe N, Obuchi T, Tamai M, et al, 1990. A novel N6－substituted adenosine isolated from mi huan jun (*Armillaria mellea*) as a cerebral-protecting compound. [J] . Planta Medica, 56 (1): 48－52.

Watling R, Kile G A, Gregory N M, 1982. The genus Armillaria-nomenclature, typification, the identity of *Armillaria mellea* and species differentiation [J]. Transactions of the British Mycological Society, 78 (2): 271－285.

Xu Z, Yang J W, Hong L, et al, 2018. Proteome changes during the germination of the fungus-symbiotic seed of *Gastrodia elata* [J]. Mycosystema, 37 (1): 64－72.

Yang L, Rui R, Huang G, 2018. Study on the best initial processing technology of *gastrodia elata* [J] . Pharmaceutical Chemistry Journal, 52 (3): 224－230.

Yuan Y, Jin X, Liu J, et al, 2018. The *Gastrodia elata* genome provides insights into plant adaptation to heterotrophy [J] . Nature Communications, 9 (1): 1615.

Yu-Bin J I, Wan-Rui D, Xue-Song L, et al, 2018. Effect of *Gastrodia elata* Bl. from Yiliang on mouse model of memoryimpairment induced by scopolamine and its mechanism [J]. Chinese Pharmacological Bulletin, 34 (12): 1684-1688.

Zeng X, Li Y, Ling H, et al, 2018. Revealing proteins associated with symbiotic germination of *Gastrodia elata* by proteomic analysis [J]. Botanical Studies, 59 (1): 8.

Zeng X, Li Y, Ling H, et al, 2017. Transcriptomic analyses reveal clathrin-mediated endocytosis involved in symbiotic seed germination of *Gastrodia elata*. [J]. Botanical Studies, 58 (1): 31.

附　录

全球天麻属物种名录

（全球天麻属物种89种，中国30种）

序号	拉丁学名	分布
1	*Gastrodia abscondita* J. J. Sm	印度尼西亚爪哇
2	*Gastrodia africana* Kraenzl.	喀麦隆
3	*Gastrodia albida* T. C. Hsu，& C. M. Kuo	中国台湾、广东
4	*Gastrodia albidoides* Y. H. Tan & T. C. Hsu	中国云南
5	*Gastrodia angusta* S. Chow & S. C. Chen	中国云南
6	*Gastrodia appendiculata* C. S. Leou & N. J. Chung	中国
7	*Gastrodia arunachalensis* S. N. Hegde & A. N. Rao	印度阿鲁纳恰尔邦
8	*Gastrodia ballii* P. J. Cribb & Browning	马拉维，津巴布韦，莫桑比克
9	*Gastrodia bambu* Metusala	印度尼西亚爪哇日惹省
10	*Gastrodia boninensis* Tuyama	日本博宁群岛
11	*Gastrodia cajanoae* Barcelona & Pelser	菲律宾
12	*Gastrodia callosa* J. J. Sm.	印度尼西亚爪哇，中国台湾
13	*Gastrodia celebica* Schltr.	印度尼西亚苏拉威西岛

（续）

序号	拉丁学名	分布
14	*Gastrodia clausa* T. C. Hsu, S. W. Chung & C. M. Kuo	中国台湾、广东
15	*Gastrodia confusa* Honda & Tuyama	中国台湾，朝鲜，日本，博宁群岛，琉球群岛
16	*Gastrodia confusoides* T. C. Hsu, S. W. Chung & C. M. Kuo	中国台湾
17	*Gastrodia cooperae* Lehnebach & J. R. Rolfe	新西兰
18	*Gastrodia crassisepala* L. O. Williams	新几内亚
19	*Gastrodia crebriflora* D. L. Jones	澳大利亚昆士兰
20	*Gastrodia crispa* J. J. Sm.	印度尼西亚爪哇
21	*Gastrodia cunninghamii* Hook. f.	瓦努阿图，新西兰
22	*Gastrodia damingshanensis* A. Q. Hu & T. C. Hsu	中国台湾
23	*Gastrodia dyeriana* King & Pantl.	锡金，印度大吉岭
24	*Gastrodia effusa* P. T. Ong & P. O'Byrne	马来西亚沙巴州，马来西亚半岛
25	*Gastrodia elata* Blume	中国大部分地区，日本，朝鲜，俄罗斯远东，不丹，尼泊尔，印度阿萨姆邦
26	*Gastrodia elatoides* W. C. Huang, G. W. Hu & Q. F. Wang	马达加斯加
27	*Gastrodia entomogama* D. L. Jones	澳大利亚
28	*Gastrodia exilis* Hook. f.	泰国，印度北部阿萨姆邦，印度尼西亚苏门答腊岛
29	*Gastrodia falconeri* D. L. Jones & M. A. Clem.	巴基斯坦，印度北部，尼泊尔

（续）

序号	拉丁学名	分布
30	*Gastrodia fimbriata* Suddee	泰国
31	*Gastrodia flavilabella* S. S. Ying	中国台湾
32	*Gastrodia flexistyla* T. C. Hsu & C. M. Kuo	中国台湾
33	*Gastrodia flexistyloides* Suetsugu	日本
34	*Gastrodia fontinalis* T. P. Lin	中国台湾
35	*Gastrodia gracilis* Blume	中国台湾、云南，日本本州
36	*Gastrodia grandilabris* Carr	马来西亚沙巴州
37	*Gastrodia holttumii* Carr	马来西亚
38	*Gastrodia huapingenisi* X. Y. Huang, A. Q. Hu & Yan Liu	中国
39	*Gastrodia isabelensis* T. C. Hsu	中国台湾
40	*Gastrodia javanica* (Blume) Lindl.	印度尼西亚，马来西亚，菲律宾，泰国，中国台湾，斐济，日本，琉球群岛
41	*Gastrodia kachinensis* X. H. Jin & L. A. Ye	缅甸克钦邦普陀
42	*Gastrodia khangii*	
43	*Gastrodia kuroshimensis* Suetsugu	日本
44	*Gastrodia lacista* D. L. Jones	西澳大利亚
45	*Gastrodia longitubularis* Q. W. Meng, X. Q. Song & Y. B. Luo	中国海南
46	*Gastrodia madagascariensis* H. Perrier ex Martos & Bytebier	马达加斯加
47	*Gastrodia major* Aver.	越南
48	*Gastrodia maliauensis*	马来西亚
49	*Gastrodia menghaiensis* Z. H. Tsi & S. C. Chen	中国云南

（续）

序号	拉丁学名	分布
50	*Gastrodia minor* Petrie	新西兰
51	*Gastrodia mishmensis* A. N. Rao，Harid. & S. N. Hegde	马来西亚
52	*Gastrodia molloyi* Lehneback & J. R. Rolfe	新西兰
53	*Gastrodia nantoensis* T. C. Hsu，C. M. Kuo ex T. P. Lin	中国台湾
54	*Gastrodia nipponica* Honda）Tuyama	中国台湾，日本，琉球群岛
55	*Gastrodia nipponicoides* Suetsugu	日本
56	*Gastrodia okinawensis* Suetsugu	日本
57	*Gastrodia papuana* Schltr.	新几内亚
58	*Gastrodia peichatieniana* S. S. Ying	中国广东、台湾
59	*Gastrodia phangngaensis* Suddee	澳大利亚新南威尔士
60	*Gastrodia procera* G. W. Carr	澳大利亚新南威尔士州、维多利亚州、首都地区、塔斯马尼亚州
61	*Gastrodia pubilabiata* Y. Sawa	中国台湾，日本
62	*Gastrodia punctata* Aver.	中国海南，越南
63	*Gastrodia putaoensis* Jin，X. H.，Kyaw & Myint	缅甸北部
64	*Gastrodia queenslandica* Dockrill	澳大利亚昆士兰
65	*Gastrodia rwandensis* Eb. Fisch. & Killmann	卢旺达
66	*Gastrodia sabahensis* J. J. Wood & A. L. Lamb	马来西亚沙巴
67	*Gastrodia selabintanensis* Tsukaya & Hidayat	马来西亚泽兰
68	*Gastrodia sesamoides* R. Br.	澳大利亚昆士兰州、新南威尔士州、首都地区、维多利亚州、南澳州、塔斯马尼亚州

（续）

序号	拉丁学名	分布
69	*Gastrodia shimizuana* Tuyama	日本西表岛，中国台湾
70	*Gastrodia silentvalleyana* C. S. Kumar，P. C. S. Kumar，Sibi & S. Anil Kumar	印度喀拉拉邦
71	*Gastrodia similis* Bosser	留尼汪岛
72	*Gastrodia solomonensis* T. C. Hsu	中国台湾
73	*Gastrodia spatulata*（Carr）J. J. Wood	马来西亚沙巴
74	*Gastrodia stapfii* Hayata	日本
75	*Gastrodia sui* C. S. Leou，T. C. Hsu & C. R. Yeh	中国台湾
76	*Gastrodia surcula* D. L. Jones	澳大利亚新南威尔士
77	*Gastrodia taiensis* Tuyama	越南
78	*Gastrodia takeshimensis* Suetsugu	日本
79	*Gastrodia tembatensis* P. T. Ong & P. O'Byrne	马来半岛
80	*Gastrodia theana* Aver.	越南
81	*Gastrodia tonkinensis* Aver. & Averyanova	越南
82	*Gastrodia tuberculata* F. Y. Liu & S. C. Chen	中国云南
83	*Gastrodia umbrosa* B. Gray	澳大利亚昆士兰北部的阿瑟顿高原
84	*Gastrodia uraiensis* T. C. Hsu & C. M. Kuo	中国台湾
85	*Gastrodia urceolata* D. L. Jones	澳大利亚昆士兰
86	*Gastrodia verrucosa* Blume	泰国，马来半岛，印度尼西亚爪哇、苏门答腊
87	*Gastrodia vescula* D. L. Jones	南澳大利亚
88	*Gastrodia wuyishanensis* Da M. Li & C. D. Liu	中国福建
89	*Gastrodia zeylanica* Schltr.	斯里兰卡

图书在版编目（CIP）数据

天麻设施化栽培新技术 / 贺新生等著．—北京：中国农业出版社，2020.4
ISBN 978-7-109-26661-2

Ⅰ．①天…　Ⅱ．①贺…　Ⅲ．①天麻—栽培技术　Ⅳ．①S567.23

中国版本图书馆 CIP 数据核字（2020）第 039997 号

中国农业出版社出版
地址：北京市朝阳区麦子店街 18 号楼
邮编：100125
责任编辑：李昕昱　　文字编辑：黄璟冰
版式设计：李　文　　责任校对：刘丽香
印刷：中农印务有限公司
版次：2020 年 4 月第 1 版
印次：2020 年 4 月北京第 1 次印刷
发行：新华书店北京发行所
开本：850mm×1168mm　1/32
印张：9　　插页：2
字数：220 千字
定价：48.00 元

版权所有·侵权必究
凡购买本社图书，如有印装质量问题，我社负责调换。
服务电话：010－59195115　010－59194918